Dietmar Garbe

Mathematik

für Naturwissenschaften und Informatik

Teil 1

Nach einer Vorlesung an der Universität Bielefeld
aus dem Wintersemester 1993/94

In LaTeX gesetzt von Barbara Roth

Vollständige Neubearbeitung 2002

Dr. Dietmar Garbe
Fakultät für Mathematik
Universität Bielefeld
D-33501 Bielefeld

E-Mail: dietmar.garbe@uni-bielefeld.de

Webseite:
http://www.mathematik.uni-bielefeld.de/~garbe

Mathematischer Trichter,

Das ist:
Die Edle Rechenkunst/ Mit Kurtz-
doch Gründlichen Anweisungen/ Dergestalt
abgefasset und beschrieben/ daß/ Selbig/ in
müglichster Eile/ gleichsahm/ als durch
Einen Trichter/ eingegossen/ ange-
lehret und erlernet wer-
den kan:
Der Lieben Jugend und allen Be-
gierigen der Kunst/ zu Nutz und Dienste/ wol-
meinentlich/ Auffgesetzt und Erstmahls/
dem Druck übergeben:

© 1993, 2002. ISBN 3 8311 3622 X.

Herstellung: Books on Demand GmbH

---

[1] Die Abbildung auf Umschlag und Titelseite repräsentiert eine reguläre Zerlegung $\{6,4\}$ einer kompakten orientierbaren 2-Mannigfaltigkeit vom Geschlecht 4 und stammt aus "D. Garbe: Über die regulären Zerlegungen geschlossener orientierbarer Flächen. J. r. angew. Math. 237 (1969), pp. 39-55". Obiger Text ist der Titelseite eines Werkes von Johann Hemeling, Hannover 1677, entliehen.

Inhaltsverzeichnis

1 Grundlagen — 1

2 Gruppen, Ringe, Körper — 29

3 Folgen und Reihen — 51

4 Vektorräume — 63

5 Lineare Abbildungen, Koordinatensysteme — 73

6 Normierte Räume, Kompaktheit, Stetigkeit — 83

7 Differentiation in normierten Räumen — 109

8 Das Riemannsche Integral — 123

9 Lineare Gleichungssysteme — 139

10 Formen auf Vektorräumen — 149

11 Eigenwerte, Normalformen von Matrizen — 161

Literatur — 175

Notationen — 179

Personenregister — 181

Sachregister — 183

Vorwort

Der vorliegende Band ist der erste einer auf vier Teile ausgelegten Darstellung der Mathematik für Naturwissenschaftler, insbesondere auch der Naturwissenschaftlichen Informatik. Der Text resultiert aus Vorlesungen Mathematik I - IV, die der Verfasser wiederholt ab 1993 an der Universität Bielefeld gehalten hat.

Es handelt sich um eine integrierte Darstellung, in der die in der modernen Mathematik ohnehin zunehmend verschwindenden Grenzen zwischen Teildisziplinen wie Algebra, Analysis etc. bewusst eingerissen sind. Die resultierenden Synergieeffekte einer solchen holistischen Betrachtungsweise lassen sich für eine Straffung der Präsentation nutzen. Darüber hinaus führen sie auch zu einem tieferen Verständnis der zugrundeliegenden mathematischen Strukturen und ihrer Zusammenhänge.

Naturwissenschaftler sind heutzutage mathematisch stark gefordert (auch in ehemals der Mathematik ferneren Disziplinen wie Biologie). Man denke an den Bereich der Wavelet/Fourier-Transformation oder den der stochastischen Regelungs- und Filtertechnik. Selbst für die Ingenieurwissenschaften werden mathematische Disziplinen relevant, die früher der reinen Mathematik vorbehalten waren: Maßtheorie, normierte Vektorräume, Hilberträume.

Ein moderner Text ist also breit und strukturiert anzulegen. Die Begriffe und Aussagen müssen präzise sein, das Kalkulatorische tritt etwas in den Hintergrund , was angesichts der Existenz hervorragender Software, wie sie etwa MAPLE oder MATLAB darstellen, auch hingenommen werden kann. Um den Lernvorgang zu unterstützen, sind ferner Illustrationen, Fotos, Anwendungsbezüge und historische Notizen hinzugefügt worden sowie gewisse wichtige Sachverhalte zu Slogans zugespitzt worden.

Auf den Begriff des metrischen Raumes ist verzichtet worden, um die Darstellung knapper zu halten. Man kommt gewöhnlich auch mit normierten Vektorräumen aus. Das Thema der Differentiation ist sofort mehrdimensional angegangen worden, da die Studierenden gewöhnlich hinreichend gute Kenntnisse bezüglich der Ableitung reellwertiger Funktionen einer reellen Variablen mitbringen. Ich glaube, dass das Buch auch für Studierende der Mathematik nützlich sein kann.

Von der Rechtschreib-Reform habe ich nur den mir einleuchtenden Part, welcher die Schreibung von ss und ß betrifft, angewendet. Die Reform ist ja in den vergangenen Jahren ohnehin stillschweigend und scheibchenweise zurückgenommen worden und hat dahin geführt, dass in der schreibenden Zunft jede Zeitung, jeder Verlag eigene Regeln zelebriert. Wenig bekannt ist, dass es auch für die Mathematik DIN- bzw. ISO-Normen für die Schreib- und Bezeichnungsweisen gibt. Aber ich habe mich - wie die meisten Autoren - kaum daran gehalten.

Danken möchte ich besonders Barbara Roth, die die Hauptarbeit der Übertragung nach LaTeX geleistet hat, jedoch auch Eduard Hein für ebendiese Arbeit an einer frühen Version des Kapitels 10; ferner Nadine Roll für das Einscannen der Grafik sowie Kathrin Zöllner für die schöne Zeichnung mit den Raaben auf Seite 9. Dank geht auch an die vielen aufmerksamen Hörerinnen und Hörer, unter ihnen insbesondere Peter-Vincent Gehler, Mirco Hilbert, Thomas Lingner und Andrea Pabst, die mich auf eine Anzahl von Schreib- und anderen Fehlern im Typoskript aufmerksam gemacht haben.

Løkken, im August 2001

Dietmar Garbe

Kapitel 1

Grundlagen

δος μοι που στω
και κινησω την γην.

Gib mir einen Punkt, wo ich stehen kann,
und ich werde die Erde aus den Angeln heben.

Medaillon aus Archimedes:
Werke, ed. J. Torelli. 1792

Archimedes von Syrakus (~287–212 v.u.Z.) ,
mathematisches Jahrtausendgenie und eines der ersten Opfer der Mathematik („Noli perturbare circulos meos").

Wir wollen in diesem Kapitel einige Werkzeuge kennenlernen, die wir brauchen, um unsere Aussagen und Beweise so fassen zu können, dass sie den heutzutage üblichen wissenschaftlichen Standards genügen. Dabei geht es hier nur um „Sprechweisen" (Nomenklatur). Die Prinzipien des Schließens werden beileibe nicht erschöpfend dargestellt (das bleibt der Disziplin der mathematischen Logik überlassen und ist nichts für Anfänger!), die Probleme der Axiomatik der Mengenlehre werden nur angerissen.

Erst seit Mitte des vorigen Jahrhunderts bemühen sich die Mathematiker um eine exakte Grundlegung ihrer Wissenschaft (Boole, Frege, Hilbert, Russell, Gödel, ...), wohl infolge der Erschütterungen, die die Entdeckung der Nichteuklidischen Geometrien nach sich zog. Seither hat die Mathematik auch ihren Charakter geändert. Aus einer Disziplin von Zahl und Raum wurde sie zur Theorie der Strukturen – zu einer Wissenschaft, die aus vorgegebenen Axiomen Folgerungen zieht.

Demgemäß wird heutzutage in mathematischen Vorlesungen der Stoff nach der axiomatischen Methode (vgl. S. 10 ff) präsentiert, wenn auch gewöhnlich nicht voll formalisiert. Ersteres fasziniert und verwirrt Anfänger bzw. -innen gleichermaßen. Daher sind einige Warnungen angebracht.

Das axiomatische Vorgehen erweckt den Eindruck, als ob jede mathematische Disziplin (z.B. die Lineare Algebra) eine Kette aus Definitionen und Sätzen sei und als ob die Mathematiker in ihren Schöpfungen weitestgehend „frei" seien. So gibt es die Meinung, dass die platonische Auffassung von Mathematik (wonach mathematische Gegebenheiten außerhalb der menschlichen Vorstellung existieren, also vom menschlichen Geist entdeckt werden und nicht von ihm erschaffen) durch die moderne Entwicklung obsolet geworden sei.

Wenn jedoch logisches Denken und mathematisches Schließen nichts anderes als unter dem Anpassungsdruck der Evolution erworbene Fähigkeiten der menschlichen Spezies sind , so löst sich der sonst so gerne unversöhnlich aufgebaute Gegensatz „entdecken – schaffen" (Platonismus – Nominalismus) auf und gleichzeitig löst sich das Rätsel, warum die vom Menschen „geschaffene" Mathematik sich so wundervoll zur Beschreibung der Welt eignet, warum Mathematik sich anwenden lässt.

Die immer wieder prinzipiell gestellte Frage nach der Anwendbarkeit moderner mathematischer Theorien erhält somit eine überraschend einfache Antwort: Der Selektionsdruck der Evolution hat der Spezies Mensch mit der Fähigkeit zu Logik und Mathematik offensichtlich ein sehr gut an die Realität angepasstes Vermögen beschert, und mit dem Erschaffen mathematischer Realität erfolgt daher eben nichts anderes als das Wiederentdecken zugrundeliegender Realität.

Oft können wir den Realitätsbezug einer mathematischen Theorie erst relativ spät nach ihrer Ausformulierung erkennen (Die Geschichte zeigt uns viele interessante Beispiele: Nichteuklidische Geometrien, Gruppentheorie , Theorie der endlichen Körper , Tensorkalkül, Knotentheorie, Primzahltheorie). Die Beschäftigung mit Primzahlen zum Beispiel – insbesondere die Frage nach großen Primzahlen – galt lange Zeit als eine Disziplin für Sonderlinge, bis sie im letzten Viertel unseres Jahrhunderts große Relevanz erlangte: Abgesehen davon, dass man neue Generationen von Superrechnern gern auch insoweit testet, dass man den Rekord für die größte bekannte Primzahl zu brechen sucht[1], sind große Primzahlen heute in der Kryptologie für gewisse sehr sichere Verschlüsselungsverfahren wichtig – zur heutigen Zeit der Kommunikation in globalen Netzwerken von vitalem Interesse für die Wirtschaft.

---

[1] Mersenne-Primzahl z.B. $2^{13466917} - 1$ (Stand von 2001).
Info http://www.utm.edu/research/primes/largest.html

Da es die Aufgabe der Informatiker ist, Prozesse des logischen Schließens, Algorithmen und Datenstrukturen auf Maschinen zu implementieren, ist für sie natürlich jegliche Art von Mathematik von Interesse. Dennoch gibt es einen Grundkanon dessen, was ein Naturwissenschaftler heutzutage an Mathematik kennengelernt haben sollte.

Was die Präsentation von Mathematik in Gestalt des Schemas „Axiome, Definitionen, Theoreme, ... " angeht, so darf diese Darstellungsform nicht für das Ganze gehalten werden. Definieren heißt begrenzen, ausgrenzen, aussondern oder „feststellen" (letzteres durchaus in des Sinnes wörtlicher Bedeutung). Der Verstand setzt also – um einmal bei der platonischen Sichtweise zu bleiben – in der Welt mathematischer Sachverhalte Fixpunkte so, wie der Bergsteiger Eisen in den Fels schlägt. Die gesetzten Haltepunkte (Axiome, Definitionen, Theoreme, ...) sind bis zu einem bestimmten Grade eine willkürliche Auswahl aus der Gesamtheit aller Möglichkeiten. Wo ich meine Eisen einschlage, ist in gewissem Sinne willkürlich, erfolgt aber angepasst an die mathematische Topographie. Die Eindimensionalität der Zeit erweckt den Eindruck einer Kette. In Wirklichkeit entsteht ein (vieldimensionales) Netz von Fixpunkten (den Knotenpunkten) und Relationen (den Fäden des Netzes), das über das mathematische Substratum gelegt wird (relationaler Beziehungszusammenhang).

Das durch die axiomatische Methode gelieferte Bild ist also ein Teilbild der mathematischen Wirklichkeit, wie es durch das Netz mit seinen Knotenpunkten geliefert wird. Wir präsentieren einen historisch gewachsenen Kanon. Schließlich halten sich die Bergsteiger gewöhnlich auch an die von den Vorgängern eingeschlagenen Eisen. Wichtig ist es, möglichst viel in dem Netz herumzuwandern (das Bergsteigen zu üben!).

Mathematische Logik

Die formale Logik befasst sich mit **Aussagen** (das sind deklarierende, sinntragende Zeichenfolgen, die eine Bedeutung, den sog. **Wahrheitswert**, tragen) – mit ihrer Struktur und mit dem Umgang mit ihnen (Schlussregeln). In der zweiwertigen Logik kommt jeder Aussage entweder der Wahrheitswert W (wahr) oder F (falsch) zu (Kontradiktion, tertium non datur). Diese Auffassung entspricht auch der klassischen Logik, wie sie etwa im Organon des Aristoteles (384–322 v.u.Z.) oder – noch pointierter – in den Werken der megarisch-stoischen Schule niedergelegt ist.

Beispiele für Aussagen:

1. Jeder Vogel kann fliegen.   F

2. $3^2 + 4^2 = 5^2$ W

3. $4^2 + 5^2 = 6^2$ F

4. Wenn n eine natürliche Zahl größer als 2 ist, so gibt es kein Tripel x, y, z ganzrationaler, von Null verschiedener Zahlen mit $x^n + y^n = z^n$. (Satz von Fermat-Wiles)[2]   W

5. Jede von 2 verschiedene gerade natürliche Zahl ist Summe zweier Primzahlen. (Goldbachsche Vermutung)   W?F?

Der Wahrheitswert der letzten Aussage ist nicht bekannt.[3] Dennoch wird in der zweiwertigen Logik davon ausgegangen, dass „im Grunde" feststeht, ob die Aussage wahr oder falsch ist. Keine Aussagen sind z.B. Fragen oder Befehle.
Es gibt auch Bestrebungen, mehrwertige Logiken zu entwickeln.[4] Versuche, diese Logiken praktisch anzuwenden, waren bisher hauptsächlich im Falle der **Fuzzy-Logik** erfolgreich. (In der Fuzzy-Logik arbeitet man statt mit zwei diskreten Wahrheitswerten W, F mit einem ganzen Kontinuum gewichteter Wahrheitswerte.)[5]
Für den konkret forschenden Mathematiker oder Naturwissenschaftler ist aber die Zweckmäßigkeit das entscheidende Kriterium. Daher wird Mathematik immer noch nahezu ausschließlich nach der zweiwertigen Logik betrieben.

Der einfachste Part der formalen Logik ist der sogenannte **Aussagenkalkül**.[6] Hier werden neben den Aussagen auch **Aussagenvariable** behandelt. Die Aussagenvariablen sind Statthalter für beliebige Aussagen, die an Stelle der Variablen eingesetzt werden können; so, wie in $x^2 - y^2 = (x+y)(x-y)$ für die arithmetischen Variablen x, y jede beliebige reelle Zahl eingesetzt werden kann. Aussagenvariable und/oder Aussagen können durch Verwendung von Junktoren zu **Ausdrücken (Formeln, Aussagenverbindungen)** kombiniert werden, welche ihrerseits mittels Junktoren weiter verknüpft werden können.

---

[2] Diese (erst im Nachlass gefundene) Aussage wurde von Pierre de Fermat (1601-65) auf den Rand seines Diophant-Exemplars notiert mit dem Zusatz, er habe einen wahrhaft wundervollen Beweis dafür gefunden, aber der Rand sei dafür zu klein. Es war eine Sensation, als Andrew Wiles (*1953) diese sog. große Fermatsche Vermutung endlich 1994 beweisen konnte (publiziert in Ann. of Math. 41 (1995)). Die Akademie der Wissenschaften zu Göttingen verwaltete einen für die Lösung 1906 ausgesetzten Preis von 100000 Goldmark (1.5 Mio. Euro nach heutiger Kaufkraft), der nach Abwertungen jetzt noch mit 75000 DM valutierte und am 27.06.1997 überreicht wurde.

Andrew Wiles

[3] Bisher bewiesen: ... als Summe von höchstens 67 Primzahlen darstellbar.

[4] Erste Versuche 1920 von Lukasiewicz. Vgl. J.B. Rosser - A.R. Turquette: Many valued logics. Amsterdam 1952. Anwendung der dreiwertigen Logik auf die Quantenmechanik zuerst 1944 durch Hermann Reichenbach, der die in der Quantentheorie auftretende Unbestimmtheit durch den Wahrheitswert „unbestimmt" zu beschreiben suchte. Jedoch scheint das nicht hinreichend allgemein, da die Wahrscheinlichkeitsrechnungen der Quantentheorie nicht zu 3 diskreten Wahrheitswerten passen. Wiederum vertrat U. Blau die Meinung, dass nur eine dreiwertige Logik unserem intuitiven Denken gerecht werden kann (Papiere zur Linguistik 4, 1973: Dreiwertige Sprachanalyse und Logik, 1974).

[5] Jedoch nutzt z.B. das Computeralgebra-System Maple die dreiwertige Logik mit dem dritten Wahrheitswert FAIL, der zurückgegeben wird, wenn eine Prozedur das Problem nicht vollständig lösen kann.

[6] Das Wort Kalkül rührt von „calculi" her, der lat. Bezeichnung für Rechensteinchen. Ein Kalkül erfordert, dass die Zeichenfolgen eindeutig erkannt und gemäß den Regeln des Kalküls mechanisch verarbeitet werden können.

Die **Junktoren**[7] (Verknüpfungszeichen) werden folgendermaßen über Wahrheitstafeln eingeführt (A, B Formeln):

Bezeichnung	Zeichen	Wahrheitstafel	Sprechweise
Negation	$\neg A$	$\begin{array}{c\|c} A & \neg A \\ \hline W & F \\ F & W \end{array}$	Non A; A gilt nicht; es ist nicht wahr, dass A gilt.
schwache Disjunktion; einschließendes (schwaches) Oder	$A \vee B$	$\begin{array}{cc\|c} A & B & A \vee B \\ \hline W & W & W \\ W & F & W \\ F & W & W \\ F & F & F \end{array}$ Kurzform: $\begin{array}{c\|cc} \vee & W & F \\ \hline W & W & W \\ F & W & F \end{array}$	A gilt oder B gilt oder beides gilt; A oder B oder beides.
strenge Disjunktion; ausschließendes Oder	$A \sqcup B$	$\begin{array}{c\|cc} \sqcup & W & F \\ \hline W & F & W \\ F & W & F \end{array}$	Entweder A oder B.
Konjunktion	$A \wedge B$	$\begin{array}{c\|cc} \wedge & W & F \\ \hline W & W & F \\ F & F & F \end{array}$	A gilt und B gilt; A und B.
logische Äquivalenz	$A \leftrightarrow B$	$\begin{array}{c\|cc} \leftrightarrow & W & F \\ \hline W & W & F \\ F & F & W \end{array}$	Mit A gilt auch B und umgekehrt; genau wenn A, so B; A dann und nur dann, wenn B; A ist hinreichend und notwendig für B.
Implikation	$A \rightarrow B$	$\begin{array}{c\|cc} \rightarrow & W & F \\ \hline W & W & F \\ F & W & W \end{array}$	Wenn A, so B; mit A ist auch B wahr; A ist hinreichend für B; B ist notwendig für A; A höchstens dann, wenn B.

---

[7]Einige Junktoren treten in Programmiersprachen als Operatoren auf. Z.B. in C: $\neg$ als !, $\wedge$ als &&, $\vee$ als ||.

Achtung: Bei $A \to B$ braucht B nicht aus A ableitbar zu sein, wenn dies auch die oft benutzte Sprechweise „Aus A folgt B" zu suggerieren scheint!

Die Implikation ist auch sehr zu unterscheiden vom Kausalzusammenhang. Betrachten wir das Modell einer Klingel, die Aussagen A: „Es fließt Strom.", B: „Der Magnet unterbricht durch Anziehung der Metallzunge den Stromkreis." sowie die durch das Modell offensichtlich als richtig erwiesenen Aussagen:

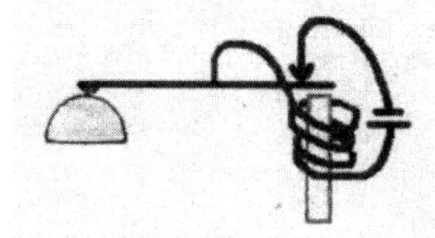

1. Wenn Strom fließt, so unterbricht der Magnet durch Anziehung der Metallzunge den Stromkreis.
2. Wenn der Magnet durch Anziehung der Metallzunge den Stromkreis unterbricht, so fließt kein Strom.

Also würde gelten $A \to B$ und $B \to \neg A$ und somit (siehe unten modus Barbara) $A \to \neg A$. Demnach wäre die Aussage falsch, im Widerspruch zur Realität.
Sie haben den Fehler natürlich sofort bemerkt! Es handelt sich hier um Ursache und Wirkung. Diese beziehen sich auf Vorgänge, die in der Zeit ablaufen. Das „wenn ... so" bedeutet also keine Gleichzeitigkeit wie bei der logischen Implikation.

In der Mathematik verwenden wir die Junktoren präzise so, wie oben definiert. Es gibt sicherlich Unterschiede zwischen dem Sprachgebrauch im täglichen Leben und dem in der mathematischen Logik. Einige Beispiele:

1. Jemand erbittet von seinem Freund, welcher jede Woche an genau einem Nachmittag in der Werkstatt seines Vaters mithilft, als Freundschaftsdienst die dringend nötige Behebung eines Defekts am Auto und fragt ihn: „Wann bist Du wieder in der Werkstatt?" Antwort: „Ich bin heute oder morgen oder übermorgen dort." Wird diese Antwort im Alltagsleben als wahr angesehen werden, wenn der Antwortende im Augenblick der Antwort schon genau weiß, daß er zu keinem anderen Zeitpunkt als morgen in der Werkstatt sein wird?

2. Eine Erbengemeinschaft gab der Öffentlichkeit gegenüber folgende Stellungnahme ab:

„Als Kinder wie als Erben von Franz Josef Strauß wissen wir, daß es solche Geschäfte mit solchen Provisionen zu keiner Zeit und nirgendwo mit und ohne Schalck-Golodkowski gegeben hat." Zeugt diese Verlautbarung nun von logischem Unvermögen oder von bewusstem Missbrauch der Sprache zum Zwecke der Verschleierung des Sinns der Aussage?

Ausriss aus Der Spiegel 34/1991, p.19

Kapitel 1. Grundlagen

3. Es fällt ohne streng formale Betrachtungsweise schwer, die Aussage „Wenn der Imperator nicht sterblich ist, so ist der Imperator sterblich." als wahr anzusehen.

Übrigens stand und steht die Definition der Implikation über die von uns abgedruckte Wahrheitstafel seit eh und je im Kreuzfeuer der Kritik von Philosophen und Logikern. Anlass zur Kritik bildete unter anderem auch die Zeitabhängigkeit des Wahrheitswertes gewisser Aussagen, zum Beispiel der Aussage: „Wenn Carina lustig ist, so ist sie nicht lustig." (Zu allen Zeiten, zu denen Carina lustig ist, ist die Aussage falsch. Zu den Zeiten, zu denen Carina nicht lustig ist, ist sie wahr!) Möglicherweise erlaubt es unser Implikationsbegriff auch nicht, gewisse Probleme adäquat zu behandeln. In einer zweiwertigen Logik muss die Implikation jedoch notwendig wie oben definiert werden, denn von den 2^4 kombinatorischen Möglichkeiten für die Wahrheitstafeln kommt unsere Wahl dem, was intuitiv als Implikation angesehen wird, am nächsten.

Eine Formel, die stets den Wahrheitswert W hat, heißt eine **Tautologie**. Durch Einsetzen aller möglichen Wahrheitswerte für A, B, C sind die folgenden Ausdrücke leicht als Tautologien zu verifizieren:

(Dabei gilt folgende **Rangfolge der Junktoren**: $\neg$ bindet stärker als $\vee$, $\wedge$, und letztere binden stärker als $\rightarrow$, $\leftrightarrow$. Von dieser Konvention abweichende Bindungen werden durch Klammern realisiert.)

1. $A \vee \neg A$ \hspace{1em} (**Tertium non datur**. Schlechter Name, der erst mit der folgenden Tautologie Sinn macht.)
2. $\neg(A \wedge \neg A)$ \hspace{1em} (**Gesetz vom Widerspruch, Kontradiktion**)
3. $(A \rightarrow B) \wedge (B \rightarrow C) \rightarrow (A \rightarrow C)$ \hspace{1em} (**Syllogismus, Modus Barbara**)
4. $A \leftrightarrow \neg(\neg A)$ \hspace{1em} (**Gesetz der doppelten Negation**)
5. $(A \rightarrow B) \leftrightarrow (\neg B \rightarrow \neg A)$ \hspace{1em} (**Gesetz der Kontraposition**)
6. $A \wedge (A \rightarrow B) \rightarrow B$ \hspace{1em} (**Modus ponendo ponens**)
7. $A \wedge \neg A \rightarrow B$ \hspace{1em} (**Ex falso quodlibet, Duns-Scotus-Regel**)
8. $(A \rightarrow A \wedge \neg A) \rightarrow \neg A$ \hspace{1em} (**Reductio ad absurdum**)
9. $\neg(A \vee B) \leftrightarrow \neg A \wedge \neg B$ \hspace{1em} (**De Morgansche Gesetze**)
10. $\neg(A \wedge B) \leftrightarrow \neg A \vee \neg B$

Übung: Welche der folgenden drei Formeln sind Tautologien?
$$A \wedge (B \vee C) \longleftrightarrow (A \wedge B) \vee (A \wedge C) \quad,$$
$$(\neg B \rightarrow A \wedge \neg A) \rightarrow B \quad,$$
$$(A \wedge \neg B \rightarrow C \wedge \neg C) \longleftrightarrow (A \rightarrow B) \quad.$$

Bemerkungen:

(i) Die beiden folgenden Tautologien zeigen, dass wir eigentlich nur die beiden Junktoren $\neg$ und $\vee$ benötigen:

$$(A \to B) \longleftrightarrow \neg A \vee B \quad ,$$
$$A \wedge B \longleftrightarrow \neg(\neg A \vee \neg B) \quad .$$

(ii) Definitionen erfolgen mit Hilfe der logischen Äquivalenz nach dem Schema Definiendium (Das neu zu Definierende) :↔ Definiens (Die definierende Aussage). Der Doppelpunkt wird auf die Seite des Definiendums geschrieben (Beispiel: Definitionen 1.1, S.15). Steht jedoch ausdrücklich „Definition:" davor, so wird auch öfter salopper „ ... heißt ... , wenn ... " statt „ ... heißt ... , genau wenn ... " formuliert.

(iii) Die Wahrheitswerte W, F werden in der **Booleschen Theorie** [8] - so, wie in der Sprache C, - meist durch 1 bzw. 0 dargestellt. Die aussagenlogischen Junktoren $\wedge$, $\vee$, $\neg$ werden als Operatoren AND, OR und NOT (bisweilen auch als $+$, $\cdot$ und $^-$) aufgefasst. **Logische (Binäre) Schaltkreise** sind Konstrukte, die eine endliche Anzahl von Inputs aus der Menge $\{0,1\}$ akzeptieren und endlich viele Outputs produzieren, letztere ebenfalls aus $\{0,1\}$. Sie können z. B. aufgebaut werden aus elementaren Grundschaltungen, die den Operatoren AND, OR und NOT entsprechen, sog. **Logischen Gattern**. Als Symbole werden oft die folgenden Ikons verwandt:

Die physikalische oder elektronische Implementation von Schaltkreisen geschieht durch ein sog. kombinatorisches Netzwerk. Wir wissen nach (i), dass sich jede logische Schaltung z. B. aus NOT und OR aufbauen lässt. Jedoch wird das in der Praxis selten gemacht. Es werden oft auch andere Gatter als Bausteine verwandt. Von Bedeutung ist das $\neg(A \wedge B)$ entsprechende $NAND$-Gatter, da es als Halbleiter leicht zu implementieren ist. Die $NAND$-Verknüpfung wird oft auch mit dem sog. Scheffer-Zeichen | geschrieben, z. B. $A|B$. Die folgenden Abbildungen zeigen das Symbol für dieses Gatter und seine Realisierung in MOS-Transistortechnik:

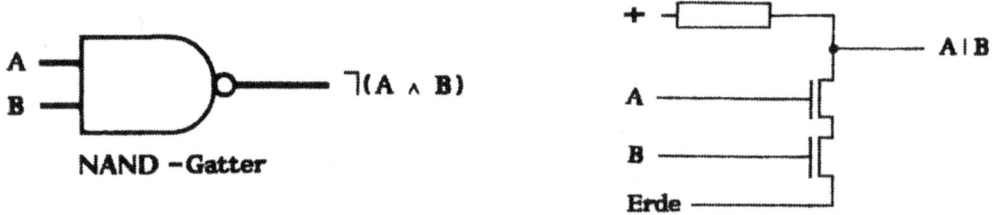

---

[8] So bezeichnet nach George Boole (1815-1864), der als erster einen praktikablen Logikkalkül schuf. Er war Autodidakt und erhielt eine Professur in Cork, obwohl er kein Hochschulstudium absolviert hatte.

Kapitel 1. Grundlagen 9

(iv) Überlege: Mit dem Gatter $NAND$ allein können - bis auf Äquivalenz - alle logischen Formeln realisiert werden.

Der Aussagenkalkül ist noch sehr grob; denn er regelt nur die Verknüpfung von Aussagen zu Formeln. Er befasst sich aber überhaupt nicht mit der Feinstruktur der Aussagen, wie es sogar schon in der Aristotelischen Logik zu finden ist. Typische „Aussagen" sind doch: „Alle Menschen sind sterblich.", „7 ist eine Primzahl.", „$\pi < 5$", aber auch „Für alle $x \in \mathbb{R}$, $x > 0$, existiert $y \in \mathbb{R}$ mit $x = y^2$ ".
Daher wird der Aussagenkalkül zum sog. **(engeren) Prädikatenkalkül** erweitert, der den Umgang mit speziellen sprachlichen Gebilden regelt.
Aussageformen oder **Aussagefunktionen** sind Gebilde vom Typ „x ist ein Rabe", kurz geschrieben als $R(x)$, „x ist schwarz", kurz geschrieben als $S(x)$. (Das sind keine Aussagen, da es keinen Sinn macht, von Wahr oder Falsch zu reden.) x heißt eine **Individualvariable**, R heißt eine **Prädikatsvariable**.

Zu den Verknüpfungen des Aussagenkalküls kommen noch zwei **Quantoren** hinzu: $\bigvee$ und $\bigwedge$ (oft auch als $\exists$ bzw. $\forall$ geschrieben). $\bigvee_x R(x)$ ist eine Schreibweise für „Es gibt ein x mit dem Prädikat R", also für „Es gibt ein x so, dass gilt: x ist ein Rabe." $\bigvee$ (bzw. $\exists$) heißt **Partikularisator**. Analog wird der **Generalisator** $\bigwedge$ (bzw. $\forall$) „für alle" gebraucht.

$\bigwedge_{\mathbf{x}}[\mathbf{R}(\mathbf{x}) \to \mathbf{S}(\mathbf{x})]$???

Drei wichtige gültige Formeln des Prädikatenkalküls sind:

$$\neg\bigwedge_x P(x) \leftrightarrow \bigvee_x \neg P(x) \quad ,$$

$$\neg\bigvee_x P(x) \leftrightarrow \bigwedge_x \neg P(x) \quad ,$$

$$\bigvee_x \bigwedge_y P(x,y) \to \bigwedge_y \bigvee_x P(x,y) \quad .$$

Übung: Machen Sie sich die Formeln anhand von Beispielen klar, insbesondere auch, dass die letzte Formel keine Äquivalenz ist (Wichtig später für das Verständnis des Unterschiedes zwischen Konvergenz und gleichmäßiger Konvergenz).

Vielbenutzte Quantoren der Sprache, wie „für fast alle", „für die meisten", ..., werden hingegen in der klassischen mathematischen Logik nicht verwandt. Die bei den Quantoren stehenden Individualvariablen heißen **gebundene Variablen**, während die anderen Individualvariablen **freie Variablen** heißen.[9] Prädikate können natürlich mehrere Individualvariablen aufweisen, geschrieben dann als $P(x_1, x_2, \ldots, x_n)$.

Beispiel: $K(x,y)$ für „x ist kleiner als y".

Ein Problem des Prädikatenkalküls liegt darin, dass ein entsprechendes Universum von Individuen vorausgesetzt wird, auf die sich die Aussagenvariablen beziehen. Wenn das Universum aus endlich vielen Individuen besteht, geht der Prädikatenkalkül nicht über die Aussagenlogik hinaus.

Die axiomatische Methode

Eine **formale mathematische Theorie** ist ein geeigneter logischer Kalkül (meist der engere Prädikatenkalkül mit dem Begriff der Identität (d.i. Gleichheit im Sinne universeller Vertretbarkeit), eventuell noch mit dem ι-Symbol[10]), der durch spezielle Symbole für besondere Individuen, Prädikate oder Aussageformen erweitert ist[11], zusammen mit sogenannten **Axiomen**, in denen diese Symbole vorkommen. (Vgl. G.T. Kneebone: Mathematical Logic and the foundations of mathematics. London 1963.) Ferner muss festgelegt werden, welche Formeln **einschlägig** (wohlgebildet) sind und welche **Ableitungsregeln** angewendet werden dürfen.

Seien $P_1, P_2, \ldots, P_n$ einschlägige Aussagen der formalen Theorie, die sog. **Prämissen** oder **Voraussetzungen**, und sei B eine zu beweisende **Behauptung**.

(i) Ein **formaler (direkter) Beweis** für das **Theorem**:
„Mit $P_1, P_2, \ldots, P_n$ gilt auch B" besteht aus einer Folge (gewöhnlich untereinander geschriebener) einschlägiger Formeln $F_1, F_2, \ldots, F_k$ mit $F_k = B$, wobei jede Formel F_i eine Prämisse oder ein Axiom ist oder aus vorhergehenden Formeln F_j ($j < i$) durch Anwendung einer der Ableitungsregeln entstanden ist.

(ii) Ein **formaler indirekter Beweis** für den obigen Satz beginnt mit n Zeilen mit den Prämissen $P_1, P_2, \ldots, P_n$. In der $(n+1)$-ten Zeile steht $\neg B$. Dann folgen weitere Beweiszeilen, die wie bei einem formalen direkten Beweis, also eventuell unter Verwendung vorheriger Zeilen, entstanden sind. Sobald einmal zwei Zeilen mit den Formeln Z und $\neg Z$ aufgetreten sind (**Widerspruch**), ist der indirekte Beweis vollendet ($\neg B$ kann nicht wahr sein).

---

[9]Der engere Prädikatenkalkül wird oft erweitert, indem auch gebundene Prädikatsvariablen zugelassen werden, z.B. zwecks Definition der Gleichheit $a = b :\leftrightarrow \bigwedge_x F(a) = F(b)$ (Gleichheit im Sinne universeller Vertretbarkeit). Jedoch hat Bernays eine für die Zwecke der Mathematiker hinreichende axiomatische Einführung der Zermelo-Fraenkelschen Mengenlehre auf der Basis des engeren Prädikatenkalküls mit ι-Symbol gegeben.

[10]Wenn eine Eigenschaft E durch ein Prädikat $P(x)$ dargestellt wird, so bedeutet $\iota_x P(x)$ „das Individuum mit der Eigenschaft E"

[11]Im Axiomensystem der Mengenlehre sind zum Beispiel $\in$ und $\{\,:\,\}$ solche Symbole.

Kapitel 1. *Grundlagen*

Beispiel (für einen indirekten Beweis):
Behauptung: $\sqrt{2}$ ist nicht rational (Aussage B).
Annahme: $\sqrt{2} = \frac{a}{b}$ (a, b ganzrational; der Bruch sei durchgekürzt).
Dann ist $a^2 = 2b^2$, a also gerade, d.h. $a = 2c$. Mithin ist $4c^2 = 2b^2$, also auch b gerade.
Also ist $\frac{a}{b}$ nicht durchgekürzt. Widerspruch! □

Als **Beispiel** für eine formale mathematische Theorie führen wir 4 Axiome und 2 Ableitungsregeln ein, mit denen Hilbert und Ackermann den Aussagenkalkül formalisierten.

Axiome:

(i) $\neg(A \vee A) \vee A$

(ii) $\neg A \vee (A \vee B)$

(iii) $\neg(A \vee B) \vee (B \vee A)$

(iv) $\neg(\neg A \vee B) \vee (\neg(C \vee A) \vee (C \vee B))$

Ableitungsregeln:

(I) Von zwei Formeln F_1 und $F_1 \to F_2$ darf zur Formel F_2 übergegangen werden, symbolisch geschrieben:
$$\frac{\begin{array}{c} F_1 \\ F_1 \to F_2 \end{array}}{F_2}$$
(Modus ponendo ponens)

(II) Für jede Variable, die in einer gegebenen Formel auftritt, ist folgende Substitution zulässig: X wird überall, wo es auftritt, durch eine beliebige, aber festgewählte, einschlägige Formel F ersetzt, geschrieben: $F|X$.   (Substitutionsregel)

Zunächst ist es sicher nützlich, die Implikation mittels der Definition $(A \to B) :\leftrightarrow \neg A \vee B$ einzuführen und die Formeln der Axiome in einer „anschaulicheren" Version zu schreiben:
(i) $A \vee A \to A$, (ii) $A \to A \vee B$, (iii) $A \vee B \to B \vee A$, (iv) $(A \to B) \to (C \vee A \to C \vee B)$. Die Substitution $\neg C | C$ in (iv) zeigt die Gültigkeit von $(A \to B) \to ((C \to A) \to (C \to B))$ und (I) zweimal hierauf angewendet liefert die so formal deduzierte Ableitungsregel
$$\frac{\begin{array}{c} C \to A \\ A \to B \end{array}}{C \to B}$$
(Modus Barbara)

Als Beispiele für formale Beweise mögen die Deduktion des „tertium non datur" und des Satzes von der doppelten Negation dienen:

Satz: $A \vee \neg A$
Beweis:

1. $A \to A \vee A$ \hfill (ii) und $A|B$

    2. $A \vee A \to A$ (i)

    3. $A \to A$ Modus Barbara

    4. $\neg A \vee A$ Definition von $\to$

    5. $\neg A \vee A \to A \vee \neg A$ (iii) und (II)

    6. $A \vee \neg A$ (I) bezügl. 4. und 5.   □

Satz: $A \leftrightarrow \neg\neg A$
Beweis:

    1. Ann.: $\neg((A \to \neg\neg A) \wedge (\neg\neg A \to A))$

    2. $\neg\neg(\neg(A \to \neg\neg A) \vee \neg(\neg\neg A \to A))$ (Definition von $\wedge$)

    3. $A \vee \neg A$ voriger Satz

    4. $\neg A \vee \neg\neg A$ $\neg A | A$ in voriger Zeile

    5. $A \to \neg\neg A$ Definition von $\to$

    6. $\neg A \to \neg\neg\neg A$ $\neg A | A$ in voriger Zeile

    7. $(A \vee \neg A) \to (A \vee \neg\neg\neg A$ $\neg A | A, \neg\neg\neg A | B, A | C$ in (iv) und (I)

    8. $A \vee \neg\neg\neg A$ (I)

    9. $\neg\neg\neg A \vee A$ (iii) mit Substitution und (I)

    10. $\neg\neg A \to A$ Definition von $\to$

    11. $\neg(A \to \neg\neg A) \vee \neg(\neg\neg A \to A)$ (I) bezogen auf 2. Zeile

                                                    und letzte Zeile mit entsprechender Substitution

    12. $(A \to \neg\neg A) \to \neg(\neg\neg A \to A)$ Definition von $\to$

    13. $\neg(\neg\neg A \to A)$ (I)

    14. Widerspruch zur Aussage 3 Zeilen höher!   □

Während die Beweisführung im ersten Satz voll formalisiert ist, sind beim Beweis des zweiten Satzes für die Etablierung einer neuen Zeile bisweilen mehrere Beweisschritte zusammengefasst. Formale Beweise zu führen ist schrecklich umständlich und mühsam, auch werden sie für unseren menschlichen Verstand eher undurchsichtig. Die Situation erinnert an die Unterschiede, die zwischen der korrekten Beschreibung eines Algorithmus in freier Sprache (erster Schritt beim Programmieren) und dem vollständigen Quell-Code eines Computerprogramms bestehen. Bei formalen Beweisen muss im Prinzip ein Computer prüfen können, ob die Beweise richtig sind. Die praktizierenden Mathematiker begnügen sich mit einer teilweisen Formalisierung – weit weniger als in unserem zweiten Beispiel. Es wird zwar gefordert, dass die mathematische Theorie voll formalisierbar ist, um die Verwendung der Anschauung und die darin liegenden Gefahren auszuschalten, jedoch werden meistens die Ableitungsregeln nicht vollständig formuliert und auch unbewusst angewandt.

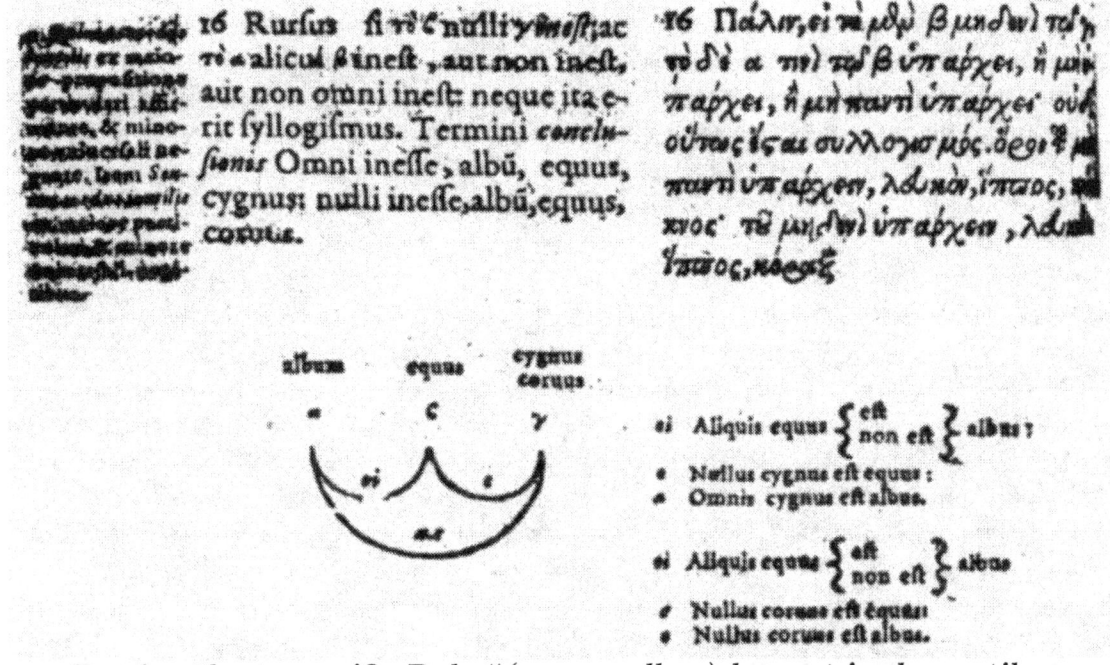

Der berühmte „weiße Rabe"(corvus albus) kommt in den antiken Logik-Lehrbüchern oft vor. Hier aus Aristoteles, Anal. Prior. IV, 16 (vgl. die Abbildung auf S. 9)

Der Stand der Dinge auf dem Gebiet der Computerbeweise ist folgender: Zwar können Computer aus den Prämissen mit Hilfe der Ableitungsregeln neue gültige Formeln in Hülle und Fülle produzieren, aber zu der behaupteten Formel zu gelangen ist nicht so einfach, da Computer ja keine Intuition besitzen. Jedoch ist es dem Computerprogramm EQP (equational power) von Mc Cune in Argonne (Illinois, USA) 1997 gelungen zu beweisen, dass eine Menge, auf der folgende Axiome für die beiden Verknüpfungen $\vee$ und $\neg$ gelten

(i) $A \vee B \leftrightarrow B \vee A$,

(ii) $(A \vee B) \vee C \leftrightarrow A \vee (B \vee C)$,

(iii) $\neg(\neg(A \vee B) \vee \neg(A \vee \neg B)) \leftrightarrow A$ \hspace{2em} (sog. **Robbins-Äquivalenz**).

bereits eine **Boolesche Algebra** ist, ein Beweis, den die Mathematiker seit 60 Jahren vergeblich zu führen suchten.[12]

Die moderne axiomatische Methode mit ihrem Verzicht auf Anschauung gab den MathematikerINNEn sehr viel Bewegungsfreiheit. Es geht nicht um die Frage, ob die Axiome selbst wahr sind, sondern es geht um die Ableitung von Sätzen aus den Axiomen. So ist auch der Ausspruch von Bertrand Russell zu verstehen: „Die reine Mathematik ist jene Disziplin, bei der man weder weiß, worüber man spricht, noch ob das, was man sagt, wahr ist." Da unser Text hier für Menschen geschrieben ist, verzichten wir natürlich auf eine vollständig formalisierte Darstellung, eingedenk der Worte von A. Tarski: „Was eine (ergänze: voll formalisierte) Darstellung an Strenge und methodologischer Korrektheit gewinnt, verliert sie an Fasslichkeit und Durchsichtigkeit". Es ist „nicht vernünftig zu fordern, dass die Beweise in einem gewöhnlichen Lehrbuch in vollständiger Gestalt angegeben werden".

Mengen, Relationen, Abbildungen

Die Objekte der Mengenlehre heißen **Klassen**. Es wird ferner mit einer **Elementbeziehung** $\in$ gearbeitet. Wenn a, A Klassen sind, so sagen wir im Falle der Schreibweise $a \in A$ „a ist Element von A" oder „a ist in A" oder „a gehört zu A". Klasse und Elementbeziehung bleiben unerklärte Bausteine des Axiomensystems der Mengenlehre. In diesem Abschnitt bedeuten $A, B, C, \ldots, a, b, c, \ldots$ stets Bezeichnungen für Klassen. Wir treffen die Übereinkunft, dass kleine Buchstaben ausschließlich für Elemente reserviert seien.

Bei der Entwicklung der Mengenlehre stellte sich bald heraus, dass die Cantorsche Definition „Eine Menge ist die Zusammenfassung von wohlunterschiedenen Objekten unserer Anschauung oder unseres Denkens zu einem Ganzen" leider nicht brauchbar ist. Denn diese Definition führte in verschiedene Antinomien, zum Beispiel in die **Russellsche Antinomie**:

Sei M die „Menge" (im Cantorschen Sinne) aller Mengen, die sich nicht selbst als Element enthalten. Kurzes Nachdenken über die Frage, ob dann M sich selbst als Element enthält, führt zu der Erkenntnis, dass sowohl $M \in M$ als auch $\neg(M \in M)$ gelten muss, was unmöglich sein kann.

B. Russell

---

[12]Der EQP-Beweis, den die Maschine in 8 Tagen schaffte, ist für Menschen schwierig nachvollziehbar, da viele unintuitive, aber sehr komplexe Substitutionen durchgeführt werden. Informationen unter http://www.mcs.anl.gov/home/mccune/ar/robbins/.
Ein Preprint des Mc-Cune-Papiers ist unter ftp://info.mcs.anl.gov/pub/Otter/www-misc/robbins-jar-final.ps.gz erhältlich.

Kapitel 1. Grundlagen   15

Also musste der Cantorsche Mengenbegriff aufgegeben werden. Heutzutage werden Mengen als spezielle Klassen definiert (vgl. Def. 1.6).

1.1 Definitionen :

$$A = B :\leftrightarrow \bigwedge_x (x \in A \leftrightarrow x \in B)$$

$$A \subset B :\leftrightarrow \bigwedge_x (x \in A \rightarrow x \in B)$$

Letzterer Sachverhalt heißt eine **Inklusion** und A heißt eine **Teilklasse** von B.

1.2 Extensionalitätsaxiom : $x = y \wedge x \in A \rightarrow y \in A$

1.3 Bemerkungen : Es gelten

(i) $A = A$ (Reflexivität der Gleichheit)

(ii) $A = B \rightarrow B = A$ (Symmetrie der Gleichheit)

(iii) $A = B \wedge B = C \rightarrow A = C$ (Transitivität der Gleichheit)

(iv) $A \subset B \wedge B \subset A \rightarrow A = B$

(v) $A \subset B \wedge B \subset C \rightarrow A \subset C$

Beweis: Definitionen 1.1 und Extensionalitätsaxiom 1.2.

1.4 Komprehensionsaxiom : Sei $P(x)$ eine Aussageform, die vollständig durch $\in$, $\vee$, $\neg$, $\bigvee$, $\bigwedge$, Klammern und Variable ausgedrückt werden kann. Dann existiert eine Klasse, die aus allen Elementen x besteht, für die $P(x)$ gilt, geschrieben: $\{x : P(x)\}$.

Warum werden in 1.4 nur Elemente zugelassen? Um nicht in Antinomien zu geraten; denn $\{A : \neg(A \in A)\}$ wäre genau die Bildung, die zur Russellschen Antinomie führt. Wohl aber ist die Bildung $\{x : \neg(x \in x)\}$ zulässig!

1.5 Satz : Die Klasse $U := \{x : \neg(x \in x)\}$ ist nicht Element einer Klasse.
Beweis: Indirekt! Annahme: U ist Element einer Klasse. Es ist entweder $U \in U$ oder $\neg(U \in U)$. Wenn $U \in U$, so ist nach Def. von U aber $\neg(U \in U)$, und wenn $\neg(U \in U)$ gilt, so ist, da U als Element angenommen ist, nach Definition gerade $U \in U$. In jedem Fall ergibt sich ein Widerspruch. □
Wir haben uns also praktisch die Argumentation der Russellschen Antinomie für einen Widerspruchsbeweis von Satz 1.5 zunutze gemacht.

1.6 Definitionen : Eine Klasse, die Element einer Klasse ist, heißt eine **Menge**. Eine Klasse, die nicht Menge ist, heißt eine **eigentliche Klasse**, **echte Klasse** oder **Unmenge**.

Nach Satz 1.5 ist $\{x : \neg(x \in x)\}$ keine Menge. Also gibt es echte Klassen. Aber gibt es Mengen? Das wird sichergestellt durch:

1.7 Axiom der leeren Menge :
Die **leere Klasse** $\emptyset := \{x : x \neq x\}$ ist eine Menge. Es gilt $\emptyset \subset A$ für alle Klassen A; denn die Aussage $x \in \emptyset \to x \in A$ ist wahr für jedes x.

1.8 Axiom der Paarung :
Wenn a, b Mengen sind, so ist $\{a, b\} := \{x : x = a \lor x = b\}$ eine Menge.

Wenn a eine Menge ist, so ist auch $\{a\} := \{x : x = a\}$ eine Menge; denn es ist offensichtlich $\{a\} = \{a, a\}$, und letzteres ist nach 1.8 eine Menge. Wegen $\{a\} = \{a, a\}$ kommen wir überein, gleiche Elemente zwischen geschweiften Klammern jeweils nur einmal aufzuführen.

1.9 Definitionen : Seien A, B Klassen.

(i) $A \cup B := \{x : x \in A \lor x \in B\}$ heißt die **Vereinigung** von A und B.

(ii) $A \cap B := \{x : x \in A \land x \in B\}$ heißt der **Durchschnitt** von A und B.

(iii) $A \setminus B := \{x : x \in A \land \neg(x \in B)\}$ heißt die **Differenz** von A und B.

(iv) Ist $B \subset A$, so heißt $A \setminus B$ das **Komplement** von B in A, geschrieben $\mathcal{C}_A B$.

(v) A, B heißen **disjunkt** oder **zueinander fremd**, wenn $A \cap B = \emptyset$ gilt.

Analog werden Vereinigung und Durchschnitt über eine Klasse $\mathcal{M}$ von Mengen definiert:
$$\bigcup_{A \in \mathcal{M}} A := \{x : \bigvee_{A \in \mathcal{M}} x \in A\}; \quad \bigcap_{A \in \mathcal{M}} A := \{x : \bigwedge_{A \in \mathcal{M}} x \in A\} \quad .$$

Für die Begriffe von 1.9 können nun zahlreiche Regeln abgeleitet werden. Zwei oft verwendete sind die **Distributivgesetze**:

$$A \cup (B \cap C) = (A \cup B) \cap (A \cup C) \quad ,$$

$$A \cap (B \cup C) = (A \cap B) \cup (A \cap C) \quad .$$

Letzteres folgt zum Beispiel nach Def 1.1 und 1.9 unter Verwendung der ersten Tautologie der Übung auf Seite 7.

1.10 Definitionen : $(a, b) := \{\{a\}, \{a, b\}\}$ heißt ein **geordnetes Paar**.
$A \times B := \{(a, b) : a \in A \land b \in B\}$ heißt das **Cartesische Produkt** der Klassen A und B. Ist $A = \emptyset$ oder $B = \emptyset$, so definieren wir $A \times B = \emptyset$. Allgemein: $M_1 \times M_2 \times \ldots \times M_n =: \mathsf{X}_{j=1}^n M_j$ $(=: M^n$, wenn $M_1 = \ldots = M_n = M)$.

Beispiel: $\mathbb{R}^2 = \mathbb{R} \times \mathbb{R}$ kann als Menge der Punkte der euklidischen Ebene aufgefasst werden.

Kapitel 1. Grundlagen 17

Zusammen mit weiteren Axiomen lässt sich so die Mengenlehre axiomatisch aufbauen. Wer sich dafür interessiert, ziehe dazu Literatur zu Rate. Ein wichtiges Buch auf diesem Feld ist A.A. Fraenkel: Abstract set theory, Amsterdam 1953.
Wahrscheinlich reichen für den Tagesgebrauch in der Mathematik zusätzlich die folgenden Axiome aus:

1) **Axiom der Teilmenge:** Jede Teilklasse einer Menge ist eine Menge.

2) **Axiom der Vereinigung:** Ist $\mathcal{M}$ eine Menge von Mengen, so ist $\bigcup_{A \in \mathcal{M}} A$ eine Menge.

3) **Axiom der Potenzmenge:** Zu jeder gegebenen Menge A existiert die Menge $\mathcal{P}(A)$ aller Teilmengen von A, die sogenannte **Potenzmenge**.

4) **Unendlichkeitsaxiom:** Es existiert eine **Nachfolger-Menge**, d.h. eine Menge, die mit jedem Element A auch ihren **Nachfolger** $A^+ := A \cup \{A\}$ enthält. Dieses Axiom sichert die Existenz der Menge $\mathbb{N}$ der natürlichen Zahlen.

5) **Auswahlaxiom:** Darüber jedoch später Näheres (siehe 2.37 - 2.39).

Wir arbeiten im Folgenden nur mit Mengen! Uns interessiert also der Unterschied zwischen Mengen und Klassen nicht weiter!

Wir wollen nun noch ausführen, wie die wichtigen Begriffe der Abbildung und der Relation mit Hilfe der Mengentheorie eingeführt werden können:

1.11 Definitionen : Eine **Abbildung** oder **Funktion** f von A nach B ist ein geordnetes Tripel (f, A, B), wobei A, B Klassen sind und $f \subset A \times B$ ist mit folgenden Eigenschaften

(i) $\bigwedge_{x \in A} \bigvee_{y \in B} (x, y) \in f$ \hfill (Existenz des Bildes)

(ii) $(x, y) \in f \wedge (x, z) \in f \to y = z$ \hfill (Eindeutigkeit des Bildes)

1) x heißt ein **Urbild** von y, y heißt das **Bild** von x. Es ist üblich, $f : A \to B$ statt (f, A, B) und $y = f(x)$ bzw. $f : x \mapsto y$ statt $(x, y) \in f$ zu schreiben. Wir sagen auch: f bildet x auf y ab.

2) A heißt der **Definitionsbereich** von f.

3) Bild $f := f(A) := \bigcup_{x \in A} f(x)$ heißt der **Bildbereich** oder der **Wertevorrat** von f.

4) Sei $M \subset B$. $f^{-1}(M) := \{x : x \in A \wedge f(x) \in M\}$ heißt das (volle) **Urbild** von M. $f^{-1}(\{y\})$ heißt die zu y gehörige **Faser**, manchmal auch $f^{-1}(y)$ geschrieben.

5) f heißt **injektiv** oder eine **Injektion**, wenn $\bigwedge_{x, y \in A} (f(x) = f(y) \to x = y)$.

6) f heißt **surjektiv** oder eine **Surjektion**, wenn $\bigwedge_{y \in B} \bigvee_{x \in A} f(x) = y$.

7) f heißt **bijektiv** oder eine **Bijektion**, wenn f injektiv und surjektiv ist.

8) Die **Komposition** der Abbildungen $f : A \to B$ und $g : B \to C$ ist die durch $g \circ f(x) := g(f(x))$ definierte Abbildung $g \circ f : A \to C$.

9) Die durch $\mathrm{id}_A(x) := x$ definierte Abbildung $\mathrm{id}_A : A \to A$ heißt die (auf A) **identische Abbildung**.

10) $f : A \to B$, $g : A \to B$ heißen **gleich**, wenn $f(x) = g(x)$ für alle x aus A gilt.

Slogans: Injektivität bedeutet Eindeutigkeit des Urbildes!
Surjektivität ist Abbildung „auf", bedeutet also Existenz des Urbildes!

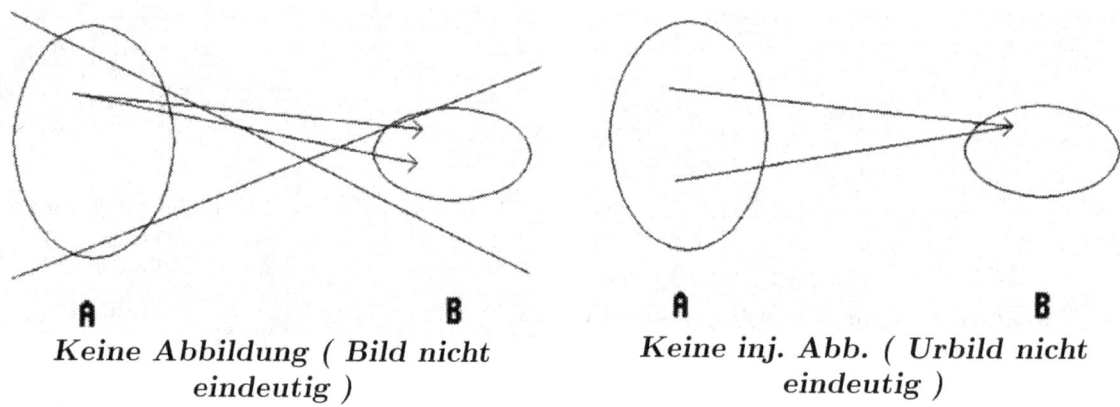

Keine Abbildung (Bild nicht eindeutig)   *Keine inj. Abb. (Urbild nicht eindeutig)*

1.12 Bemerkungen :

(i) Die Komposition von Abbildungen ähnelt der Multiplikation (reeller Zahlen) und wird daher entsprechend geschrieben: $g \circ f$ – nur wird hier von rechts nach links gelesen; denn zuerst wird f und dann g ausgeführt. Die Bezeichnung „Linksinverses" rührt ebenfalls von der Multiplikation her. Es gilt doch: $\bigwedge_{a \in \mathbb{R}\setminus\{0\}} \bigvee_{b \in \mathbb{R}} ba = 1$, nämlich $b = \frac{1}{a} = a^{-1}$, also „b ist Linksinverses zu a".

(ii) Eine Abbildung $f : A \to B$ schreiben wir auch als $A \xrightarrow{f} B$. Seien nun f, g, h Abbildungen mit $A \xrightarrow{f} B \xrightarrow{g} C \xrightarrow{h} D$. Dann gilt: $(f \circ g) \circ h = f \circ (g \circ h)$ **Assoziativität der Komposition**.
Beweis: Es gilt $h \circ (g \circ f)(x) = h((g \circ f)(x)) = h(g(f(x)))$ und ebenso $(h \circ g) \circ f(x) = (h \circ g)(f(x)) = h(g(f(x)))$ für alle $x \in A$, also sind beide linke Seiten gleich.

Kapitel 1. Grundlagen

(iii) Seien $f : A \to B$ und $g : B \to C$ surjektive (injektive bzw. bijektive) Abbildungen. Dann ist $g \circ f$ surjektiv (injektiv bzw. bijektiv).
Beweis als Übung.

1.13 Satz : Sei $f : A \to B$ eine Abbildung. Dann gelten:

(i) f ist genau dann injektiv, wenn ein $g : B \to A$ existiert mit $g \circ f = \text{id}_A$.
g heißt dann ein **Linksinverses** zu f.

(ii) f ist genau dann surjektiv, wenn ein $h : B \to A$ existiert mit $f \circ h = \text{id}_B$.
h heißt dann ein **Rechtsinverses** zu f.

(iii) f ist genau dann bijektiv, wenn es genau ein $g : B \to A$ gibt mit $g \circ f = \text{id}_A$ und $f \circ g = \text{id}_B$. Dieses eindeutig bestimmte g heißt dann die **Umkehrabbildung** oder die **inverse Abbildung** zu f, oft auch mit f^{-1} bezeichnet.

Achtung: Das Bild $f^{-1}(y)$ von y unter der inversen Abbildung f^{-1} darf nicht mit der zu y gehörigen Faser verwechselt werden!
Beweis:

I) Sei die rechte Seite der Behauptung (i) gültig. Wenn $f(x) = f(y)$ ist, so ist $g \circ f(x) = g \circ f(y)$, also $\text{id}_A(x) = \text{id}_A(y)$, also $x = y$, also f injektiv. Sei nun f injektiv. Dann gibt es zu jedem $b \in f(A)$ genau ein $a_b \in A$ mit $f(a_b) = b$. Wenn wir dann die Abbildung $g : B \to A$ mittels $g(b) = a_b$ für $b \in f(A)$ und $= a$ ($a \in A$, beliebig) für die übrigen b definieren, so ist g ein Linksinverses zu f. Also ist (i) bewiesen.

II) Führen Sie den Beweis von (ii) selber analog zu I.

III) Die „Wenn-Richtung" von (iii) folgt direkt aus (i) und (ii). Sei nun f als bijektiv vorausgesetzt. Wir nehmen dann die nach (i) und (ii) zu f existierenden Abbildungen g und h. Es gilt $h = \text{id}_A \circ h = (g \circ f) \circ h = g \circ (h \circ f) = g \circ \text{id}_B = g$, also sind auch alle Linksinversen zu f gleich. Ebenso alle Rechtsinversen, und daher existiert **die** (eindeutig bestimmte) inverse Abbildung zu f. □

1.14 Folgerung : Sei f eine Bijektion. Dann gilt $(f^{-1})^{-1} = f$.
Beweis: Es gilt sowohl $(f^{-1})^{-1} \circ f^{-1} = \text{id}_B$ als auch $f \circ f^{-1} = \text{id}_B$, also wegen der Eindeutigkeit der Inversen zu f nach Satz 1.13 $(f^{-1})^{-1} = f$.

Anfänger/innen müssen sich daran gewöhnen, nichts als selbstverständlich vorauszusetzen. Wir werden bald wichtige Strukturen kennenlernen, in denen die Existenz des Inversen keineswegs gesichert ist.

1.15 Definitionen : Sei M eine Menge. Eine Teilmenge R von $M \times M$ heißt eine **Relation** ρ auf M. Wir sagen: x **steht in Relation** zu y, geschrieben $x \, \rho \, y$, wenn $(x, y) \in R$ gilt.

(i) Ist $a \, \rho \, a$ für alle $a \in M$, so heißt ρ **reflexiv**.

(ii) Gilt $(a \rho b \rightarrow b \rho a)$, so heißt ρ **symmetrisch**.

(iii) Gilt $(a \rho b \wedge b \rho c \rightarrow a \rho c)$, so heißt ρ **transitiv**.

(iv) Eine Relation, die reflexiv, symmetrisch und transitiv ist, nennen wir eine **Äquivalenzrelation**, oft mit $\sim$ bezeichnet.

1.16 Beispiele :

(i) Die Gleichheit ist die bekannteste Äquivalenzrelation. Eine weitere Äquivalenzrelation ist die Ähnlichkeitsrelation auf der Menge aller Dreiecke.

(ii) Die Relation „ist ein Teiler von" auf der Menge der natürlichen Zahlen ist reflexiv und transitiv, aber nicht symmetrisch.

(iii) Sei n eine natürliche Zahl. Die kleinsten nichtnegativen Reste, die bei Division von ganzrationalen Zahlen durch n auftreten können, sind $0, 1, 2, \ldots, n-1$. Seien a, b ganzrational. Wir schreiben: $a \equiv b \mod n$, wenn a und b bei Division durch n den gleichen kleinsten nichtnegativen Rest lassen, gesprochen: a **kongruent** zu b modulo n. Die Kongruenzrelation ist eine Äquivalenzrelation (Selbst überlegen!). Äquivalent mit $a \equiv b \mod n$ ist die Aussage: n ist ein Teiler von $a - b$.[13]

1.17 Satz : Sei $\sim$ eine Äquivalenzrelation auf M. Dann ist M disjunkte Vereinigung (oder **Partition**) von (bzw. in) Teilmengen M_ν von M, geschrieben als $M = \bigcup_\nu M_\nu$, so dass gilt: $\bigwedge\limits_{a,b \in M_\nu} a \sim b \ \wedge \ [(a \in M_\nu, b \in M_\mu, \mu \neq \nu) \rightarrow a \not\sim b]$.

Die Mengen M_ν heißen die **Äquivalenzklassen** von M bezüglich $\sim$. Also: M zerfällt in disjunkte Äquivalenzklassen. **Beweis:** Aufgabe.

1.18 Beispiele :

(i) Die Menge $\mathbb{Z}$ der ganzrationalen Zahlen zerfällt bezüglich der Kongruenz mod 8 in 8 Äquivalenzklassen, sog. **Restklassen**, nämlich
$$\hat{0} = \{0, \pm 8, \pm 16, \ldots\} \ ,$$
$$\hat{1} = \{\ldots, -15, -7, 1, 9, 17, \ldots\} \ ,$$
$$\ldots$$
$$\hat{7} = \{\ldots, -9, -1, 7, 15, 23, \ldots\} \ .$$

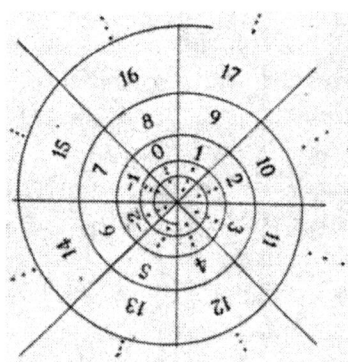

---

[13]Die Bedeutung der Kongruenzrelation wird daraus ersichtlich, dass heutige Programmiersprachen wie Pascal, Modula, Lisp, Prolog einen Operator bzw. eine Funktion *mod* bereitstellen. In C/C++ wird das Zeichen % genommen: a%b ist der kleinste nichtnegative Rest von a modulo b.

Kapitel 1. Grundlagen

(ii) Eine Zentralprojektion bewirkt eine Partition des gesamten Raumes (ohne Projektionspunkt) in die Projektionsstrahlen (Äquivalenzklassen) (siehe nachfolgendes Bild).

Dürer : Der Zeichner des liegenden Weibes

Elementare Kombinatorik

Eines der Axiome für die Menge $\mathbb{N} := \{1, 2, 3, \ldots\}$ der **natürlichen Zahlen** lautet:[14]

1.19 Induktionsaxiom : Sei $A(n)$ eine Aussage über die natürliche Zahl n mit den Eigenschaften

(i) $A(n)$ ist wahr für ein $n = n_0$ (**Induktionsanfang**) und

(ii) $\forall n \geq n_0 : A(n) \to A(n+1)$ (**Induktionsschluss**).

Dann gilt $A(n)$ für alle $n \geq n_0$.

Eine zweite, äquivalente Fassung des Induktionsaxioms lautet: Wenn $A(n_0)$ für ein $n_0 \in \mathbb{N}$ und $\bigwedge_{\substack{n \in \mathbb{N} \\ n_0 \leq n < k}} A(n) \to A(k)$, dann gilt $A(n)$ für alle $n \geq n_0$.

Ein Beweis für die Aussage $\bigwedge_{\substack{n \in \mathbb{N} \\ n \geq n_0}} A(n)$ mit Hilfe des Induktionsaxioms heißt ein **Beweis durch vollständige Induktion**. In einem solchen Beweis beweisen wir also (i) die Behauptung für ein festes n_0 und zeigen z.B. (ii): Sobald die Behauptung für ein n richtig ist, so ist sie es auch für den Nachfolger $n + 1$ (sog. **Schluss von** n **auf** $n+1$). Es ist klar, dass dann die behauptete Aussage für jedes $n \geq n_0$ bewiesen ist, da wir uns ja von n_0 mit dem Induktionsschluss (ii) zu seinem Nachfolger $n_0 + 1$, von dem Nachfolger

---

[14]Wir wollen die Axiomatik der Zahlensysteme auch später nur insoweit behandeln, als es die reellen und komplexen Zahlen betrifft (Kapitel 2, 3). Das bekannteste Axiomensystem für die Menge $\mathbb{N}$ der natürlichen Zahlen stammt von Guiseppe Peano. Aus $\mathbb{N}$ lassen sich leicht die Bereiche $\mathbb{Z}$ der ganzrationalen Zahlen und $\mathbb{Q}$ der rationalen Zahlen entwickeln (siehe z. B. E. Landau: Grundlagen der Analysis).

zu dessen Nachfolger etc. zu jedem $n \geq n_0$ „hochhangeln" können. Beispiele für solche Induktionsbeweise sind die Beweise der beiden folgenden Sätze.

1.20 Definition : Für $n \in \mathbb{N}$ heißt die Zahl $n! := 1 \cdot 2 \cdot 3 \cdots n$ n-**Fakultät**. Wir verabreden weiter $0! := 1$.

1.21 Satz : Sei $n \in \mathbb{N}$ und es seien $A = \{a_1, a_2, \ldots, a_n\}$ und $B = \{b_1, b_2, \ldots, b_n\}$ zwei Mengen mit genau n Elementen (Mengen der **Mächtigkeit** n, Schreibweise: $|A| = |B| = n$). Dann gilt für die Anzahl $|S_n|$ der Bijektionen $f : A \to B$: $|S_n| = n!$.
Beweis: Durch vollständige Induktion.
Induktionsanfang: Die Behauptung ist richtig für $n = 1$; denn zwischen $\{a_1\}$ und $\{b_1\}$ gibt es genau eine Bijektion. Also gilt $|S_1| = 1$.
Induktions-Annahme: Die Aussage sei richtig für n.
Induktions-Schluss: Wir zählen die Bijektionen zwischen $\{a_1, a_2, \ldots, a_{n+1}\}$ und $\{b_1, b_2, \ldots, b_{n+1}\}$. Da es für das Bild von a_1 genau $n+1$ Möglichkeiten gibt, zwischen den verbleibenden n-elementigen Mengen nach Induktionsannahme genau $n!$ Bijektionen existieren, gibt es also $(n+1) \cdot (n!)$ Möglichkeiten für eine bijektive Abbildung zwischen A und B. $\square$

1.22 Definitionen : Eine Bijektion $f : A \to A$ heißt **Permutation** oder **Transformation** von A. Die Menge aller Permutationen einer n-elementigen Menge wird mit S_n bezeichnet. Eine Anordnung mit Berücksichtigung der Reihenfolge von n Elementen, unter denen n_1 gleiche seien, etwa alle gleich a_1; n_2 gleiche, etwa gleich a_2; ... und n_r gleiche, die gleich a_r seien, heißt **Permutation mit Wiederholungen**.

1.23 Bemerkung : Die Anzahl dieser Permutationen mit Wiederholungen beträgt $\frac{n!}{n_1! n_2! \ldots n_r!}$. Überlege die Richtigkeit dieser Formel!

1.24 Binomischer Satz : Für $a, b \in \mathbb{R}$ und $n \in \mathbb{N}$ gilt

$$(a+b)^n = \sum_{k=0}^{n} \frac{n!}{k!(n-k)!} a^k b^{n-k} \quad .$$

Dabei gilt die Schreibweise $\sum_{k=0}^{n} c_k := c_0 + c_1 + \ldots + c_n$.
Beweis: Durch vollständige Induktion.

(i) Induktionsanfang: Offensichtlich gilt $a + b = \frac{1!}{0!1!} a^0 b^1 + \frac{1!}{1!0!} a^1 b^0$.

Kapitel 1. Grundlagen

(ii) Induktionsschluss: Es gilt

$$\begin{aligned}(a+b)^{n+1} &= (a+b)(a+b)^n \\ &= (a+b)\sum_{k=0}^{n}\frac{n!}{k!(n-k)!}a^k b^{n-k} \\ &= \sum_{k=0}^{n}\frac{n!}{k!(n-k)!}a^{k+1}b^{n-k} + \sum_{k=0}^{n}\frac{n!}{k!(n-k)!}a^k b^{n-k+1} \\ &= \sum_{k=1}^{n+1}\frac{n!}{(k-1)!(n-k+1)!}a^k b^{n-k+1} + \sum_{k=0}^{n}\frac{n!}{k!(n-k)!}a^k b^{n-k+1} \quad .\end{aligned}$$

Die Veränderung in der ersten Summe bei der letzten Umformung wird auch **Überschieben des Index** genannt.

Slogan: Bei Erhöhung der Indexgrenzen um j ersetze den laufenden Index k durch $k - j$.

Ferner gilt doch die Beziehung (*)

$$\begin{aligned}\frac{n!}{(k-1)!(n-k+1)!} + \frac{n!}{k!(n-k)!} &= \frac{k\cdot n! + (n-k+1)\cdot n!}{k!(n-k+1)!} \\ &= \frac{(n+1)!}{k!(n-k+1)!} \quad , also\end{aligned}$$

$$\begin{aligned}(a+b)^{n+1} &= \sum_{k=1}^{n}\frac{(n+1)!}{k!(n-k+1)!}a^k b^{n-k+1} + a^{n+1} + b^{n+1} \\ &= \sum_{k=0}^{n+1}\frac{(n+1)!}{k!(n-k+1)!}a^k b^{n-k+1} \quad . \qquad \square\end{aligned}$$

Übung: Überlege einen direkten Beweis mittels Permutationen mit Wiederholung.

1.25 Definitionen : Die Koeffizienten der Binomischen Formel werden **Binomialkoeffizienten** genannt und mit $\binom{n}{k} := \frac{n!}{k!(n-k)!}$ bezeichnet (definiert für $0 \leq k \leq n$).

(*) aus 1.24 in der Gestalt von $\binom{n}{k-1} + \binom{n}{k} = \binom{n+1}{k}$ ist Grundlage für das **Pascalsche Dreieck** der Binomialkoeffizienten:

```
                    1
                 1     1
              1     2     1
           1     3     3     1
        1     4     6     4     1
     ...  ...  ...  ...  ...  ...  ...  ...  ...
```

Der Binomische Satz und das bei uns nach Pascal benannte Dreieck waren in China lange vor Pascal bekannt.

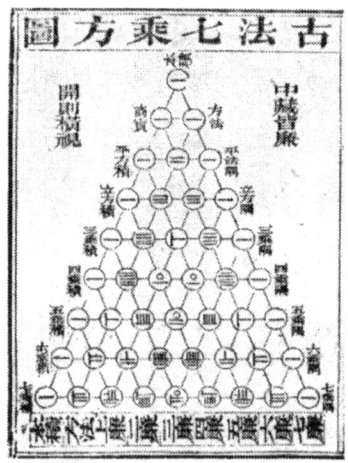

Aus Chu Shi-Chieh : Kostbarer Spiegel der 4 Elemente (13. Jh.)

Blaise Pascal
(1623 - 1663)

Pascal war Mathematiker, Physiker, Philosoph, Theologe und Ingenieur. Er erfand die hydraulische Presse und baute eine Addiermaschine.

Pascals Rechenmaschine

Kapitel 1. Grundlagen

1.26 Definitionen : Seien $k, n \in \mathbb{N}$ und $k \leq n$.

(i) Eine k-elementige Teilmenge einer n-elementigen Menge heißt eine **Kombination (ohne Wiederholung) von n Elementen zur k-ten Klasse** oder **k-Kombination**. Die Anzahl dieser Kombinationen sei mit $C(k,n)$ bezeichnet.

(ii) Entsprechend wird eine k Objekte umfassende Multimenge[15] , die mit Hilfe einer Teilmenge einer n-elementigen Menge gebildet wurde, **Kombination von n Elementen zur k-ten Klasse mit Wiederholung** oder auch **k-Auswahl** genannt. Ihre Anzahl sei mit $C_W(k,n)$ bezeichnet.

(iii) Eine k-elementige Permutation, gebildet aus Elementen einer n-elementigen Menge, heißt **Variation (ohne Wiederholung) von n Elementen zur k-ten Klasse** oder **k-Permutation**. Ihre Anzahl: $V(k,n)$.

(iv) Analog können auch **Variationen mit Wiederholung** oder **k-Stichproben** definiert werden. Ihre Anzahl sei mit $V_W(k,n)$ bezeichnet..

1.27 Bemerkungen : Es gelten

(i) $C(k,n) = \binom{n}{k}$,

(ii) $C_W(k,n) = \binom{n+k-1}{k}$,

(iii) $V(k,n) = \frac{n!}{(n-k)!} =: [n]_k$,

(iv) $V_W(k,n) = n^k$.

Beweise: Für $C(k,n)$ ist stets $k \leq n$. Es gilt $C(n,n) = 1$. Zu zeigen bleibt also die Behauptung für $k < n$. Vollständige Induktion nach n: Die Formel ist richtig für $n = 1$, da $C(0,1) = 1$ ist. Die Formel sei für n als richtig angenommen. Gesucht ist $C(k, n+1)$ mit $k < n+1$. Sei M_1 (M_2) die Menge der Kombinationen der Ziffern $a_1, a_2, \ldots, a_{n+1}$ zur k-ten Klasse, die a_{n+1} (nicht) enthalten. Nach Induktionsannahme ist $|M_1| = C(k-1, n) = \binom{n}{k-1}$ und $|M_2| = C(k,n) = \binom{n}{k}$. Also gilt nach (*) von 1.24 $C(k, n+1) = |M_1| + |M_2| = \binom{n+1}{k}$.

Die Formel für $V(k,n)$ folgt aus der Tatsache, dass es sich bei Variationen von n Elementen zur k-ten Klasse um Permutationen mit Wiederholungen handelt: Die $n-k$ nichtauftretenden Ziffern werden als gleich angesehen!

Eine Variation von n Elementen zur k-ten Klasse mit Wiederholung zu bilden, bedeutet, n Ziffern auf k Speicherzellen zu verteilen, also gibt es insgesamt $V_W(k,n) = n^k$ Möglichkeiten.[16]

Die Formel für $C_W(k,n)$ sei als Aufgabe (z.B. mittels vollständiger Induktion) gelassen.

1.28 Definitionen :

---

[15]Als Multimenge bezeichnet man in der Kombinatorik bisweilen ein Aggregat vom Typ $\{\ldots, m, m, \ldots\}$, in dem also Elemente auch mehrfach auftreten.

[16]So vermag also ein Byte $2^8 = 256$ Bitmuster zu speichern, daher erfasst der ASCII-Code nur 256 Zeichen.

(i) Zwei Mengen M, N heißen **gleichmächtig**, geschrieben $|M| = |N|$ oder $M \cong N$, wenn es eine Bijektion von M auf N gibt.

(ii) M heißt **abzählbar**, wenn $M \cong \mathbb{N}$ oder $\exists n \in \mathbb{N} : M \cong \{1, 2, \ldots, n\}$.

(iii) Im letzteren Fall ist M eine **endliche** Menge der **Kardinalzahl** $|M| = n < \infty$.

(iv) Der Menge $\mathbb{N}$ der natürlichen Zahlen wird die Kardinalzahl $\aleph_0$ (**Aleph Null**) zugeordnet.

Slogans: Gleichmächtig bedeutet „gleichviele Elemente".
Die Kardinalzahl einer Menge bedeutet die „Anzahl" ihrer Elemente.

1.29 Bemerkungen :

(i) $\cong$ ist eine Äquivalenzrelation.

(ii) Für unendliche Mengen ist es möglich, dass $N \subsetneq M$ mit $M \cong N$ existiert. Z.B. ist $2\mathbb{Z} := \{0, \pm 2, \pm 4, \ldots\} \subsetneq \mathbb{Z} := \{0, \pm 1, \pm 2, \ldots\}$ und $f(x) := 2x$ vermittelt eine Bijektion von $\mathbb{Z}$ auf $2\mathbb{Z}$.

Ja, es gilt sogar das sog. **Dedekindsche Kriterium**:

(iii) M unendlich $\leftrightarrow$ M besitzt eine zu M gleichmächtige echte Teilmenge. (ohne Beweis)

(iv) Es ist unmittelbar klar, dass für Mengen K, N mit $|K| = k$ und $|N| = n$ ($k, n \in \mathbb{N}$) die Anzahl aller Abbildungen $K \to N$ durch $V_W(k, n)$ angegeben wird und durch $V(k, n)$ die Anzahl aller Injektionen $K \to N$.
<u>Übung:</u> Überlege, dass $C_W(k, n)$ die Anzahl der monotonen Abbildungen $K \to N$ und $C(k, n)$ die Anzahl aller streng monotonen Abbildungen $K \to N$ ist.
(Zur Definition der Monotonie vgl. Definitionen 3.6)

(v) Weiteres über Zähltheorie findet sich in M. Aigner: Combinatorial Theory, Springer, New York 1979.

1.30 Satz : Es seien A, B Mengen mit $\emptyset \neq A \subset B$, B abzählbar. Dann ist A abzählbar.
Beweis: Wenn B endlich ist, so ist natürlich auch A endlich. Wenn B abzählbar unendlich ist, so können wir $B = \{b_1, b_2, \ldots\}$ schreiben. Jedes Element von B hat also einen natürlichen Index. Sei b_{n_1} das erste in der natürlichen Reihenfolge der Indizes auftauchende Element, das zu A gehört, b_{n_2} das zweite etc. Dann erhalten wir $A = \{b_{n_1}, b_{n_2}, \ldots\}$, und mithin ist A abzählbar. $\square$

1.31 Satz : Wenn M, N abzählbare Mengen sind, so ist $M \times N$ abzählbar.
Beweis: Wegen 1.30 genügt es, die Aussage für abzählbar unendliche A, B zu beweisen. Seien also $A = \{a_1, a_2, \ldots, a_i, \ldots\}$ und $B = \{b_1, b_2, \ldots, b_j, \ldots\}$. Die Elemente von $A \times B$

Kapitel 1. Grundlagen   27

erfassen wir nach dem sog. **Cantorschen Diagonalverfahren**:

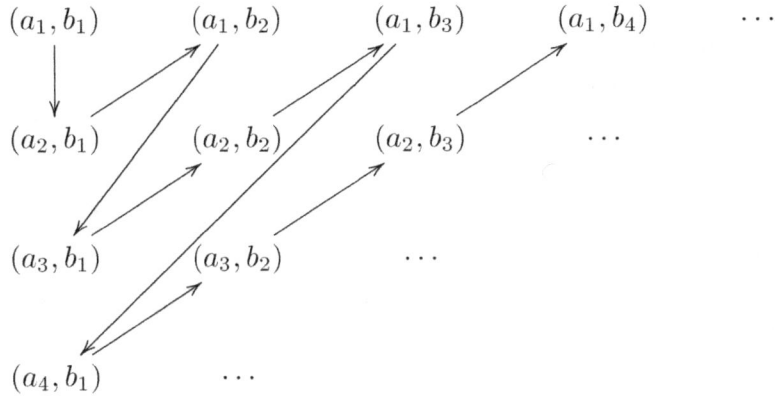

$\frac{(i+j-1)(i+j-2)}{2} + j$ gibt den Index des Paares (a_i, b_j) an. Somit ist $A \times B$ abzählbar unendlich. □

1.32 Folgerung : Die Menge $\mathbb{Q}$ der rationalen Zahlen ist abzählbar.
Denn: Die Menge der positiven rationalen Zahlen ist eine Teilmenge von $\mathbb{N} \times \mathbb{N}$, also abzählbar (Jede positive rationale Zahl lässt sich als $\frac{a}{b}$ darstellen mit $a, b \in \mathbb{N}$). Der Rest der Aussage folgt aus dem nächsten Satz.

1.33 Satz : Wenn M_n abzählbar für alle $n \in \mathbb{N}$ ist, so ist $\bigcup_{n \in \mathbb{N}} M_n$ abzählbar.

Beweis: Schreibe
$M_1 = \{m_{11}, m_{12}, m_{13}, \ldots\}$,
$M_2 = \{m_{21}, m_{22}, m_{23}, \ldots\}$,
$M_3 = \{m_{31}, m_{32}, m_{33}, \ldots\}$,
⋮
und stelle die Menge $\bigcup M_n$ gemäß dem Cantorschen Diagonalverfahren als abzählbare Folge $m_{11}, m_{12}, m_{21}, m_{13}, m_{22}, m_{31}, m_{14}, m_{23}, m_{32}, m_{41}, \ldots$ dar. □

1.34 Satz : $M :=]0, 1] := \{x \in \mathbb{R} : 0 < x \leq 1\}$ ist nicht abzählbar.
Beweis: Schreibe jedes $m \in M$ als nichtabbrechenden Dezimalbruch, also z.B. $0{,}5$ als $0{,}499\ldots 9 \ldots$. Diese Darstellung der Elemente von M ist eindeutig.
Annahme: M ist abzählbar. Dann können wir die Elemente von M als „durchnumeriert" ansehen:
$m_1 = 0, a_{11}a_{12}a_{13}\ldots$
$m_2 = 0, a_{21}a_{22}a_{23}\ldots$
⋮
                                                                  mit $a_{ij} \in \mathbb{N}$ für alle i, j.
Betrachte die Zahl $r = 0, b_1 b_2 b_3 \ldots$ mit $b_i \in \{1, 2, \ldots, 8\}$, $b_i \neq a_{ii}$ $\forall i = 1, 2, \ldots, n$. Es

ist $r \in M$. Aber r unterscheidet sich von jedem m_i an der i-ten Nachkommastelle, und das ist ein Widerspruch zu der Annahme, dass r in der Abzählung auftauchen muss. □

1.35 Folgerungen: Die Menge der irrationalen Zahlen in $]0,1]$ ist nicht abzählbar. Die Menge $\mathbb{R}$ der reellen Zahlen ist nicht abzählbar.

Übung: Überlegen Sie sich, dass gilt: Wenn M eine endliche Menge ist, so ist $|\mathcal{P}(M)| = 2^{|M|}$.

1.36 Bemerkung: Die Kardinalzahl der Potenzmenge einer Menge M ist stets größer als die Kardinalzahl von M, also erhalten wir auch eine ganze Hierarchie von sog. **transfiniten Zahlen** $2^{\aleph_0}, 2^{2^{\aleph_0}}, \ldots$. Natürlich gilt $\mathfrak{c} := |\mathbb{R}| = 2^{\aleph_0}$. Eine viel diskutierte These lautet: Es gibt keine Kardinalzahl $\mathfrak{a}$ mit $\aleph_0 < \mathfrak{a} < \mathfrak{c}$ (die sogenannte **Kontinuumshypothese**). K. Gödel und P.J. Cohen bewiesen die Unabhängigkeit der Kontinuumshypothese von den anderen Axiomen der Mengenlehre.

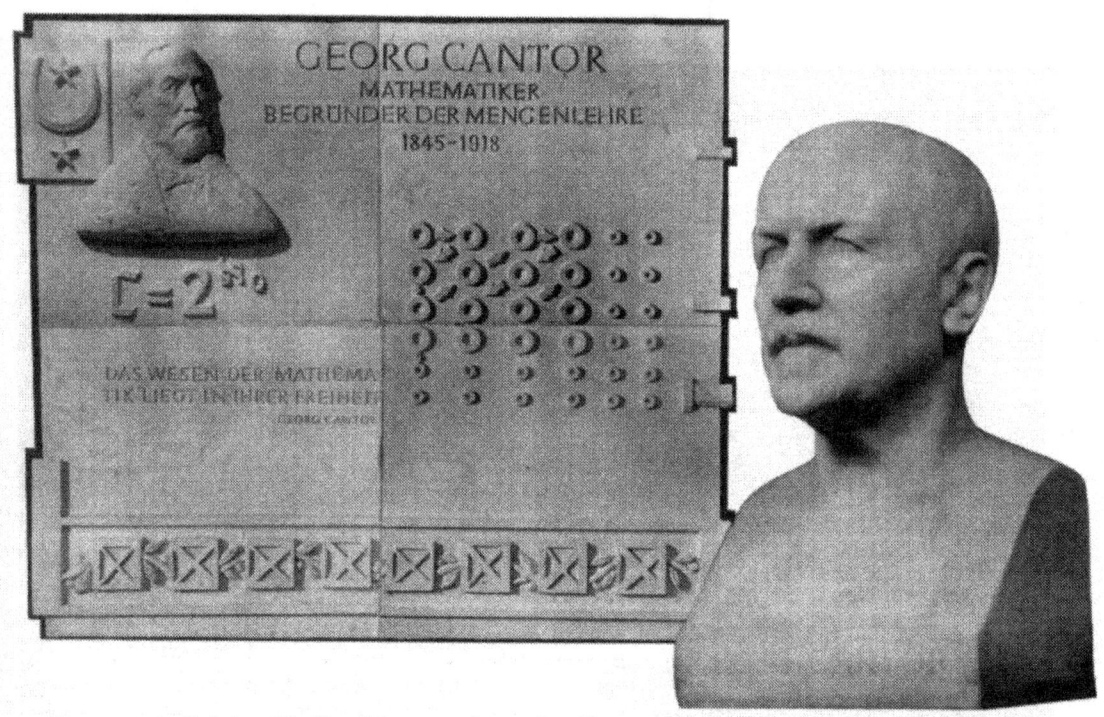

Bronzetafel in Halle-Neustadt mit Cantorschem Diagonalverfahren
Marmorbüste Cantors in der Martin-Luther-Universität, Halle a. d. S.

Kapitel 2

Gruppen, Ringe, Körper

Wir haben mit den Bijektionen einer Menge M mathematische Objekte kennengelernt, die sich mittels Komposition „∘" so verknüpfen lassen, dass das Resultat wieder eine Bijektion ist. Ferner genügt diese Verknüpfung dem Assoziativgesetz, es existieren eine neutrale Abbildung id sowie zu jeder Bijektion f eine Umkehrabbildung (Inverse) f^{-1}. Die gleichen Eigenschaften weist auch die Multiplikation der rationalen, von Null verschiedenen Zahlen auf, und es lassen sich viele weitere Beispiele finden (siehe später in diesem Kapitel).

E. Galois

Daher ist es ökonomisch, solchermaßen gleichgeartete Beispiele unter einem neuen Begriff mittels Abstrahierung zu erfassen, hier dem Begriff der Gruppe. Die Bezeichnung Gruppe (franz. groupe) stammt von dem genialen Evariste Galois , der - wie eine Sternschnuppe verglühend - nach einem ganz ungewöhnlichen Leben am 31. Mai 1832 im Alter von nur 20 Jahren nach [1] einem Duell starb. (Wir werden auf seine Biographie am Ende dieses Kapitels noch einmal eingehen.) Mit seiner Lösung des Problems, notwendige und hinreichende Bedingungen für die Auflösung algebraischer Gleichungen durch Radikale anzugeben,

---

[1] Galois' Lösung war so revolutionär, dass sie von den zeitgenössischen Mathematikern nicht verstanden wurde. Galois hatte 1829 ein Manuskript mit der Darstellung seiner Methode bei der Akademie eingereicht. Obwohl der für die Prüfung zuständige A. Cauchy sich selbst mit Permutationen beschäftigt hatte, hat er die Galoissche Arbeit nicht verstanden. Denn aus einem in den Archiven der Akademie befindlichen Brief geht hervor, dass Cauchy am 18.01.1830 in der Akademie über Galois' Arbeit vortragen wollte. Er entschuldigte sich jedoch wegen Krankheit, kündigte dabei den Vortrag für die folgende Woche an, sprach dort jedoch über eigene Arbeiten und erwähnte Galois niemals (?) wieder. Cauchy hatte sich wohl überhoben. Galois reichte seine Arbeit im Februar 1830 erneut bei der Akademie ein. Diesmal ging sie jedoch wundersamerweise unter der Federführung von J. Fourier verloren. Am weitesten kam noch das dritte 1831 bei der Akademie eingereichte Papier: Letzteres wurde auf Empfehlung von Poisson zurückgewiesen. An eine kritische Randbemerkung schrieb Galois (wahrscheinlich in der Nacht vor dem Duell) die legendären Worte „On jugera" (Die Nachwelt wird darüber richten),

wurde Galois bahnbrechend für die Auffassung von Mathematik als einer Theorie der Strukturen.²

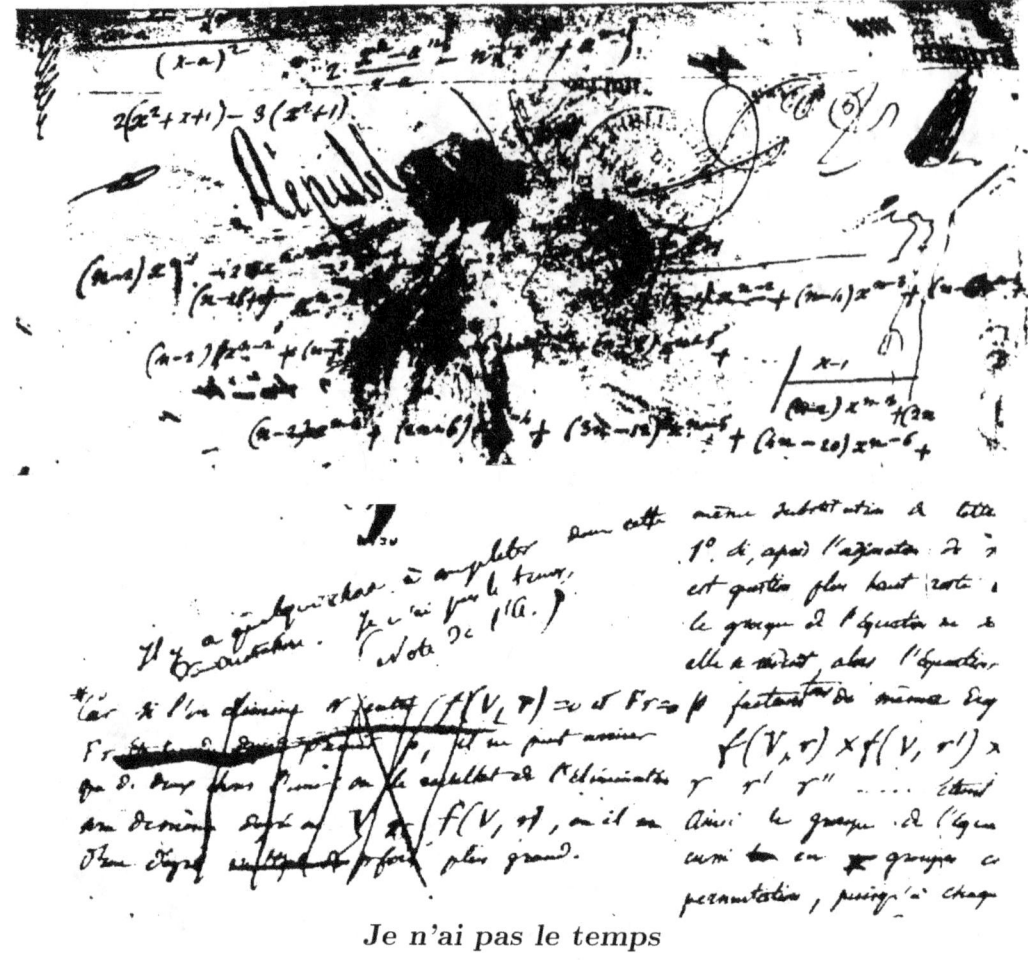

Je n'ai pas le temps

Es werden also, sobald man genügend verschiedene Beispiele dafür hat, neue, abstrakte Strukturen axiomatisch durch Angabe ihrer Eigenschaften definiert. Objektorientierten Programmierern ist Ähnliches von dem Entwurf von Klassen, Templates usw. her bekannt.

2.1 Definitionen : (Binäre) Verknüpfung $\circ$ auf einer Menge M wird eine Abbildung $M \times M \to M$ mit $(a,b) \mapsto a \circ b$ für alle $a, b \in M$ genannt.

(i) Wenn stets $a \circ b = b \circ a$ ist, so heißt die Verknüpfung **kommutativ**.

---

an eine andere „Je n'ai pas le temps" (Ich habe nicht die Zeit ...). Die mathematische Fachwelt brauchte fast 40 Jahre, ehe die Galoissche Theorie verstanden wurde. Das widerlegt auch die bisweilen leichtfertig geäußerte These, dass gute Mathematik eo ipso gute Didaktik bedeute.

²„Seit Beginn des (19.) Jahrhunderts hat der Kalkül einen solchen Grad an Kompliziertheit erreicht, dass jeder Fortschritt durch dieses Mittel unmöglich geworden ist ... In dieser Abhandlung werden die weitestgehenden der bisher verwendeten kalkulatorischen Methoden als Spezialfälle (einer allgemeineren Betrachtungsweise) aufgefasst ... " E. Galois, manuscripts, ed. J. Tannery, Paris 1918, p. 25, 26.

Kapitel 2. Gruppen, Ringe, Körper

(ii) Eine Menge A mit einer bzw. mehreren Verknüpfungen heißt eine **algebraische Struktur**.

(iii) Eine Menge H mit einer assoziativen (siehe 1.12(ii)) Verknüpfung $\circ$ heißt eine **Halbgruppe**.

(iv) Ein Element $e \in H$ heißt **neutrales Element** oder **Einselement**, wenn $e \circ x = x \circ e = x$ für alle $x \in H$ gilt.

(v) Eine Halbgruppe mit neutralem Element wird ein **Monoid** genannt.

(vi) Ein Element b eines Monoids M heißt ein **Inverses** von $a \in M$, wenn $b \circ a = a \circ b = e$ gilt. Das Inverse b wird dann mit a^{-1} bezeichnet.

(vii) Ein Monoid G heißt eine **Gruppe**, wenn jedes Element von G ein Inverses besitzt. $\circ$ wird dann die **Gruppenmultiplikation** genannt und von nun an auch so geschrieben, also „ab" statt „$a \circ b$".

(viii) Wenn die Gruppenmultiplikation kommutativ ist, so heißt G **kommutative** oder **abelsche Gruppe**.

(ix) Die Kardinalzahl $|G|$ von G – d.i. im endlichen Fall die Anzahl der Elemente von G – heißt die **Ordnung** von G.

(x) G heißt **endliche Gruppe**, wenn $|G| < \infty$ ist.

N. H. Abel (1802-1829)

2.2 Bemerkungen :

(i) In einem Monoid ist das neutrale Element eindeutig bestimmt, eine Halbgruppe kann also höchstens ein neutrales Element enthalten.
Denn: Wenn e, e' neutrale Elemente sind, so gilt $e \circ e' = e'$, aber auch $= e$. Mithin ist $e = e'$.

(ii) Zu jedem Gruppenelement ist das Inverse eindeutig bestimmt.
Denn: Wenn a^{-1}, α^{-1} Inverse zu a sind, so gilt $a^{-1} = a^{-1}e = a^{-1}a\alpha^{-1} = e\alpha^{-1} = \alpha^{-1}$.

(iii) Sei G eine Gruppe. Dann gilt
$$\forall (a,b) \in G \times G \;\exists_1 (x,y) \in G \times G : xa = b \wedge ay = b \quad.$$

Denn: $x := ba^{-1}$ löst $xa = b$, und $x_1 a = x_2 a$ impliziert $x_1 = x_2$. Analog für y.

(iv) Es seien G Gruppe und $a, a_1, a_2, \ldots, a_n \in G$. Dann gilt $(a^{-1})^{-1} = a$ und $(a_1 a_2 \ldots a_n)^{-1} = a_n^{-1} \ldots a_2^{-1} a_1^{-1}$.

(v) In der Gruppe G vermitteln die Abbildungen $x \mapsto xa$, $x \mapsto ax$ und $x \mapsto x^{-1}$ Bijektionen von G auf sich.
Denn: $x \mapsto xa$ ist surjektiv wegen der Existenz der Lösung von $xa = b$ und injektiv wegen der Eindeutigkeit der Lösung. Schließe analog für $x \mapsto ax$. Schließlich ist $x \mapsto x^{-1}$ eine Abbildung α mit $\alpha \circ \alpha = \mathrm{id}_G$, also ist α nach 1.13 bijektiv.

2.3 Beispiele :

(i) $\mathbb{N}$ ist bezüglich der Multiplikation ein kommutatives Monoid (1 ist das neutrale Element).

(ii) $2\mathbb{N} := \{2, 4, 6, \ldots\}$ ist bezüglich der Multiplikation eine Halbgruppe, aber kein Monoid. Informatiker betrachten bisweilen Halbgruppen, z.B. stetige Matrixhalbgruppen mit stetiger Zeit bei Markoffprozessen.[3]

(iii) $\mathbb{Z}$ ist bezüglich der Addition eine abelsche Gruppe.

(iv) $\mathbb{Q}^* := \mathbb{Q}\setminus\{0\}$ ist eine (abelsche) Gruppe bezüglich der Multiplikation.

*Nebenstehend Abels Denkmal in Oslo.
Der Genius tritt die Ignoranten in den Staub*

(v) Die Menge aller Bijektionen von M, sogenannter **Permutationen** oder auch **Transformationen** der Menge M, ist eine i.a. nichtabelsche Gruppe bezüglich der Komposition, oft als S_M bezeichnet. Wenn $|M|$ endlich ist, etwa $= n$, nimmt man als Bezeichnung für die n Elemente von M gern $1, 2, \ldots, n$, spricht von ihnen als den **Ziffern** der Permutationsgruppe und nennt letztere die **symmetrische Gruppe** S_n vom **Grad** n. Nach 1.21 hat die Gruppe die Ordnung $n!$.

(vi) Rechnen wir doch einmal in der symmetrischen Gruppe S_3: Eine Schreibweise für Permutationen besteht im Untereinandersetzen von Urbild und Bild:
$g_1 = \begin{pmatrix} 1 & 2 & 3 \\ 1 & 2 & 3 \end{pmatrix}, g_2 = \begin{pmatrix} 1 & 2 & 3 \\ 1 & 3 & 2 \end{pmatrix}, g_3 = \begin{pmatrix} 1 & 2 & 3 \\ 2 & 1 & 3 \end{pmatrix}, g_4 = \begin{pmatrix} 1 & 2 & 3 \\ 2 & 3 & 1 \end{pmatrix},$
$g_5 = \begin{pmatrix} 1 & 2 & 3 \\ 3 & 1 & 2 \end{pmatrix}, g_6 = \begin{pmatrix} 1 & 2 & 3 \\ 3 & 2 & 1 \end{pmatrix}$ sind also die Elemente von S_3. g_1 ist das neutrale Element, g_4 ist das Inverse von g_5. $g_2 g_3 \neq g_3 g_2$ zeigt, daß S_3 nicht abelsch ist. Wir lesen das Produkt von Permutationen von links nach rechts!

---
[3] Siehe G. Pflug: Stochastische Modelle in der Informatik, p. 29ff.

Kapitel 2. Gruppen, Ringe, Körper

(vii) Die Menge T aller Drehungen, die ein reguläres Tetraeder mit sich zur Deckung bringen, ist bzgl. der Komposition eine Gruppe der Ordnung 12, die sog. **Tetraedergruppe**. (Sie tritt z.B. als Drehgruppe des Methan-Moleküls auf). In den Anwendungen (z.B. Kristallographie) treten oft auch die **Oktaedergruppe** O mit $|O| = 24$ und die **Ikosaedergruppe** I mit $|I| = 60$ auf.

Für den Umgang mit Permutationen ist oft die sogenannte **Zyklenschreibweise** zweckmäßig: Es seien G eine Permutationsgruppe, $g \in G$ und i eine der Ziffern. Statt $gg \cdots g$ (n Faktoren) schreiben wir g^n. Die Ziffern $i, ig, ig^2, \ldots$ bilden die sogenannte **Bahn** oder das **Orbit** von i unter g. Bei endlich vielen Ziffern ist notwendig $ig^k = ig^j$ für gewisse $k, j \in \mathbb{N}$. Sei etwa $k \geq j$ und es sei die erste Situation beim Durchlaufen der Ziffern von j nach k, wo eine solche Gleichheit auftritt. Dann ist $ig^{k-j} = i$, und $i, ig, ig^2, \ldots, ig^{k-j-1}$ sind paarweise verschieden. Wir schreiben für den Teil der Permutation, der diese Ziffern betrifft:

$$\begin{pmatrix} i & ig & ig^2 & \ldots & ig^{k-j-1} \\ ig & ig^2 & ig^3 & \ldots & i \end{pmatrix} := \begin{pmatrix} i & ig & ig^2 & \ldots & ig^{k-j-1} \end{pmatrix} \quad .$$

Letzteres Gebilde heißt ein **Zyklus**, da das Orbit zyklisch durchlaufen wird. Wie eine Schlange, die sich in den Schwanz beißt!

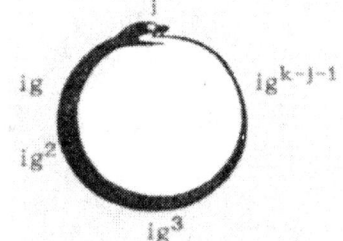

Die Ziffernmenge eines Zyklus von g ist also die Bahn einer Ziffer. Zur gleichen Bahn unter g zu gehören definiert eine Äquivalenzrelation auf der Menge der Ziffern. Daher gilt:

2.4 Satz : Jede Permutation von endlich vielen Ziffern lässt sich bis auf Reihenfolge eindeutig als Produkt elementfremder Zyklen schreiben.

2.5 Gruppentafeln :

Eine **m × n-Matrix** (g_{ij}) meint ein Rechteckschema:
$$\begin{bmatrix} g_{11} & g_{12} & \cdots & g_{1n} \\ g_{21} & g_{22} & \cdots & g_{2n} \\ \vdots & \vdots & \ddots & \vdots \\ g_{m1} & g_{m2} & \cdots & g_{mn} \end{bmatrix}$$

Wenn $|G| = n$ ist, so lässt sich die Gruppe G durch eine $n \times n$-Matrix (g_{ij}) folgendermaßen beschreiben: Wir rändern die Matrix mit einer oberen Zeile $g_1, g_2, \ldots, g_n$ sowie einer entsprechenden ersten Spalte und verabreden $g_{ij} := g_i g_j \in G$. Die geränderte Matrix heißt dann die **Gruppentafel** von G.

Zum Beispiel für $n = 2$: Sei etwa g_1 das neutrale Element. Dann ist notwendig $g_{21} = g_2$ und somit $g_{22} = g_1$ (wegen der Bijektivität von $x \mapsto xg_2$). Die Bijektivität der Abbildungen $x \mapsto g_i x$ und $x \mapsto xg_j$ (2.2 (v)) begründet den

Für $n = 3$ hat die Gruppentafel folgendes Aussehen:

$*$	g_1	g_2	g_3
g_1	g_1	g_2	g_3
g_2	g_2	g_3	g_1
g_3	g_3	g_1	g_2

> **Slogan:** In jeder Zeile (bzw. Spalte) der Gruppentafel tritt jedes Gruppenelement genau einmal auf.

Überlege, dass sich für $n = 4$ kombinatorisch zwei essentiell verschiedene Möglichkeiten ergeben!

Um zu zeigen, dass die konstruierten Tafeln auch Gruppen darstellen, müssen wir jeweils nur noch das Assoziativgesetz nachweisen. Denn es gilt:

2.6 Satz : Sei G eine Menge mit einer Verknüpfung $*$ so, dass

(i) das Assoziativgesetz gilt und

(ii) zu jedem $a, b \in G$ $x, y \in G$ existieren mit $a * x = b$ und $y * a = b$.

Dann ist G eine Gruppe.

Beweis: Wegen (ii) existiert zu jedem $a \in G$ eine „individuelle Linkseins" $e_1(a)$, d.h. $e_1(a)*a = a$. Dann ist $e_1(a)$ aber sogar „universelle Linkseins", d.h. es gilt $e_1(a)*g = g$ für alle $g \in G$; denn wegen der Lösbarkeit von $a*x = g$ gilt: $e_1(a)*g = e_1(a)*a*x = a*x = g$. Ebenso existiert eine universelle Rechtseins e_2. Linkseins ist gleich Rechtseins, denn es gilt $e_1 = e_1 * e_2 = e_2$. Also existiert eindeutig (2.2 (i)) das neutrale Element e. Die Voraussetzung (ii) impliziert ebenso die Existenz des Inversen: Denn zu a existiert ein Linksinverses $l(a)$ und ein Rechtsinverses $r(a)$: $l(a) * a = e = a * r(a)$. Nun ist aber $l(a) = l(a) * e = l(a) * a * r(a) = e * r(a) = r(a)$, also existiert das Inverse zu a. □

2.7 Definition : Es seien G eine Gruppe und U eine Teilmenge von G. U heißt **Untergruppe** von G, geschrieben $U < G$, wenn U bezüglich der in G erklärten Gruppenmultiplikation wieder eine Gruppe ist.

2.8 Bemerkungen :

(i) Wenn U eine nichtleere, bezüglich der Multiplikation abgeschlossene Teilmenge einer Gruppe G ist, für die mit jedem $u \in U$ auch $u^{-1} \in U$ gilt, so ist $U < G$.
Denn: Die Assoziativität ist für U erfüllt, da die Assoziativität in G gilt. Inverse existieren nach Voraussetzung. Es ist aber auch $e = uu^{-1} \in U$.

(ii) Wenn U eine endliche nichtleere, bezüglich der Multiplikation abgeschlossene Teilmenge einer Gruppe G ist, so ist $U < G$.
Denn: Für $a \in U$ ist $x \mapsto xa$ nach 2.2 (v) eine Injektion $U \to U$, wegen der Endlichkeit von U sogar eine Bijektion. Also ist $xa = a$ in U lösbar und somit $e \in U$. Aber auch $xa = e$ ist in U lösbar und somit $a^{-1} \in U$.

(iii) Jede Gruppe besitzt zwei triviale Untergruppen, nämlich $\{e\}$ und G.

Kapitel 2. Gruppen, Ringe, Körper

2.9 Definitionen : Sei G eine Gruppe und seien $A, B \subset G$.
$AB := \{ab : a \in A \land b \in B\}$ heißt das **Komplexprodukt** von A und B. Ist speziell $A = \{a\}$, so schreiben wir aB statt $\{a\}B$ (analog Ab). Wir verwenden auch die Bezeichnung $A^{-1} := \{a^{-1} : a \in A\}$. Wenn $U < G$ und $g \in G$ ist, so heißt Ug eine **Rechtsnebenklasse** von U in G.

2.10 Beispiel : Sei $G = (\mathbb{Z}, +)$ die additive Gruppe von $\mathbb{Z}$, und sei $U := 5\mathbb{Z} := \{0, \pm 5, \pm 10, \dots\}$. Die Rechtsnebenklassen von U in G sind die Kongruenzklassen mod 5: $U = U + 0$, $U + 1 = \{\dots, -9, -4, 1, 6, 11, \dots\}$, $U + 2$, $U + 3$, $U + 4$.

2.11 Bemerkungen : Sei G eine Gruppe. Dann gilt:

(i) $U < G \longleftrightarrow UU = U \land U = U^{-1}$

(ii) Wenn $U < G$ und $g, h \in G$ sind, so gilt: $h \in Ug \longleftrightarrow Ug = Uh$.
Denn: Wenn $h \in Ug$, etwa $h = ug$, ist, so gilt $Uh = Uug = Ug$. Wenn $Ug = Uh$ ist, so ist $h = eh \in Uh = Ug$.

(iii) Für $U < G$ und alle $g \in G$ gilt $|Ug| = |U| = |gU|$.

(iv) Sei $U < G$. Wir definieren eine Relation ρ auf G: Es gelte $a\rho b$, wenn a und b in derselben Rechtsnebenklasse von U sind. ρ ist eine Äquivalenzrelation. Wir erhalten also eine Partition von G in Rechtsnebenklassen: $G = \bigcup_{g \in \mathcal{S}} Ug$, wobei $\mathcal{S}$ ein sogenannter **Schnitt** oder ein **Rechts-Repräsentantensystem** ist, nämlich eine Menge, die aus jeder Äquivalenzklasse genau ein Element enthält.
Es gilt auch $G = \bigcup_{g \in \mathcal{S}} g^{-1}U$. Also: Die Kardinalität der Menge der Rechtsnebenklassen ist gleich der Kardinalität der Menge der Linksnebenklassen, der sogenannte **Index** von U in G, geschrieben $|G : U|$.
Denn: $Ug = Uh \longleftrightarrow h \in Ug \longleftrightarrow h = ug$ für ein $u \in U \longleftrightarrow h^{-1} = g^{-1}u$ für ein $u \in U \longleftrightarrow h^{-1}U = g^{-1}U$.

Damit ist der folgende Satz bewiesen:
2.12 Satz von Lagrange : Sei G eine Gruppe mit $U < G$. Dann gilt

$$|G| = |U| \cdot |G : U|$$

Slogan: Die Ordnung der Untergruppe ist ein Teiler der Gruppenordnung.

Übung (zu 2.9 bis 2.11): Nachfolgend sind alle nichttrivialen Untergruppen von S_3 aufgeführt:
$C_3 = \{(\;1\;\;2\;\;3\;),(\;1\;)\}$,
$C_2^{(1)} = \{(\;1\;\;2\;),(\;1\;)\}$,
$C_2^{(2)} = \{(\;2\;\;3\;),(\;1\;)\}$,
$C_2^{(3)} = \{(\;1\;\;3\;),(\;1\;)\}$.

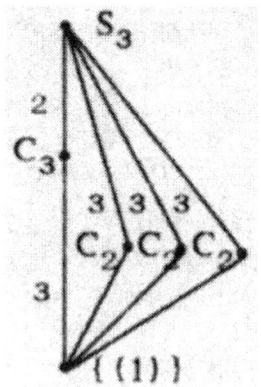

Schreibe für jede der vier nichttrivialen Untergruppen die Partition von S_3 in Linksnebenklassen bzw. in Rechtsnebenklassen auf. Nebenstehend der Graph des Untergruppenverbandes von S_3. ($|_B^A n$ bedeutet $B < A$ mit Index $|A : B| = n$).

2.13 Definitionen: G_1, G_2 seien Gruppen.

(i) Eine Abbildung $\varphi : G_1 \to G_2$ heißt ein **Gruppenmorphismus** (früher auch: **Gruppenhomomorphismus**), wenn für φ die sogenannte **Relationstreue** gilt, d.h. wenn $\varphi(gh) = \varphi(g)\varphi(h)$ für alle $g, h \in G$ gilt.
Die Bedingung der Relationstreue kann auch geometrisch durch die sog. **Kommutativität** des nebenstehenden Diagramms dargestellt werden. (Die Abbildung, die dem Durchlaufen der beiden Pfeile des Rechtwinkelzugs oberhalb der Diagonale $(G_1 \times G_2, G_2)$ entspricht, ist gleich derjenigen für den Rechtwinkelzug unterhalb der Diagonalen.)

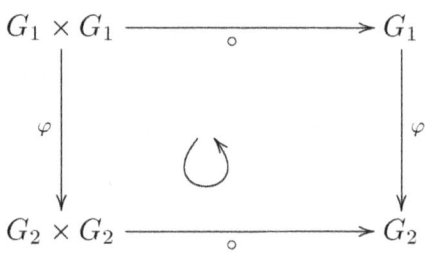

(ii) Ist $G_1 = G_2$, so heißt der Morphismus auch **Endomorphismus**.

(iii) Ein injektiver Morphismus heißt **Monomorphismus**.

(iv) Ein surjektiver Morphismus heißt **Epimorphismus**.

(v) Ein bijektiver Morphismus heißt **Isomorphismus**, geschrieben $G_1 \simeq G_2$. Wir sagen auch: es besteht **Isomorphie** zwischen G_1 und G_2. Oder: G_1 ist **isomorph** zu G_2.

(vi) Wenn $G_1 = G_2$ ist, so heißt ein Isomorphismus auch **Automorphismus**.

(vii) Wir definieren schließlich noch: **Kern** $\varphi := \{x : x \in G_1 \land \varphi(x) = e_{G_2}\}$.

> **Slogan** (für Relationstreue): Das Bild des Produktes ist gleich dem Produkt der Bilder.

Morphismen sind die an die algebraische Struktur des Urbildes angepassten Abbildungen (Denke an die Relationstreue!). Sie „vergröbern" u.U. die algebraische Struktur, ohne sie jedoch „in ihrem Wesen" zu zerstören. Ein Maß für die „Vergröberung" ist die Größe des Kerns. Bei einem Homomorphismus φ werden jeweils genau die Elemente einer Nebenklasse des Kerns auf dasselbe Bildelement abgebildet:

2.14 Bemerkungen : Sei $\varphi : G \to H$ ein Gruppenmorphismus. Dann gelten:

(i) $\varphi(e_G) = e_H$ (denn $e_G x = x$ impliziert $\varphi(e_G)\varphi(x) = \varphi(x)$),

(ii) $\varphi(x^{-1}) = \varphi(x)^{-1}$ (Wende φ auf $xx^{-1} = e$ an),

(iii) wenn $U < G$, so ist $\varphi(U) < \varphi(G)$ (wegen (i), (ii). Die Abgeschlossenheit bzgl. der Multiplikation ist klar),

(iv) wenn $U' < H$, so ist $\varphi^{-1}(U') < G$,

(v) Kern $\varphi < G$.

2.15 Beispiele :

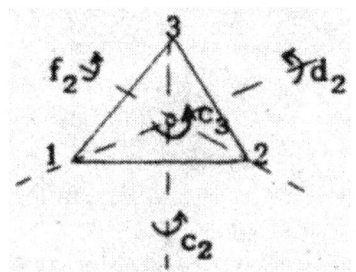

Die Gruppe D_3 der Drehungen eines gleichseitigen Dreiecks (im 3-dimensionalen Raum) heißt **Diedergruppe** (der Ordnung 6). Die Gruppe S_3 aller Permutationen von 3 Ziffern heißt **symmetrische Gruppe** vom Grad 3. Es besteht eine Isomorphie $S_3 \simeq D_3$: $e \leftrightarrow (1)(2)(3)$, $c_2 \leftrightarrow (1\ 2)$, $d_2 \leftrightarrow (2\ 3)$, $f_2 \leftrightarrow (1\ 3)$, $c_3 \leftrightarrow (1\ 2\ 3)$, $c_3^2 \leftrightarrow (1\ 3\ 2)$.

Die Abbildung, die e, c_3, c_3^2 auf (1) und c_2, d_2, f_2 auf $(1\ 2)$ abbildet, ist ein Morphismus $D_3 \to S_2$, der kein Isomorphismus ist.

Wir gehen jetzt zu algebraischen Strukturen mit zwei Verknüpfungen über. Als Modell haben wir zunächst den Bereich $\mathbb{Z}$ der ganzrationalen Zahlen vor Augen mit seinen beiden Verknüpfungen Addition und Multiplikation.

2.16 Definitionen : Eine algebraische Struktur R mit $R \neq \emptyset$ und den beiden Verknüpfungen $+$ und $\cdot$, genannt Addition und Multiplikation, heißt ein **Ring**, wenn folgende Eigenschaften gelten:

(i) $(R, +)$ ist eine abelsche Gruppe ,

(ii) die Multiplikation ist assoziativ ,

(iii) $\forall a, b, c \in R : a(b+c) = ab + ac \wedge (a+b)c = ac + bc$.

Wenn $1 \in R$ existiert mit $1x = x1 = x$ für alle $x \in R$, so heißt R ein **Ring mit Eins**.
Ein Element u eines Ringes mit Eins heißt eine **Einheit**, wenn u sowohl ein multiplikatives Rechtsinverses wie auch ein multiplikatives Linksinverses besitzt, d.h. es existieren $a, b \in R$ mit $au = 1$ und $ub = 1$.
Wenn die Multiplikation im Ring R kommutativ ist, so heißt R **kommutativer Ring**.
Eine bezüglich beider Verknüpfungen relationstreue Abbildung von Ringen heißt ein **Ringhomomorphismus** oder **-morphismus**. Analog werden **Ringisomorphismus**, **-epimorphismus**, ... definiert.

2.17 Beispiele :

(i) $(\mathbb{Z}, +, \cdot)$ und $(\mathbb{Q}, +, \cdot)$ sind kommutative Ringe mit 1. $\{+1, -1\}$ und $\mathbb{Q} \setminus \{0\} =: \mathbb{Q}^*$ sind die Einheitenmengen von $\mathbb{Z}$ bzw. $\mathbb{Q}$.

(ii) $n\mathbb{Z} := \{nz : n \in \mathbb{N} \wedge z \in \mathbb{Z}\}$ ist für $n \in \mathbb{N} \setminus \{1\}$ ein kommutativer Ring ohne 1.

(iii) $\mathbb{Z}_n := \{\widehat{0}, \widehat{1}, \ldots, \widehat{n-1}\}$ ist ein kommutativer Ring mit 1, wobei $\widehat{i}$ die Kongruenzklasse $n\mathbb{Z} + i$ modulo n ist, der sog. **Restklassenring** modulo n. Dabei wird mit den Restklassen $\widehat{i}$ so gerechnet wie mit den kleinsten positiven Resten $i \mod n$. Also z.B. in $\mathbb{Z}_6$: $4 \cdot 3 = 12 \equiv 0 \mod 6$. Daher ist $\widehat{4} \cdot \widehat{3} = \widehat{0}$. Die Einheitenmenge von $\mathbb{Z}_6$ ist $\{\widehat{1}, \widehat{5}\}$.

(iv) Sei R ein kommutativer Ring mit Eins (letztere als 1 geschrieben). Wir definieren: $R[x] := \{(a_0, a_1, a_2, \ldots) : a_i \in R, i \in \mathbb{N} \cup \{0\}, \text{ nur endlich viele } a_i \neq 0\}$,
$(a_0, a_1, \ldots) = (b_0, b_1, \ldots) :\leftrightarrow a_i = b_i$ für alle $i \in \mathbb{N} \cup \{0\}$,
$(a_0, a_1, \ldots) + (b_0, b_1, \ldots) :\leftrightarrow (a_0 + b_0, a_1 + b_1, \ldots)$,
$(a_0, a_1, \ldots) \cdot (b_0, b_1, \ldots) :\leftrightarrow (a_0 b_0, a_0 b_1 + a_1 b_0, \ldots, a_0 b_k + a_1 b_{k-1} + \ldots + a_k b_0, \ldots)$
(an der k-ten Stelle, kurz $\sum_{m+n=k} a_m b_n$).

Es ist leicht nachzuprüfen, dass $R[x]$ mit den solchermaßen definierten Verknüpfungen ein kommutativer Ring mit Eins ist. Zum Beispiel rechnen wir ein Distributivgesetz nach:

$$(\ldots, a_i, \ldots)[(\ldots, b_i, \ldots) + (\ldots, c_i, \ldots)]$$
$$= (\ldots, a_i, \ldots)(\ldots, b_i + c_i, \ldots)$$
$$= (\ldots, \sum_{m+n=i} a_m(b_n + c_n), \ldots)$$
$$= (\ldots, \sum_{m+n=i} a_m b_n + \sum_{m+n=i} a_m c_n, \ldots)$$
$$= (\ldots, \sum_{m+n=i} a_m b_n, \ldots) + (\ldots, \sum_{m+n=i} a_m c_n, \ldots)$$
$$= (\ldots, a_i, \ldots)(\ldots, b_i, \ldots) + (\ldots, a_i, \ldots)(\ldots, c_i, \ldots) \quad .$$

Wir betrachten eine Abbildung α, die durch $\alpha((a_0, a_1, a_2, \ldots)) := a_0 + a_1 x + a_2 x^2 + \ldots$ definiert sei. $R[x]$ wird wegen der Abbildung α der **Polynomring** über R in

Kapitel 2. Gruppen, Ringe, Körper

der **Unbestimmten** x genannt. Wenn wir nämlich im Bildbereich von α rechnen, wie wir das Rechnen mit Polynomen auf der Schule gelernt haben, so ist α ein Ringisomorphismus. x erfüllt keine algebraische Gleichung $\sum_{j=0}^{n} a_i x^i = 0$, heißt auch **nichtalgebraisch** oder **transzendent** über R. So ist z.B. π transzendent über $\mathbb{Q}$. Aber $\sqrt{2}$ ist algebraisch über $\mathbb{Q}$, da es Lösung der algebraischen Gleichung $x^2 - 2 = 0$ ist. Die Einheiten von $R[x]$ sind genau die Einheiten von R.

(v) Eine **n × n-Matrix** ist ein Gebilde der Gestalt $\begin{bmatrix} a_{11} & a_{12} & \cdots & a_{1n} \\ a_{21} & a_{22} & \cdots & a_{2n} \\ \vdots & \vdots & \ddots & \vdots \\ a_{n1} & a_{n2} & \cdots & a_{nn} \end{bmatrix}$, kurz (a_{ij}) geschrieben. Die a_{ij} heißen **Einträge** oder **Koeffizienten** der Matrix.

Sei $M_{n,n}(R)$ die Menge aller $n \times n$-Matrizen mit Koeffizienten aus dem Ring R. $M_{n,n}(R)$ wird ein Ring, wenn Addition und Multiplikation folgendermaßen definiert werden: $(a_{ij}) + (b_{ij}) := (a_{ij} + b_{ij})$, $(a_{ij})(b_{ij}) := (\sum_{\nu=1}^{n} a_{i\nu} b_{\nu j})$.

Slogan: Die Matrizenaddition erfolgt komponentenweise. Die Matrizenmultiplikation erfolgt nach dem Motto „Zeile mal Spalte".

2.18 Bemerkungen : Sei R ein Ring. Dann gelten:

(i) $0r = r0 = 0$ für alle $r \in R$. **Denn:** Es gilt $0r = (0+0)r = 0r + 0r$, also $0r = 0$ wegen der Eindeutigkeit des neutralen Elements der additiven Gruppe.

(ii) $(-a)b = a(-b) = -ab$ für alle $a, b \in R$.
Denn: Wegen $0 = 0b = (a + (-a))b = ab + (-a)b$ ist $(-a)b = -ab$.

(iii) $(-a)(-b) = ab$ für alle $a, b \in R$.
Denn: Es ist $(-a)(-b) = -(a(-b)) = -(-ab)$, also $= ab$ (2.2 (vi)).

(iv) Wenn $\varphi : R \to R'$ ein Ringhomomorphismus ist, so ist $\varphi(R)$ ein Ring.

(v) Wenn $\varphi : R \to R'$ ein Ringhomomorphismus und R ein Ring mit Eins ist, so ist $\varphi(1)y = y\varphi(1) = y$ für alle $y \in \varphi(R)$.

Achtung: $\varphi(1)$ ist damit noch nicht notwendig Eins in R'! Betrachte zum Beispiel die **natürliche Injektion** $\varphi(a) := (a, 0)$ von $\mathbb{Z}$ in $\mathbb{Z} \times \mathbb{Z}$, wobei letztere Menge vermöge komponentenweise definierter Addition und Multiplikation ein Ring ist. Dann ist $\varphi(1) := (1, 0)$ nicht Eins in $\mathbb{Z} \times \mathbb{Z}$.

(vi) In Ringen besitzt jede Einheit genau ein multiplikatives Inverses, das sowohl Links- als auch Rechtsinverses ist.
Denn: Nach der Definition der Einheit u existieren $a, b \in R$ mit $au = 1$ und $ub = 1$, also gilt $b = (au)b = a(ub) = a$. Mithin ist in R jedes Linksinverse von u gleich jedem Rechtsinversen. Also existiert genau ein multiplikatives Inverses von u.

2.19 Definitionen : Ein kommutativer Ring R heißt **euklidisch**, wenn

(i) R **nullteilerfrei** ist, d.h. wenn $(ab = 0 \rightarrow a = 0 \lor b = 0)$ gilt, und es eine Abbildung $N : R \setminus \{0\} \rightarrow \mathbb{N} \cup \{0\}$ gibt so, daß

(ii) $a|b \land b \neq 0 \rightarrow N(a) \leq N(b)$ und

(iii) $\bigwedge_{a,b \in R, b \neq 0} \bigvee_{q,r \in R} (a = bq + r \land (r = 0 \lor N(r) < N(b)))$
(**Divisionsalgorithmus**)

gilt. Ein Element a eines kommutativen, nullteilerfreien Ringes mit 1 heißt ein **Teiler** von b, geschrieben $a|b$, wenn $\exists c \in R : b = ac$.
Sei $q \in R, q \neq 0$, q sei keine Einheit. Dann heißt q ein **irreduzibles Element** , wenn q nur die trivialen Teiler besitzt (d.h. die Einheiten und die Produkte aus einer Einheit und q).

2.20 Bemerkungen :

(i) Die Eigenschaft (iii) von 2.19 formuliert die schon aus der Elementarschule für ganzrationale Zahlen bekannte Division mit Rest. Hierbei ist $N(z) := |z|$. Euklidische Ringe sind also im wesentlichen solche Ringe, in denen sich die Division mit Rest sinnvoll erklären läßt. Ein weiteres, auch aus der Schule bekanntes Beispiel (Polynomdivision) ist $\mathbb{Q}[x]$ (später auch $\mathbb{R}[x]$, $\mathbb{C}[x]$). $\mathbb{Q}[x]$ ist bezüglich $N(P) := \text{Grad } P$ ein euklidischer Ring, wobei der **Grad** eines Polynoms $a_n x^n + a_{n-1} x^{n-1} + \ldots + a_0$ mit $a_n \neq 0$ zu n definiert ist.

(ii) Die Irreduzibilität verallgemeinert die Eigenschaft, die Primzahlen kennzeichnet. Also sind die irreduziblen Elemente von $\mathbb{Z}$ die Elemente $\pm p$, wobei p eine Primzahl ist. Die irreduziblen Elemente von $\mathbb{Q}[x]$ sind die linearen Polynome und gewisse quadratische Polynome, z.B. $x^2 + 1$.

(iii) Euklidische Ringe sind **Gaußsche Ringe**, d.h. es gilt die (bis auf Reihenfolge und Einheitenfaktoren) eindeutige Zerlegung in irreduzible Elemente. Z.B. $z = \pm \prod_{i=1,\ldots,n} p_i^{e_i}$ in $\mathbb{Z}$ (p_i Primzahlen, $e_i \in \mathbb{N}$), $f(x) = r \prod (x + c_i) \prod (x^2 + a_j x + b_j)$ in $R[x]$. (Beweis bei Th.W. Hungerford, Algebra, Ch. III, Theorem 3.9)

2.21 Definitionen : Sei R ein kommutativer, nullteilerfreier Ring mit 1, ein sogenannter **Integritätsbereich**. $d \in R$ heißt ein **größter gemeinsamer Teiler** von $a_1, a_2, \ldots, a_n \in R$, geschrieben $(a_1, a_2, \ldots, a_n)$, wenn $d|a_i$ für alle $i = 1, \ldots, n$ gilt und wenn $t|a_i$ für alle $i = 1, \ldots, n \quad t|d$ impliziert.

Kapitel 2. Gruppen, Ringe, Körper

2.22 Satz : In euklidischen Ringen gilt der **Hauptsatz vom ggT**, nämlich

(i) Zu $a_1, a_2, \ldots, a_n \in R$ existiert stets ein bis auf Einheitsfaktoren eindeutig bestimmter ggT $(a_1, a_2, \ldots, a_n)$.

(ii) Es ist $(a_1, a_2, \ldots, a_n)$ als $\sum_{i=1}^{n} c_i a_i$ mit $c_i \in R$ darstellbar.

Beweis: Der Beweis erfolgt mittels des sog. **euklidischen Algorithmus** (aus dem 7. Buch der Elemente des griechischen Mathematikers Euklid, der um 300 v.u.Z. in Alexandria lebte). Heute ist die Implementierung dieses Algorithmus meist eine der ersten Übungen beim Programmieren.

Wir zeigen die Aussage für $n = 2$. Wiederholte Anwendung von 2.19 (iii) ergibt:
$a_1 = q_1 a_2 + r_1$ mit $N(r_1) < N(a_2)$
$a_2 = q_2 r_1 + r_2$ mit $N(r_2) < N(r_1)$
$r_1 = q_3 r_2 + r_3$ mit $N(r_3) < N(r_2)$
$\ldots$
$r_{m-1} = q_{m+1} r_m + r_{m+1}$ mit $N(r_{m+1}) < N(r_m)$
$r_m = q_{m+2} r_{m+1}$

Das Verfahren muß irgendwann mit $r_{m+2} = 0$ abbrechen, da wir eine absteigende Kette $N(a_2) > N(r_1) > N(r_2) > \ldots$ in $\mathbb{N} \cup \{0\}$ vorliegen haben.

Euklid
(aus der Aula Leopoldina
der Universität Breslau)

Verfolgen wir das Gleichungssystem von unten nach oben, so erhalten wir: r_{m+1} ist ein Teiler von r_m und wegen der zweitletzten Gleichung auch von r_{m-1} usf. aufwärts, bis wir oben folgern: $r_m | a_1 \wedge r_m | a_2$. Gehen wir von oben nach unten, so überzeugen wir uns davon, daß jeder gemeinsame Teiler von a_1 und a_2 auch ein Teiler von r_{m+1} ist. Also ist r_{m+1} ein größter gemeinsamer Teiler von a_1 und a_2.
Durch schrittweises Einsetzen – von unten nach oben gehend – ergibt sich auch der Beweis von (ii). Die Eindeutigkeit des ggT (bis auf Einheitsfaktoren): Seien d_1, d_2 zwei ggT von a_1, a_2. Dann gilt: $d_1 | d_2 \wedge d_2 | d_1$, und somit $d_1 = d_2' d_2 \wedge d_2 = d_1' d_1$. Also $d_1 = d_2' d_1' d_1$. Mithin gilt $d_2' d_1' = 1$. Daher ist d_1' eine Einheit und es ist $d_2 = d_1' d_1$. □

2.23 Definitionen : $\mathbb{Z}_n^* := \{a : a \in \mathbb{Z}_n \wedge (a, n) = 1\}$ heißt **Gruppe der primen Restklassen** modulo n; denn für $(a, b) = 1$ sagen wir: a ist **prim** (oder **teilerfremd**) zu b. $\varphi(n) := |\mathbb{Z}_n^*|$ definiert die sogenannte **Eulersche φ-Funktion**, eine Abbildung $\mathbb{N} \to \mathbb{N}$.

2.24 Bemerkungen :

(i) $(\mathbb{Z}_n^*, \cdot)$ ist eine Gruppe.

Denn: Wenn $(a, n) = 1$ ist, so existieren $r, s \in \mathbb{Z}$ mit $ra + sn = 1$ (2.22 (ii)). Also ist $ra \equiv 1 \mod n$, mithin hat $\hat{a}$ ein Inverses, nämlich $\hat{r}$, und letzteres liegt in $\mathbb{Z}_n^*$. Die übrigen Gruppenaxiome sind ebenfalls erfüllt.

(ii) Sei p eine Primzahl. Es gilt: $\varphi(p^n) = p^n - p^{n-1}$ für $n \in \mathbb{N}$.
Denn: Zu p^n nicht teilerfremd sind genau die folgenden nichtnegativen Zahlen $< p^n$: $0, p, 2p, 3p, \ldots, (p^{n-1} - 1)p$, also p^{n-1} Stück.

(iii) $(a, b) = 1, (a, b \in \mathbb{N}) \to \varphi(ab) = \varphi(a)\varphi(b)$.
Beweis bei H. N. Shapiro: Introduction to the Theory of Numbers. Wiley, New York 1983, pp. 72/73.

2.25 Kleiner Fermatscher Satz:
Für $a, n \in \mathbb{N}$ mit $(a, n) = 1$ gilt stets $a^{\varphi(n)} \equiv 1 \mod n$.
Beweis: Wir betrachten die Menge $\langle \hat{a} \rangle := \{\hat{a}, \hat{a}\hat{a} =: \hat{a}^2, \hat{a}^3, \ldots\}$ in $\mathbb{Z}_n^*$. Die Folge der $\hat{a}$-Potenzen in dieser Menge endet mit $\hat{a}^m = e$ (Begründung analog zu der auf 2.4(iv) folgenden Argumentation). Es ist $\langle \hat{a} \rangle$ eine Untergruppe von $\mathbb{Z}_n^*$ der Ordnung m, eine sog. **zyklische**, **von** $\hat{a}$ **erzeugte** Gruppe, also nach 2.12 gilt $m | \varphi(n)$. Daher ist $\hat{a}^{\varphi(n)} = e$, und mithin gilt die Behauptung. □

 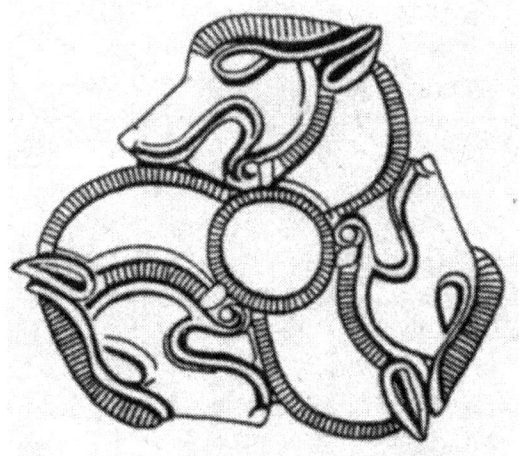

Zyklische Drehgruppen der Ordnung 4 bzw. 3 bei thrakischen Wirbelmotiven. Schmuckplatten aus dem 4. Jh. v. u. Z., Craiova, Rumänien.

Der kleine Fermatsche Satz findet mannigfache, für Informatiker interessante Antwendungen, z.B. beim probabilistischen Primzahltest nach Miller-Rabin, besonders aber beim RSA-Verfahren in der Kryptographie. Letzteres ist von den heute bekannten Verschlüsselungsverfahren das sicherste. Die Einführung von Falltür-Krypto-Systemen mit öffentlichen Schlüsseln wurde 1976 von Whitfield Diffie und Martin Hellmann vorgeschlagen (New Directions in Cryptography, IEEE Trans. Inform. Theory 22, 644). Ausgenutzt wird die Tatsache, dass es keine hinreichend schnellen Verfahren für das Ziehen von

Wurzeln in $\mathbb{Z}_n$ gibt.[4]

Wenn wir mit T den ASCII-Wert des zu verschlüsselnden Buchstaben und mit C den des verschlüsselten Buchstaben bezeichnen, so erfolgt die Verschlüsselung durch $C \equiv T^e \mod n$, wobei e und n öffentlich gemacht und so gewählt werden, dass $(e, \varphi(n)) = 1$ gilt. Dann lässt sich nämlich $ed \equiv 1 \mod \varphi(n)$ lösen, und das d ist der Entschlüsselungsexponent: $C^d \equiv T^{ed} = T^{k\varphi(n)+1} = T(T^{\varphi(n)})^k \mod n$. Wenn $(n, T) = 1$ ist, so gilt nach 2.25 $T^{\varphi(n)} \equiv 1 \mod n$ und somit $C^d \equiv T \mod n$.[5]

Diese Idee wurde von **R**ivest, **S**hamir und **A**dleman weiterentwickelt zu dem Verfahren, das heute RSA-Verschlüsselungsmethode genannt wird (Comm. ACM 21 (1978), 120 ff.): Wenn nämlich n speziell als $n = pq$ mit Primzahlen p, q, $p \neq q$, gewählt wird, so gilt $C^d \equiv T \mod n$ für jedes T. Denn im Falle von $(T, n) \neq 1$ ist $(T, n) = p$ oder $= q$, etwa $= p$. Dann ist $(T, q) = 1$ und daher $T^{\varphi(q)} \equiv 1 \mod q$. Da $p|T$, ist $n = pq | T(T^{k\varphi(q)\varphi(p)} - 1)$ für alle k und mithin wieder $T^{k\varphi(n)+1} \equiv T \mod n$ für alle k.

Ohne Kenntnis der Faktorisierung von n läßt sich $\varphi(n)$ und damit der geheim gehaltene Schlüssel d nicht hinreichend schnell ermitteln. Darin liegt wohl die Sicherheit des Verfahrens, wenn auch die Möglichkeit der Entschlüsselung des RSA-Codes mit anderen Mitteln als Faktorisierung bisher nicht ausgeschlossen werden konnte. Der Bedarf an leicht zu handhabenden, einbruchsicheren Codes ist in den heutigen Zeiten der globalen Vernetzung enorm: z.B. für Online-Bank- oder Kauf-Geschäfte, für sichere Übermittlung von internen Betriebsdaten etc. Nach jetzigem Stand der Technik gelten Primzahlen mit 200 Dezimalstellen als sicher. Wenn stärkere Prozessoren entwickelt werden, kann man diese Marge unschwer erhöhen. Daran könnte allenfalls die Realisierung von Quantencomputern etwas ändern.

P. de Fermat

Bevor wir das Thema Ringe verlassen, wollen wir noch eine leichte, aber praktisch bedeutsame Anwendung des Rechnens im Restklassenring $\mathbb{Z}_n$ behandeln, nämlich das Prüfziffernverfahren bei der ISBN (**I**nternationale-**S**tandard-**B**uch-**N**ummer). Eine solche besteht aus 10 Ziffern, die in 4 Abschnitte gegliedert sind: Der erste Abschnitt kennzeichnet das Land (USA 0, Deutschland 3, ...), der zweite den Verlag, der dritte das Buch, und der vierte besteht aus der Prüfziffer $z_{10} \equiv \sum_{i=1}^{9} i z_i \mod 11$ (für den Rest 10 wird X geschrieben). Zum Beispiel hat das bekannte Buch von Donald E. Knuth: The Art of Computer Programming, vol. 3, Sorting and Searching, die ISBN 0-201-03803-X. Das Prüfverfahren erkennt alle Einzelfehler und Doppelfehler bis auf einen Teil der

---

[4] Quanten-Computer würden die Szenerie natürlich total verändern! Der Algorithmus von Shor (1997) könnte angewandt werden.

[5] Bei konkreten Implementationen des Verfahrens werden nicht die ASCII-Werte einzelner Textbuchstaben sondern Blöcke aus solchen potenziert. Die Blocklänge wird z. B. einheitlich so gewählt, dass die Zahlenwerte der Blöcke gering unterhalb des Schlüssels n liegen.

Zwillingsvertauschungen und phonetischen Fehler. Noch besser ist die Prüfbedingung $\sum_{i=1}^{n} 2^{i-1} z_i \equiv 0 \mod 11$. Damit arbeitet angeblich die Dresdner Bank.

Zum Abschluß empfehlen wir noch den

Slogan: Der Kongruenz mod n in $\mathbb{Z}$ entspricht die Gleichheit in $\mathbb{Z}_n$.

2.26 Definitionen : Ein kommutativer Ring K mit $1 \neq 0$ heißt ein **Körper**, wenn $K^* = K \setminus \{0\}$ aus Einheiten besteht. Ein endlicher Körper wird auch **Galoisfeld** genannt.

2.27 Beispiele :

(i) Die Menge $\mathbb{Q}$ der rationalen Zahlen ist bezüglich der Addition und Multiplikation ein Körper. Das Gleiche stellen wir im Vorgriff von der Menge $\mathbb{R}$ der reellen Zahlen fest.[6]

(ii) Wenn p eine Primzahl ist, so ist $\mathbb{Z}_p$ ein Galoisfeld der Ordnung p.
Denn: Nach 2.24 (ii) ist $|\mathbb{Z}_p^*| = p - 1$ und daher $\mathbb{Z}_p^* = \mathbb{Z}_p \setminus \{0\}$. Wegen 2.24 (i) besteht also $\mathbb{Z}_p \setminus \{0\}$ aus lauter Einheiten.

(iii) Auf der Menge $\mathbb{R}^2$ definieren wir folgendermaßen eine Addition und eine Multiplikation: $(a,b) + (c,d) := (a+c, b+d)$, $(a,b) \cdot (c,d) := (ac - bd, ad + bc)$.

Es ist leicht nachzuprüfen, dass $(\mathbb{R}^2, +, \cdot)$ ein Körper ist, der sogenannte **Körper $\mathbb{C}$ der komplexen Zahlen.**

Statt mit Zahlenpaaren (a,b) wird gewöhnlich mit Ausdrücken der Form $a + ib$ gearbeitet, also in dem durch den Körperisomorphismus $(a,b) \mapsto a + ib$, $(a,0) \mapsto a$, $(0,1) \mapsto i = 1 \cdot i$ festgelegten Bild, das ebenfalls mit $\mathbb{C}$ bezeichnet wird.

Es ist $(0,1) \cdot (0,1) = (-1, 0)$, also $i^2 = -1$. Sei $z := a + ib \in \mathbb{C}$. $\bar{z} := a - ib$ heißt die zu z **konjugiert-komplexe Zahl** (oder die **Konjugierte** von z). $\operatorname{Re} z := a$ heißt der **Realteil** von z, $\operatorname{Im} z := b$ der **Imaginärteil** von z.

Wenn die Elemente von $\mathbb{C}$ gemäß dem Beispiel von Seite 16 unten als Punkte in einem rechtwinkligen, rechtshändigen Cartesischen Koordinatensystem dargestellt werden – man spricht dann auch von der Darstellung in der **Gaußschen Ebene**, die horizontal verlaufende Achse wird **reelle**, die vertikale **imaginäre Achse** genannt –, so ergibt sich eine anschauliche Darstellung der Addition komplexer Zahlen, wie in nebenstehender Figur gezeigt.

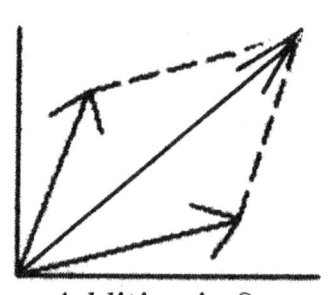

Addition in $\mathbb{C}$

---

[6]Während sich der Körper $\mathbb{Q}$ als Menge der Brüche aus dem Ring $\mathbb{Z}$ leicht konstruieren lässt, werden zur Konstruktion von $\mathbb{R}$ über die algebraischen Methoden hinaus zusätzlich analytisch-topologische Hilfsmittel benötigt, die von unserer Systematik her in das dritte Kapitel gehören. Es sei uns aber gestattet, $\mathbb{R}$ bereits hier (wie auch im Beispiel zu 1.10) in naiver Weise für Beispiele zu gebrauchen.

Kapitel 2. Gruppen, Ringe, Körper

Diese Situation müsste aus der Physik von der Addition der Kräfte (im sog. Kräfteparallelogramm) her bekannt sein. Der Übergang zum konjugiert komplexen Wert bedeutet in diesem Kontext eine Spiegelung an der reellen Achse. Die geometrische Veranschaulichung der Multiplikation im Komplexen erfolgt am Ende des fünften Kapitels.

In $\mathbb{C}$ gelten die Beziehungen $\overline{\overline{z}} = z$; $z\overline{z} = (a+ib)(a-ib) = a^2 + b^2 = |z|^2$, wobei $|z| := \sqrt{(\operatorname{Re} z)^2 + (\operatorname{Im} z)^2}$ der sogenannte **Betrag** von z ist, der der Länge des „Vektors" z entspricht; $z + \overline{z} = 2\operatorname{Re} z$; $z - \overline{z} = 2i\operatorname{Im} z$.

2.28 Satz : Zu jeder Primzahl p und jedem $n \in \mathbb{N}$ existiert (bis auf Isomorphie) genau ein Galoisfeld von p^n Elementen, bezeichnet mit $\mathbb{F}_{p^n}$. Damit sind alle endlichen Körper aufgezählt. Der kleinste Teilkörper (sog. **Primkörper**) von $\mathbb{F}_{p^n}$ ist isomorph zu $\mathbb{Z}_p$.
Ein Beweis dieses Satzes findet sich in jedem Lehrbuch der Algebra. Endliche Körper sind für Informatiker z.B. im Kontext der Codierungstheorie interessant.

2.29 Definitionen : Ein Körper K heißt **angeordnet**, wenn es $P \subset K^*$ so gibt, dass

(i) $\bigwedge_{x \in K^*} x \in P \sqcup -x \in P$, und

(ii) $\bigwedge_{a,b \in P} (a + b \in P \land ab \in P)$ gilt.

Dann heißen P **Positivitätsbereich**, seine Elemente **positiv** und die Elemente von $-P := \{x : -x \in P\}$ **negativ**. Wir schreiben $a < b$, wenn $b - a \in P$ gilt.

2.30 Definitionen : Eine Relation ρ auf einer Menge M heißt eine **Ordnung** auf M, wenn sie reflexiv, transitiv und **antisymmetrisch** (d.h. $x\rho y \land y\rho x \to x = y$) ist. Eine Ordnung heißt **linear**, wenn $\bigwedge_{x,y \in M} x\rho y \lor y\rho x$ gilt. Eine linear geordnete Menge heißt auch **Kette**.

2.31 Beispiele :

(i) Die natürliche Ordnung $\leq$ auf der Menge $\mathbb{N}$ ist linear. Die Teilbarkeitsrelation auf $\mathbb{N}$ ist eine nichtlineare Ordnung.

(ii) Die Inklusion $\subset$ ordnet Potenzmengen (i.a. nichtlinear).

(iii) Die Menge $\mathbb{R}$ ist bezüglich der natürlichen Ordnung linear geordnet und bezüglich der Menge $P := \mathbb{R}^+ := \{x \in \mathbb{R} : x > 0, >$ ist die natürliche Ordnung$\}$ angeordnet.

Achtung: Beachten Sie den Unterschied zwischen den Begriffen Ordnung und Anordnung![7]

---
[7] Jede Menge lässt sich ordnen, nach dem Auswahlaxiom sogar wohlordnen (siehe 2.38). Aber nicht jeder Körper kann angeordnet werden (siehe 2.32 (v)).

2.32 Bemerkungen : Sei K angeordnet mit Positivitätsbereich P. Dann gilt:

(i) $x \in K^* := K \setminus \{0\} \to x^2 \in P$
 Denn: In Körpern gilt $(-1)(-1) = 1$, da $0 = (-1) \cdot 0 = (-1)(-1+1) = (-1)(-1) + (-1) \cdot 1 = (-1)(-1) + (-1)$ gilt, $(-1)(-1)$ also das additive Inverse von -1 ist. Mithin gilt auch für $-x \in P$ $x^2 = (-x)^2 \in P$.

(ii) $1 \in P$, $n \cdot 1 \in P$ für alle $n \in \mathbb{N}$.
 Denn: Da nach 2.26 im Körper $1 \neq 0$ ist, gilt $1 \in P \vee 1 \in -P$. Die Annahme $-1 \in P$ führt nach (i) und nach $(-1)(-1) = 1$ auf den Widerspruch $1 \in P \cap -P$.

(iii) K ist disjunkte Vereinigung von P, $-P$ und 0.

(iv) Durch $b - a \in P \leftrightarrow : a < b$ wird eine lineare Ordnung $\leq$ der Menge K induziert mit den folgenden Eigenschaften:

$$x > 0 \wedge xy > 0 \to y > 0 \quad,$$
$$x > 0 \to x^{-1} > 0 \quad,$$
$$0 < x < y \to 0 < y^{-1} < x^{-1} \quad.$$

 Denn: Sei $y \leq 0$ angenommen. Wenn $y = 0$ ist, so ist $xy = 0$ (Widerspruch). Wenn aber $y < 0$ ist, so ist $-xy \in P$ und (nach Voraussetzung) $xy \in P$ (Widerspruch zu (iii)). Die beiden restlichen Implikationen beweisen Sie bitte übungshalber selbst!

(v) $\mathbb{C}$ kann nicht angeordnet werden, $\mathbb{F}_p$ kann nicht angeordnet werden.
 Denn: Es müsste sonst in $\mathbb{C}$ wegen (i) $i^2 \in P$ gelten. Nun ist aber $-1 \notin P$! In $\mathbb{F}_p$ gilt $p \cdot 1 = 0$, aber nach (ii) wäre $p \cdot 1 \in P$ (Widerspruch!).

2.33 Definitionen : Es seien K ein Körper, $\overline{K}$ ein angeordneter Körper mit Positivitätsbereich $\overline{P}$ (z.B. $\mathbb{R}$ angeordnet bezüglich der natürlichen Ordnung $\leq$). Eine Abbildung $|\,| : K \to \overline{P} \cup \{0\}$ heißt ein **Absolutbetrag** auf K, wenn

(i) $|x| = 0 \leftrightarrow x = 0$,

(ii) $|xy| = |x||y|$ und

(iii) $|x + y| \leq |x| + |y|$

für alle $x, y \in K$ gelten. Die Beziehung (iii) heißt **Dreiecksungleichung**.

2.34 Bemerkungen :

(i) Der in 2.27 (iii) für komplexe Zahlen definierte Betrag ist ein Absolutbetrag im Sinne der Definition in 2.33.
 Denn: Eigenschaft (i) ist klar und es gilt

$$\begin{aligned} |(a+ib)(c+id)| &= \sqrt{(ac-bd)^2 + (ad+bc)^2} \\ &= \sqrt{(a^2+b^2)(c^2+d^2)} \\ &= |a+ib||c+id| \quad . \end{aligned}$$

Kapitel 2. Gruppen, Ringe, Körper

Da $(ad-bc)^2 \geq 0$ ist, gilt $2abcd \leq a^2d^2 + b^2c^2$ und mithin $a^2c^2 + 2abcd + b^2d^2 \leq a^2c^2 + a^2d^2 + b^2c^2 + b^2d^2$. Ziehen wir auf beiden Seiten die Quadratwurzel, so erhalten wir $ac + bd \leq \sqrt{(a^2+b^2)(c^2+d^2)}$. Daraus folgt $\sqrt{(a+c)^2 + (b+d)^2} \leq \sqrt{a^2+b^2} + \sqrt{c^2+d^2}$, also Eigenschaft (iii).

(ii) Im Dreieck ist die Summe der Länge zweier Seiten größer gleich der Länge der dritten, daher der Name „Dreiecksungleichung" für (iii) (vgl. die Figur S.44).

(iii) $|1| = |-1| = 1$.
Denn: Wegen 2.33 (ii) gilt $|x| = |x \cdot 1| = |x| \cdot |1|$ und somit $|1| = 1$. Wenn im Körper $x^2 = 1$ gilt, also $0 = (x+1)(x-1)$, so ist wegen der Nullteilerfreiheit $x = \pm 1$.

(iv) $|x - y| \leq |x| + |y|$.
Denn: Es gilt $|x - y| = |x + (-y)| \leq |x| + |-y| = |x| + |y|$.

(v) $|x| - |y| \leq |x \pm y|$.
Denn: Mit $u := x + y$ und $v := -y$ gilt $|x| = |u+v| \leq |u| + |v| = |x+y| + |y|$, also $|x| - |y| \leq |x+y|$. Mit $u := x - y$ und $v := y$ erhalten wir analog $|x| - |y| \leq |x-y|$.

(vi) Wenn K auch angeordnet ist, so induziert die Anordnung einen Absolutbetrag mittels
$$|a| := \begin{cases} a & \text{für } a > 0 \\ 0 & \text{für } a = 0 \\ -a & \text{für } a < 0 \end{cases}$$

Denn: Prüfe die Eigenschaften (i), (ii), (iii) von 2.33 nach!

(vii) Für den nach (v) induzierten Absolutbetrag gilt $|x| - |y| \leq ||x| - |y|| \leq |x \pm y|$.
Denn: Die rechte Ungleichung folgt unmittelbar aus 2.33(iii) und 2.34(iii). Nach 2.34(iv) gilt $|x| - |y| \leq |x \pm y|$. Wenn wir hierin x und y vertauschen, so erhalten wir $-(|x| + |y|) = |y| - |x| \leq |y \pm x| = |x \pm y|$, also $||x| - |y|| \leq |x \pm y|$.

2.35 Definition : Ein angeordneter Körper K heißt **archimedisch angeordnet**, wenn das Axiom des Archimedes gilt: $\bigwedge\limits_{a,b \in K, a>0} \bigvee\limits_{n \in \mathbb{N}} na > b$.

2.36 Bemerkungen : Die natürliche Anordnung in $\mathbb{R}$ ist archimedisch. Daher gelten dort:

(i) $\forall x \in \mathbb{R}^+ \cup \{0\} \; \exists_1 n_x \in \mathbb{N} \cup \{0\} : n_x \leq x < n_x + 1$ (Existenz von $\lfloor x \rfloor$, floor in der C-Standardbibliothek math.h).
Denn: Wegen der Archimedizität von $\mathbb{R}$ kann x durch $n^* \cdot 1$ überschritten werden: $n^* \cdot 1 > x$. Nimm das kleinste solche n^*, setze $n_x := n^* - 1$ und setze fort auf $\mathbb{R}^-$.

(ii) $\forall \epsilon > 0 \; \exists n \in \mathbb{N} : \frac{1}{n} < \epsilon$.
Denn: $\exists n \in \mathbb{N} : n \cdot 1 > \frac{1}{\epsilon}$.

(iii) Für $x \geq -1$ und $n \in \mathbb{N}$ gilt $(1+x)^n \geq 1 + nx$ (**Bernoullische Ungleichung**).
Beweis durch vollständige Induktion: Nach Induktionsannahme und nach Voraussetzung ist $(1+x)^{n+1} \geq (1+nx)(1+x) = 1 + (n+1)x + x^2 \geq 1 + (n+1)x$.

> **Slogan:** Bernoulli ist abgehackter Binomi.

(iv) $b > 1 \to$
$\forall a \in \mathbb{R}\ \exists n \in \mathbb{N} : b^n > a$.
Denn: Wir setzen $x := b - 1$, und somit ist $x > 0$, also $\exists n \in \mathbb{N} : nx > a - 1$
wegen der Archimedizität von $\mathbb{R}$. Also ist $b^n = (1+x)^n \geq 1 + nx > a$.

(v) $0 < b < 1 \to$
$\forall \epsilon > 0\ \exists n \in \mathbb{N} : b^n < \epsilon$.
Denn: Wegen 2.32(iv) impliziert die linke Seite $b^{-1} > 1$, also existiert nach 2.36(iv) $n \in \mathbb{N}$ mit $(b^{-1})^n > \epsilon^{-1}$ und somit auch mit $b^n < \epsilon$.

Eine reguläre Pflasterung mit Drehgruppe der Ordnung 72 auf einer orientierbaren Fläche vom Geschlecht 4.

Abschließend noch einige Ausführungen zum sogenannten Auswahlaxiom.

2.37 Satz : Sei M eine geordnete Menge. Dann sind äquivalent:

(i) **Minimalbedingung**, d. h., jede nichtleere Teilmenge L von M besitzt ein (in L) minimales Element. Wir sagen dann auch, dass M **wohlgeordnet** ist.

(ii) Wenn $m_1 \geq m_2 \geq \ldots \geq m_i \geq \ldots$ eine absteigende Kette in M ist, so existiert ein $n \in \mathbb{N}$ mit $m_n = m_{n+1} = \ldots$ (sog. **Bedingung des Abbrechens absteigender Ketten**.

(iii) Sei $\mathcal{E}$ eine Eigenschaft, für die gilt:

  (a) $\mathcal{E}$ gilt für alle minimalen Elemente aus M.
  (b) Wenn $\mathcal{E}$ für alle Elemente gilt, die einem Element $m \in M$ streng vorangehen, so gilt $\mathcal{E}$ auch für m.

Kapitel 2. Gruppen, Ringe, Körper 49

Dann gilt $\mathcal{E}$ für alle Elemente aus M (**Induktionsbedingung**).

Beweis: (i) $\longrightarrow$ (ii): Sei $m_1 \geq m_2 \geq \ldots \geq m_i \geq \ldots$ eine absteigende Kette in M. Wir betrachten die aus den Elementen dieser Kette gebildete Menge $L := \{m_1, m_2, \ldots, m_i, \ldots\}$. Sie ist nicht leer, also enthält L nach (i) ein minimales Element m_k. Wegen des Absteigens der Kette und wegen der Minimalität von m_k gilt $a_k = a_{k+1} = \ldots$.
(ii) $\longrightarrow$ (iii): $\mathcal{E}$ erfülle (iii)(a) und (b) und es gelte (ii). Sei L die Teilmenge von M aller derjenigen Elemente, für die $\mathcal{E}$ nicht gilt. Angenommen, L sei nicht leer, also $l_1 \in L$. l_1 kann wegen (iii)(a) in M nicht minimal sein, also existiert wenigstens ein strikter Vorgänger in M. Unter den strikten Vorgängern von l_1 existiert einer, der in L liegt und l_2 genannt sei. Andernfalls wäre nämlich wegen (b) $l_1 \notin L$. Argumentiere für l_2 so wie eben für l_1 und folgere einen strikten Vorgänger l_3. So fortfahrend erhalten wir eine strikt absteigende Kette $l_1 > l_2 > l_3 > \ldots$, die nicht abbricht. Also ist L leer, und $\mathcal{E}$ gilt für alle Elemente von M.
(iii) $\longrightarrow$ (i): Wir wenden das Induktionsprinzip für die Eigenschaft $\mathcal{E} :=$ "besitzt ein minimales Element" auf die Menge $\mathcal{P}(M) \setminus \emptyset$ an. Die minimalen Elemente von $(\mathcal{P}(M) \setminus \emptyset, \subset)$ sind genau die einelementigen Teilmengen. Für sie gilt die Eigenschaft $\mathcal{E}$ trivialerweise. Sei $L \in \mathcal{P}(M) \setminus \emptyset$. Wir zeigen : Wenn $\mathcal{E}$ für alle echten Teilmengen von L gilt, dann gilt es auch für L. Wählen wir nämlich $x \in L$ und setzen wir $L \setminus \{x\} =: A$, so ist x oder ein nach Induktionsannahme existierendes minimales Element von A minimal in $L = A \cup \{x\}$. Also sind (iii)(a) und (b) für $\mathcal{E}$ in $\mathcal{P}(M) \setminus \emptyset$ gültig, also gilt nach Voraussetzung (iii) $\mathcal{E}$ auf $\mathcal{P}(M) \setminus \emptyset$, also gilt (i) für M. $\square$

2.38 Satz : Folgende Aussagen sind äquivalent:

(i) (**Auswahlaxiom**) Sei M eine Menge. Dann existiert auf $\mathcal{P}(M) \setminus \emptyset$ eine Funktion f, die jeder nichtleeren Teilmenge L von M ein Element $f(L) \in L$ zuordnet.

> **Slogan:** Das Auswahlaxiom stellt die Existenz einer Funktion sicher, welche aus jeder nichtleeren Teilmenge ein Element herausgreift.

(ii) (**Satz von Zermelo** oder **Wohlordnungssatz**) Jede Menge lässt sich wohlordnen.

(iii) (**Satz von Kuratowski-Zorn** oder **Zornsches Lemma**) Wenn jede Kette einer geordneten Menge M eine obere Schranke hat, so folgt auf jedes Element von M ein maximales Element.

Beweis: In Hewitt-Stromberg: Real and Abstract Analysis, Thm. 3.12.

2.39 Bemerkungen : Standardbeispiel für eine wohlgeordnete Menge ist $(\mathbb{N}, \leq)$, für eine nicht wohlgeordnete Menge $(\mathbb{Z}, \leq)$.
Die Verwendung des Auswahlaxioms war lange Zeit umstritten. Jedoch hat Gödel 1940 gezeigt, dass ein Axiomensystem der Mengenlehre mit Auswahlaxiom und Kontinuumshypothese relativ widerspruchsfrei zu dem genannten Axiomensystem ohne die beiden letzteren Axiome ist.

Den Schluss dieses Kapitels wollen wir - wie den Beginn - dem Gedenken an den in unserer Erinnerung ewig jungen Evariste Galois widmen.

Der Physiker Leopold Infeld hat einen sehr spannenden Roman über sein Leben geschrieben mit dem Titel "Wen die Götter lieben". [8]

Galois, von seinem Bruder 1848 aus dem Gedächtnis gezeichnet

Galois wurde 1811 in Bourg-la-Reine bei Paris geboren, wo sein Vater bald darauf Bürgermeister wurde. Von diesem erbte er seinen glühenden Patriotismus, sein Eintreten für den republikanischen Gedanken. Daher machte sich der junge Galois in der damaligen Restaurationszeit (Karl X, Louis Philippe) sehr schnell verdächtig, wurde von der Geheimpolizei überwacht und wegen öffentlicher Todesdrohung gegen den König - "wenn er das Volk verrät"- ins Gefängnis gesteckt, wo er insgesamt über 10 Monate verbrachte.

Obwohl er so gerne Mathematik an der École Polytechnique studiert hätte, erfüllte sich dieser Wunsch nicht: er fiel 2-mal durch die Aufnahmeprüfung. Beim zweiten Mal unter dem Prüfer Dinet. Galois beantwortete dessen Fragen richtig, weigerte sich aber wegen der Offensichtlichkeit der Aussagen einen Beweis zu geben!

Die Borniertheit der Prüfer, die Unfähigkeit der Akademiemitglieder, die Bedeutung seiner Überlegungen zu verstehen (siehe Seite 29), erzeugten bei Galois Hohn und Zynismus:

"Ich schwöre, dass ich den Männern, die im Staat und in der Wissenschaft prominent sind alles andere als Dank schulde ... Insbesondere werde ich dem dröhnenden Gelächter der Examinatoren der École Polytechnique ausgesetzt sein, die ein Monopol auf die Veröffentlichung mathematischer Lehrbücher zu haben meinen ... Nebenbei: ich bin sehr erstaunt, dass nicht alle Examinatoren Sitze in der Akademie haben, da ihr Platz gewiss nicht in der Nachwelt sein wird ..."(Vorwort zu Galois' Deux Mémoires D'Analyse, Gefängnis S. Pélagie 1831) oder "Die Hierarchie ist das Mittel der Minderbemittelten". So etwas gefällt dem Wissenschafts-Establishment nicht. Bis heute wird versucht, diese gigantische Blamage zu bemänteln (Galois war eben zu jähzornig etc.).

Nach der Entlassung aus dem Gefängnis durfte Galois noch einen Monat leben. Er muss sich unglücklich verliebt haben. Darüber kam es dann am 30. 5. 1832 zu einem Duell. Die genauen Hintergründe sind unklar. Es gibt Auffassungen, dass das Duell von agents provocateures der Geheimpolizei eingefädelt wurde, um Galois aus der Welt zu schaffen. Galois wurde - schwer verletzt - einfach liegengelassen. Erst ein vorüberkommender Bauer brachte ihn ins Hospital. Galois' Bruder Alfred, der am folgenden Tag bei Evariste in seiner Sterbestunde war, hat wiederholt die Auffassung geäußert, dass es sich um Mord handelte. An der Beisetzung von Evariste nahmen zwei- bis dreitausend (!) Republikaner teil.

---

[8]In jüngster Zeit ist ein weiterer Roman erschienen: Tom Petsinis, Der französische Mathematiker.

Kapitel 3

Folgen und Reihen

Das Thema „Folgen und Reihen" war und ist grundlegend für den Bereich der Analysis: nicht nur, weil es am Anfang der historischen Entwicklung steht, sondern auch, weil das Thema durch den allseitigen Gebrauch von Rechnern noch bedeutsamer geworden ist. Schließlich lässt es sich auch unter ganz modernen Sichtweisen beleuchten: algorithmische Aspekte der Konvergenz, aber auch Konvergenz als dynamischer Prozess.

3.1 Definitionen : Es seien M eine Menge mit (der abstrakten) Ordnungsrelation $\leq$ und $S \subset M$.

(i) $a \in M$ heißt ein **maximales Element** , wenn gilt

$$\forall x \in M : (a \leq x \to x \leq a) \quad .$$

(ii) Analog sei ein **minimales Element** definiert.

(iii) $b \in M$ heißt eine **obere Schranke** für S in M, wenn $x \leq b$ für alle $x \in S$ gilt.

(iv) $s \in M$ heißt **Supremum** oder **obere Grenze** von S in M, geschrieben $\sup_M S$, wenn s eine obere Schranke von S ist und für jede obere Schranke b in M $s \leq b$ gilt.

(v) Analog seien **Infimum** und $\inf_M S$ definiert.

(vi) M heißt **vollständig** (präziser: **supremumsvollständig**), wenn jede nicht leere, nach oben beschränkte Teilmenge von M ein Supremum hat.

> **Slogan:** Das Supremum ist die kleinste obere Schranke, das Infimum die größte untere Schranke.

3.2 Bemerkungen :

(i) Wenn $\sup_M S$ existiert, so eindeutig.
Denn: Wenn s_1 und s_2 Suprema von S sind, so sind beide kleinste obere Schranken, also $s_1 \leq s_2$ und $s_2 \leq s_1$. Mithin ist $s_1 = s_2$.

(ii) Beispiel: Sei $S := \{1, 2, 3, 4, 5, 6\} \subset M = \mathbb{N}$. Als Ordnungsrelation $\leq$ sei die Relation „ist Teiler von" gewählt. Dann sind 4, 5, 6 die maximalen Elemente von S bezüglich dieser $\leq$-Relation. Die Menge der oberen Schranken von S in $\mathbb{N}$ ist $\{60 \cdot m : m \in \mathbb{N}\}$, und es gilt $\sup_\mathbb{N} S = 60$ sowie $\inf_\mathbb{N} S = 1$.

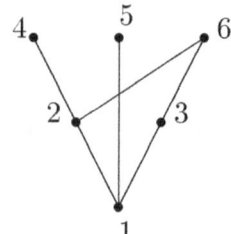

3.3 Satz : Es gibt bis auf Isomorphie genau einen angeordneten, vollständigen Körper, den Körper $\mathbb{R}$ der **reellen Zahlen**.
Beweis: z.B. in E. Mendelson, Number systems and the foundations of analysis, Academic Press, New York 1973.

3.4 Definitionen : Sei K ein Körper mit Absolutbetrag.

(i) Eine Abbildung $\mathbb{N} \to K$ mit $n \mapsto a_n$ heißt eine **Folge** in K, geschrieben (a_n). Wir sagen $(a_n) = (b_n)$, wenn $a_n = b_n$ für alle $n \in \mathbb{N}$ gilt.

(ii) (a_n) heißt (dem Betrage nach) **beschränkt**, wenn $\{|a_n| : n \in \mathbb{N}\}$ beschränkt ist.

(iii) (a_n) heißt eine **Cauchy-Folge**, wenn
$$\bigwedge_{\varepsilon \in \overline{P}} \bigvee_{N_\varepsilon \in \mathbb{N}} \bigwedge_{m,n \geq N_\varepsilon} |a_m - a_n| < \varepsilon \text{ gilt.}$$

(iv) $b \in K$ heißt der **Limes** (oder **Grenzwert**) von (a_n) in K, geschrieben $b = \lim_{n \to \infty} a_n$ oder $a_n \to b$, wenn
$$\bigwedge_{\varepsilon \in \overline{P}} \bigvee_{N_\varepsilon \in \mathbb{N}} \bigwedge_{n \geq N_\varepsilon} |a_n - b| < \varepsilon \text{ gilt.}$$

Augustin Louis Cauchy (1789 - 1857)

(v) Wenn (a_n) in K einen Limes hat, so heißt die Folge in K **konvergent**, andernfalls **divergent** .[1]

---

[1] Der Limes einer Folge tritt schon 1655 bei John Wallis auf (in Opera I, 382). Die Bezeichnungen „konvergent"und „divergent"kommen wohl zum ersten Mal bei James Gregory vor (Vera circuli et hyperbolae quadratura. Patavii 1668). Leibniz benutzt den Ausdruck „advergent". Eine exakte Definition der Konvergenz erfolgte (im Zusammenhang mit Reihen) durch Bolzano und Cauchy (siehe Fußnote S. 57).

Kapitel 3. Folgen und Reihen

(vi) Wenn der Limes Null beträgt, so sprechen wir von einer **Nullfolge**.

(vii) K heißt **Cauchy-vollständig** , wenn jede Cauchy-Folge aus K einen Limes in K besitzt.

Slogan: $b = \lim a_n$ bedeutet: Zu jeder noch so kleinen ε-Umgebung U_ε von b existiert eine Zahl N so, dass ab diesem Index N alle Glieder der Folge in U_ε liegen.

3.5 Bemerkungen :

(i) Einige Beispiele für Folgen in $\mathbb{R}$:
$((-1)^n n)$ ist nicht beschränkt. $((-1)^{n+1}\frac{1}{n})$ ist beschränkt, z.B. durch 1. Die Folge ist eine Nullfolge, da nach 2.36(ii) $|\frac{(-1)^n}{n} - 0| = \frac{1}{n} < \varepsilon$ für genügend großes n gemacht werden kann.
$(\frac{5n}{n+1})$ ist eine Cauchy-Folge; denn es gilt: $|\frac{5m}{m+1} - \frac{5n}{n+1}| = 5 \cdot |\frac{m-n}{(m+1)(n+1)}| = 5 \cdot |\frac{\frac{1}{n} - \frac{1}{m}}{\frac{1}{mn} + \frac{1}{n} + \frac{1}{m} + 1}| \leq 5 \cdot |\frac{1}{n} - \frac{1}{m}| \leq 5 \cdot (\frac{1}{n} + \frac{1}{m})$. Letzteres kann kleiner als vorgelegtes ε gemacht werden, da nach 2.36 (ii)
$\exists N \forall n \geq N : \frac{1}{n} < \frac{\varepsilon}{10}$ gilt.

(ii) Der Limes ist – falls existent – stets eindeutig bestimmt.
Denn: Seien b, b' Limites von (a_n). Unter der Annahme $b \neq b'$ erhalten wir $|b - b'| > 0$. Wähle $\varepsilon := \frac{|b-b'|}{2}$. Nach 3.4 $\exists N \forall n \geq N : (|a_n - b| < \varepsilon \wedge |a_n - b'| < \varepsilon)$. Also wäre $|b - b'| = |b - a_n + a_n - b'| \leq |a_n - b| + |a_n - b'| < 2\varepsilon = |b - b'|$, was einen Widerspruch bedeutet.

(iii) Wenn eine Folge konvergiert, so ist sie Cauchy-Folge.
Denn: Sei $b = \lim_{n \to \infty} a_n \in K$, d.h. $\forall \varepsilon > 0 \, \exists N \in \mathbb{N} \, \forall n \geq N : |a_n - b| < \varepsilon$. Dann gilt für alle $m, n \geq N : |a_m - a_n| = |a_m - b + b - a_n| \leq |a_m - b| + |a_n - b| < 2\varepsilon$.

(iv) Es gilt $\lim(a_n + b_n) = \lim a_n + \lim b_n$ sowie $\lim(a_n b_n) = \lim a_n \lim b_n$, falls $\lim a_n$ und $\lim b_n$ existieren.
Denn: Wieder können wir die Dreiecksungleichung nutzen: $|a_n + b_n - (a + b)| \leq |a_n - a| + |b_n - b|$.

(v) Es seien $\lim a_n$ und $\lim b_n$ existent. Dann gilt: Wenn $\bigvee_{N \in \mathbb{N}} \bigwedge_{n \geq N} a_n \leq b_n$, so ist $\lim a_n \leq \lim b_n$.
Achtung: Eine analoge Aussage für das Zeichen $<$ gilt **nicht**! Z.B. gilt für $a_n := 0$, $b_n := \frac{1}{n}$ zwar $a_n < b_n \, \forall n$, aber $\lim a_n = \lim b_n = 0$.

(vi) Naturwissenschaftler sollten auch die folgende Implikation unserer Limes-Definition für den Hardware-Bereich kennen: Die Elemente der Folge (a_n) seien die Ergebnisse eines Algorithmus, der etwa auf einem Computer mittels eines C-Programms implementiert sei. Das Makro LDBL_EPSILON aus ⟨float.h⟩ stellt bekanntlich die

kleinste Fließkommazahl x dar, für die noch 1.0 + x != 1.0 erkannt wird. Wenn die a_n also Fließkommazahlen sind und wenn $\frac{\varepsilon}{|a_{N_\varepsilon}|}$ < LDBL_EPSILON ist, so kann die Maschine die Ausgabewerte nach a_{N_ε} nicht mehr voneinander unterscheiden (jedenfalls nicht ohne zusätzliche Multipräzisions-Pakete für Fließkommazahlen), der Algorithmus kann also abgebrochen werden.
Denn: Es gilt doch $|b - a_{N_\varepsilon}| < \varepsilon$, also $1.0 + |\frac{b}{|a_{N_\varepsilon}|} - 1| == 1.0$, also $b == a_{N_\varepsilon}$.

(vii) Anfängern bereiten mehrere Aspekte der Epsilontik Schwierigkeiten: Zunächst das gleichzeitige Auftreten mehrerer Quantoren. Dann die Tatsache, dass man den Limes „eigentlich" schon kennen muss, wenn er mittels der Definition mit N und ε als solcher erwiesen werden soll. Das steht jedoch in einem dialektischen Spannungsverhältnis dazu, dass der Limes oft gerade „eigentlich unzugängliche" Objekte beschreibt. Ferner müssen sich Anfänger daran gewöhnen, dass häufig mehr die Frage nach der Existenz des Grenzwerts interessiert als die Frage, wie er „aussieht". Zum Beispiel gilt:

(viii) In Cauchy-vollständigen Körpern sind genau die Cauchy-Folgen konvergent.
Denn: Die Aussage folgt aus der Definition 3.4 und aus 3.5 (iii).
Auch der folgende Satz 3.7 hebt mehr auf die Eigenschaft der Konvergenz ab.

3.6 Definitionen : Seien M und N linear geordnete Mengen. Eine Abbildung $f : M \to N$ heißt **monoton wachsend** , wenn
$$\bigwedge_{m_1 < m_2;\; m_1, m_2 \in M} f(m_1) \leq f(m_2)$$
gilt. Analog wird **monoton fallend** definiert.
Wenn eine Abbildung monoton wachsend oder monoton fallend ist, so heißt sie **monoton**. Wenn $\bigwedge_{m_1 < m_2} f(m_1) < f(m_2)$ gilt, so heißt die Abbildung **streng monoton wachsend**.
Über die Interpretation der Folgen als Funktionen $f : \mathbb{N} \to K$ haben wir damit auch die Monotoniebegriffe für Folgen.

3.7 Satz : Jede beschränkte, monotone Folge (a_n) von Elementen aus $\mathbb{R}$ konvergiert, und es gilt in diesem Fall: $\lim a_n = \sup\{a_n : n \in \mathbb{N}\} \vee \lim a_n = \inf\{a_n : n \in \mathbb{N}\}$.
Beweis: Sei (a_n) beschränkt und etwa monoton wachsend. Da $\mathbb{R}$ vollständig ist, existiert $\sup\{a_1, a_2, \ldots\} := s$. $s - \varepsilon$ ist also keine obere Schranke von (a_n), d.h. $\exists N \in \mathbb{N} : s - \varepsilon < a_N$, und daher gilt wegen der Monotonie
$\forall n \geq N : s - \varepsilon < a_N \leq a_n \leq s$, also $\forall n \geq N : |s - a_n| = s - a_n < \varepsilon$.

3.8 Beispiele :

(i) Sei $a_n := \sum_{\nu=1}^{n} \frac{1}{\nu}$. Dann gilt doch $1 + \frac{1}{2} + \underbrace{\frac{1}{3} + \frac{1}{4}}_{> \frac{1}{4} + \frac{1}{4}} + \underbrace{\frac{1}{5} + \frac{1}{6} + \frac{1}{7} + \frac{1}{8}}_{> \frac{1}{8} + \frac{1}{8} + \frac{1}{8} + \frac{1}{8}} + \ldots$
$> 1 + \frac{1}{2} + \frac{1}{2} + \frac{1}{2} + \ldots$, da $\frac{1}{3} + \frac{1}{4} > \frac{1}{4} + \frac{1}{4}$ und $\frac{1}{5} + \frac{1}{6} + \frac{1}{7} + \frac{1}{8} > 4 \cdot \frac{1}{8}$ etc .
Daher ist (a_n) nicht beschränkt und damit auch nicht konvergent.

Kapitel 3. Folgen und Reihen

(ii) Sei $a_n := \sum_{\nu=1}^{n} \frac{1}{\nu^2} = 1 + \frac{1}{2 \cdot 2} + \frac{1}{3 \cdot 3} + \ldots + \frac{1}{n \cdot n} < 1 + \frac{1}{1 \cdot 2} + \frac{1}{2 \cdot 3} + \ldots + \frac{1}{(n-1) \cdot n} =$
$1 + (\frac{1}{1} - \frac{1}{2}) + (\frac{1}{2} - \frac{1}{3}) + \ldots + (\frac{1}{(n-1)} - \frac{1}{n}) = 1 + \frac{1}{1} - \frac{1}{n} < 2$.

Also ist (a_n) beschränkt, und es ist monoton wachsend. Daher ist (a_n) nach 3.7 konvergent.

Dies ist ein Beispiel für eine reine Konvergenzaussage. Den Grenzwert hat man damit noch längst nicht.[2]

(iii) Für die Folge $(\sum \frac{1}{\nu^3})$, die auch konvergent ist, war bis vor kurzem noch nicht einmal bekannt, ob der Limes eine irrationale Zahl ist.[3]

(iv) Das allgemeine Glied der nun betrachteten Folge sei eine sog. **geometrische Summe** :
$$a_n := \sum_{\nu=0}^{n-1} q^\nu, \; q \in K.$$

Die **geometrische Summe** lässt sich als geschlossener Ausdruck darstellen:

$$\begin{array}{rcl} 1 + q + q^2 + \ldots + q^{n-1} & = & a_n \\ -(q + q^2 + \ldots + q^{n-1} + q^n) & = & qa_n \\ \hline 1 \qquad\qquad\qquad\qquad - q^n & = & a_n(1-q) \,. \end{array}$$

Also $a_n = \frac{1-q^n}{1-q}$. Wenn $0 < |q| < 1$, $|q| \in \mathbb{R}$, gilt, so wird $\lim_{n\to\infty} a_n = \frac{1}{1-q}$, da nach 2.37(v) in archimedisch angeordneten Körpern für $|q| < 1 \quad \lim q^n = 0$ gilt.

(v) Sei $a_n := \sum_{\nu=0}^{n} \frac{1}{\nu!}$. Da $\nu! = 1 \cdot 2 \cdot 3 \cdots \nu \geq 2^{\nu-1}$ ist, gilt

$$a_n \leq 1 + 1 + \frac{1}{2^0} + \ldots + \frac{1}{2^{\nu-1}} = 1 + \frac{1 - (\frac{1}{2})^\nu}{1 - \frac{1}{2}} < 1 + 2 \;.$$

Mithin ist (a_n) monoton und beschränkt, also existiert der Limes.
Sie ist aber auch beschränkt: $(1 + \frac{1}{n})^n = 1 + \binom{n}{1}\frac{1}{n} + \binom{n}{2}\frac{1}{n^2} + \ldots$
$= 1 + \frac{1}{1!} + \frac{1}{2!}\frac{n-1}{n} + \frac{1}{3!}\frac{n-1}{n} \cdot \frac{n-2}{n} + \ldots < 1 + \frac{1}{1!} + \frac{1}{2!} + \frac{1}{3!} + \ldots + \frac{1}{n!} < e$.
Es existiert also $e' := \lim_{n\to\infty} (1 + \frac{1}{n})^n = \sup(a_n) \leq e$.
Wenn $n \geq k$ ist, so gilt $(1 + \frac{1}{n})^n \geq 1 + \frac{1}{1!} + \frac{1}{2!}\frac{n-1}{n} + \ldots + \frac{1}{k!}\frac{n-1}{n} \cdots \frac{n-k+1}{n} =: b_n$.
Also $e' = \lim_{n\to\infty}(1 + \frac{1}{n})^n \geq \lim_{n\to\infty} b_n = 1 + \frac{1}{1!} + \ldots + \frac{1}{k!}$, und daher gilt auch $e' \geq e$. □

(vii) Wir beweisen nun die Existenz von $\sqrt{a}$ in $\mathbb{R}$, wenn $a > 0$ ist. Wir führen die Aufgabe auf das Problem zurück, für $f(x) = \frac{1}{2}(x + \frac{a}{x})$ einen **Fixpunkt** zu finden.

Für $x \neq 0$ gilt nämlich die Äquivalenz

$$(*) \qquad x^2 = a \leftrightarrow x = \frac{a}{x} \leftrightarrow x = \frac{1}{2}(x + \frac{a}{x}) \;.$$

---

[2]In Teil 2, Kap. 13, wird gezeigt werden: $\lim_{n\to\infty} a_n = \frac{\pi^2}{6}$.
[3]Das wurde erst 1979 von R. Apéry bewiesen.

Dieser Limes $e := \lim\limits_{n\to\infty} \sum\limits_{\nu=0}^{n} \frac{1}{\nu!}$ heißt **Eulersche Zahl**.
Der Wert berechnet sich zu $e \approx 2,71828\ldots$.

(vi) Es gilt ferner $\lim\limits_{n\to\infty} (1+\frac{1}{n})^n = e$.
Denn: Wir zeigen zunächst, dass die vorgelegte Folge monoton ist, also, dass
$(1+\frac{1}{n+1})^{n+1} \geq (1+\frac{1}{n})^{-1}$ ist.
Zu zeigen ist also $(1+\frac{1}{n+1})^{n+1}(1-\frac{1}{n+1})^{n+1} \geq 1+\frac{1}{n+1}$. Aufgrund der Bernoullischen Ungleichung (2.36 (iii)) gilt aber $(1-\frac{1}{(n+1)^2})^{n+1} \geq 1+(n+1)\frac{-1}{(n+1)^2}$.
Also ist die Folge monoton.

Leonhard Euler
(1707 - 1783)

Ein Weg zur Lösung von Fixpunktproblemen geht über **Iteration** [4] : $a_{n+1} = \frac{1}{2}(a_n + \frac{a}{a_n})$ (sog. **Heronisches Verfahren**) .

Die Folge (a_n) ist nach unten beschränkt, da $a_{n+1}^2 - a = (\frac{a_n+\frac{a}{a_n}}{2})^2 - a = \frac{1}{4}(a_n^2 - 2a + \frac{a^2}{a_n^2}) = \frac{1}{4}(a_n - \frac{a}{a_n})^2 \geq 0$ ist.
Die Folge ist auch monoton fallend, denn es ist: $a_n - a_{n+1} = a_n - \frac{a_n}{2} - \frac{a}{2a_n} = \frac{1}{2}(a_n - \frac{a}{a_n}) = \frac{1}{2a_n}(a_n^2 - a) \geq 0$. Also existiert $\lim\limits_{n\to\infty} a_n =: \sqrt{a}$ und wegen (*) ist $(\sqrt{a})^2 = a$. Dieses schnell konvergierende Verfahren wird auch in Rechnern benutzt.

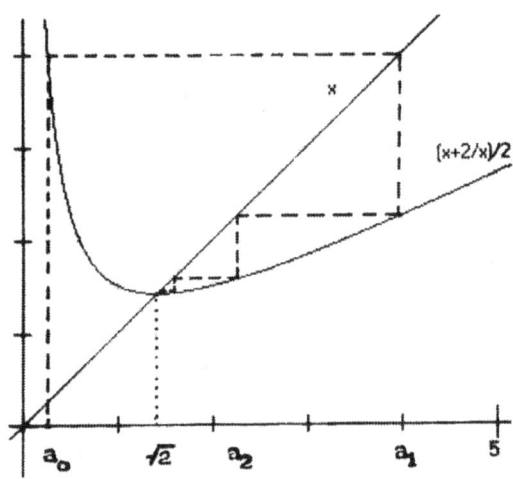

Um einen Überblick über die Konvergenzgeschwindigkeit zu erhalten, führen wir eine **Fehlerabschätzung** durch:
Der sog. **relative Fehler** beträgt $\delta_n := \frac{|a_n-\sqrt{a}|}{\sqrt{a}}$. Es ist $\delta_{n+1} = \frac{a_{n+1}-\sqrt{a}}{\sqrt{a}}$
$= \frac{a_n^2+a-2a_n\sqrt{a}}{2a_n\sqrt{a}} = \frac{(a_n-\sqrt{a})^2}{2a_n\sqrt{a}} \leq \frac{|a_n-\sqrt{a}|^2}{2\sqrt{a}^2} = \frac{1}{2}\delta_n^2$.

Wenn also der Fehler beim n-ten Schritt 10% beträgt, so ist beim $(n+1)$-ten Schritt $\delta_{n+1} \leq \frac{1}{2} \cdot (\frac{1}{10})^2 < \frac{1}{100}$, also $< 1\%$. Beim $(n+2)$-ten Schritt beträgt der Fehler dann schon weniger als $0,01\%$ usf.

„Die Anzahl der richtigen Dezimalstellen verdoppelt sich bei jedem Schritt."

---
[4] Vgl. die Passagen zum **Banachschen Fixpunktsatz** in Teil 2, Kapitel 15.

Kapitel 3. Folgen und Reihen

3.9 Definitionen : Sei (a_n) eine Folge von Elementen eines Körpers K mit Absolutbetrag.

(i) Die Folge (s_n) der n-ten **Partialsummen** $s_n := \sum_{\nu=0}^{n} a_\nu$ heißt eine **unendliche Reihe**.

(ii) Konvergiert (s_n), so nennen wir die unendliche Reihe **konvergent** und schreiben $\lim s_n =: \sum_{\nu=0}^{\infty} a_\nu$, andernfalls nennen wir sie **divergent**.

(iii) Analog wird $\sum_{\nu=k}^{\infty} a_\nu$ definiert.

(iv) Die Reihe $\sum_{\nu}^{\infty} a_\nu$ heißt **absolut konvergent**, wenn $\sum_{\nu} |a_\nu|$ konvergiert.[5]

3.10 Bemerkungen :

(i) Jede Reihe ist als Folge definiert, aber auch jede Folge lässt sich als Reihe darstellen.
   Denn: Sei (c_n) als Folge gegeben. Wir definieren eine neue Folge (a_n), deren Partialsummen gerade die Glieder von (c_n) sind:
   $a_0 := c_0, \ldots, a_n := c_n - c_{n-1}$.

(ii) Wenn $\sum a_\nu, \sum b_\nu$ konvergieren und $c, d \in K$ sind, so ist $\sum (ca_\nu + db_\nu) = c \sum a_\nu + d \sum b_\nu$.
   Denn: Das folgt unmittelbar aus 3.5 (iv).

(iii) Für Folgen nichtnegativer reeller Zahlen gilt: $\sum a_\nu$ konvergiert genau dann, wenn die Folge (s_n) der Partialsummen beschränkt ist.
   Denn: Die Aussage folgt unmittelbar aus 3.7.

(iv) Die **harmonische Reihe** $\sum_{\nu=1}^{\infty} \frac{1}{\nu}$ ist divergent.[6] (3.8 (i))

(v) Die **geometrische Reihe** $\sum_{\nu=0}^{\infty} q^\nu$ ist für $|q| < 1$ konvergent zum Wert $\frac{1}{1-q}$.[7]
   Denn: 3.8 (iv).

---

[5] Erst zu Beginn des 19. Jahrhunderts begann man, sich um einen exakten Umgang mit dem Limesbegriff zu bemühen (vgl. auch die Ausführungen von S. 1/2). Fourier gab 1811 eine zufriedenstellende Definition der Konvergenz (Analytische Theorie der Wärme), wiewohl auch er noch mit divergenten Reihen hantierte. So wie in unserem Text definierten Bernhard Bolzano 1817 und L. A. Cauchy 1821 (in Cours d'analyse) den Konvergenzbegriff. P. L. Dirichlet führte 1837 die absolute Konvergenz im Zusammenhang mit dem Problem der Umordnung von Reihen ein (Abh. Königl. Akad. d. Wiss., Berlin 1837, 45 - 81).

[6] Beweis Kardinal N. de Oresme († 1382)

[7] Beweis F. Vieta 1593. Bereits Archimedes summierte die geometrische Reihe für $q = 1/4$ (Quadratura parabolae, sec. 23).

(vi) In Cauchy-vollständigen Körpern gilt das sog. **Cauchy-Kriterium**: $\sum a_\nu$ konvergiert genau dann, wenn $\bigwedge_{\varepsilon>0} \bigvee_{N\in\mathbb{N}} \bigwedge_{m\geq n\geq N} |\sum_{\nu=n}^{m} a_\nu| < \varepsilon$ gilt.
In beliebigen Körpern ist das Kriterium nur notwendig für Konvergenz (3.5 (iii)).

(vii) Bei Konvergenzfragen von Folgen (a_n) genügt es, nur alle Glieder ab einem beliebig aber fest gewählten Index zu betrachten, also alle Glieder mit Ausnahme von endlich vielen.

(viii) Wenn $\sum a_\nu$ konvergiert, so ist $\lim a_\nu = 0$.
Denn: Die Aussage ist ein Spezialfall der Richtung $\to$ von (vi).

(ix) **Leibnizkriterium** [8] für alternierende Reihen in $\mathbb{R}$: Wenn (a_n) eine monoton fallende Folge nichtnegativer reeller Zahlen mit $\lim a_n = 0$ ist, so ist $\sum_\nu^\infty (-1)^\nu a_\nu$ konvergent.
Denn: Für die folgende Differenz der Partialsummen gilt:
$s_{2n+1} - s_{2n-1} = -a_{2n+1} + a_{2n} \geq 0$ wegen des monotonen Fallens. Also gilt $0 \leq s_1 \leq s_3 \leq \ldots$. Analog erhalten wir $a_0 = s_0 \geq s_2 \geq \ldots \geq s_{2n} \geq \ldots$. Wegen $s_{2n} - s_{2n-1} = a_{2n} \geq 0$ ist $s_{2n-1} \geq a_0$ für alle n. Somit ist (s_{2n-1}) eine monoton wachsende, nach oben beschränkte Folge, die nach 3.7 konvergiert, etwa gegen s'. Ebenso konvergiert (s_{2n}) als monoton fallende, nach unten beschränkte Folge, etwa gegen s.
Nun ist $s - s' = \lim s_{2n} - \lim s_{2n-1} = \lim(s_{2n} - s_{2n-1}) = \lim a_{2n} = 0$, also ist $s = s'$. Also existiert N so, dass für alle $n \geq N$ $|s_{2n} - s| < \varepsilon$ gilt, also $\lim s_n = s$.

(x) In Cauchy-vollständigen Körpern impliziert die absolute Konvergenz einer Reihe ihre Konvergenz.
Denn: Wegen der Dreiecksungleichung gilt $|\sum_n^m a_\nu| \leq \sum_n^m |a_\nu|$.

(xi) **Majorantenkriterium**: Sei $\sum_{\nu=0}^\infty b_\nu$ konvergent. Wenn $|a_\nu| \leq b_\nu$ für alle $\nu \geq N$, so ist $\sum_{\nu=0}^\infty a_\nu$ absolut konvergent. Wenn die Prämisse für alle ν gilt, so gilt darüber hinaus $|\sum_{\nu=0}^\infty a_\nu| \leq \sum_{\nu=0}^\infty |a_\nu| \leq \sum_{\nu=0}^\infty b_\nu$.
Denn: Die Aussage folgt aus 3.5 (v). N bedeute hier wie in (x) eine beliebige Konstante aus $\mathbb{N}$.

(xii) **Quotientenkriterium** in Körpern K mit Absolutbetrag $|\ |: K \to \overline{K}$, wobei $\overline{K}$ archimedisch sei:
Sei $a_\nu \neq 0$ für alle $\nu \geq N$. Wenn q mit $0 < q < 1$ so existiert, dass $|\frac{a_{\nu+1}}{a_\nu}| \leq q$ für alle

---
[8] In einem Brief an Joh. Bernoulli vom 25. 10. 1713

Kapitel 3. Folgen und Reihen

$\nu \geq N$ gilt, so ist $\sum a_\nu$ absolut konvergent (im Falle von ≥ 1 dagegen divergent).
Denn: Für $n \geq N$ gelte $|a_{n+1}| \leq q|a_n|$ mit $0 < q < 1$, also $|a_{N+\nu}| \leq q^\nu |a_N|$ für $\nu = 1, 2, \ldots$. Daher ist $|a_N| \sum q^\nu$ eine Majorante für $\sum_{\nu=N}^{\infty} |a_\nu|$. Also ist $\sum a_\nu$ absolut konvergent. Gilt dagegen für $n \geq N$ $|a_{n+1}| \geq |a_n| \neq 0$, so ist $|a_N| \leq |a_{N+1}| \leq \ldots$, also **nicht** $\lim a_n = 0$. Mithin ist $\sum a_\nu$ divergent.

(xiii) **Achtung:** Das Quotientenkriterium macht nicht etwa eine positive Konvergenzaussage für den Fall $|\frac{a_{\nu+1}}{a_\nu}| < 1$! Z.B. ist die harmonische Reihe divergent, aber es ist sehr wohl $|\frac{a_{\nu+1}}{a_\nu}| = \frac{\nu}{\nu+1} < 1$ für alle ν. **Achtung:** Das Quotientenkriterium ist nur hinreichend! Z.B. ist $\sum \frac{1}{\nu^2}$ konvergent (3.8 (ii)). Aber da $\frac{\nu^2}{(\nu+1)^2} \to 1$ geht, existiert kein $q < 1$ mit $|a_{n+1}| \leq q|a_n|$.

(xiv) Wir betrachten die Reihe $\sum_{\nu=0}^{\infty} \frac{z^\nu}{\nu!}$, $z \in \mathbb{C}$. Für $z = 0$ definieren wir die Summe zu 1 (das steht auch in Einklang mit dem Resultat von 3.12(ii)). Für $z \neq 0$ liefert das Quotientenkriterium $|\frac{a_{\nu+1}}{a_\nu}| = \frac{|z|^{\nu+1} \nu!}{(\nu+1)! |z|^\nu} = \frac{|z|}{\nu+1}$. Also gilt für $\nu + 1 > 2|z|$ $|\frac{a_{\nu+1}}{a_\nu}| \leq q = \frac{1}{2} < 1$. Mithin ist die vorgelegte Reihe absolut konvergent.

Die Reihe definiert also auf $\mathbb{C}$ eine Funktion $\exp z$, die sogenannte **Exponentialfunktion**.

Wir wissen nach dem Leibnizkriterium, dass die Reihe $\sum_{\nu=1}^{\infty} (-1)^{\nu+1} \frac{1}{\nu}$ konvergiert.
Sei $s \in \mathbb{R}$ der Limes dieser Reihe.
Wegen $s = 1 \underbrace{- \frac{1}{2} + \frac{1}{3}}_{>0} \underbrace{- \frac{1}{4} + \frac{1}{5}}_{>0} \underbrace{- \frac{1}{6}}_{>0} \ldots$ ist $s > 0$.
Nun bilden wir die Summe der folgenden beiden Gleichungen

$$s = 1 - \tfrac{1}{2} + \tfrac{1}{3} - \tfrac{1}{4} + \tfrac{1}{5} - \tfrac{1}{6} + \tfrac{1}{7} - \tfrac{1}{8} +- \ldots ,$$
$$\tfrac{1}{2} s = \tfrac{1}{2} \phantom{+ \tfrac{1}{3}} - \tfrac{1}{4} \phantom{+ \tfrac{1}{5}} + \tfrac{1}{6} \phantom{+ \tfrac{1}{7}} - \tfrac{1}{8} +- \ldots ,$$
also
$$\tfrac{3}{2} s = 1 \phantom{- \tfrac{1}{2}} + \tfrac{1}{3} - \tfrac{1}{2} + \tfrac{1}{5} \phantom{- \tfrac{1}{6}} + \tfrac{1}{7} - \tfrac{1}{4} +- \ldots .$$

Die rechte Seite der letzten Gleichung ist aber „nur" eine Umordnung der ursprünglichen Reihe (die Reihenfolge der Summation ist verändert). Die Annahme, ein Umordnen einer konvergenten Reihe würde den Reihenwert nicht ändern, ergäbe in diesem Fall $\frac{3}{2} s = s$, also $s = 0$, und damit einen Widerspruch! (Also **keine** Kommutativität der Addition bei unendlich vielen Summanden!)
Der folgende Satz zeigt, dass das Umordnen einer Reihe bei Vorliegen absoluter Konvergenz jedoch zulässig ist:

3.11 Satz (Umordnungssatz und Großes Distributivgesetz) : Es seien $\sum_{\nu=1}^{\infty} a_\nu = s$ und $\sum_{\nu=1}^{\infty} b_\nu = t$ absolut konvergent. Dann liefern die a_ν (bzw. die b_ν) dieselbe Summe, wenn sie in anderer Reihenfolge summiert werden. Man sagt: Die Reihe $\sum a_\nu$ kann **umgeordnet** werden, oder: die Folge (a_ν) (bzw. (b_ν)) ist **summierbar** mit der Summe s (bzw. t). Die Familie $\{a_\nu b_\mu\}_{(\nu,\mu) \in \mathbb{N} \times \mathbb{N}}$ ist dann ebenfalls summierbar. Insbesondere ist das **Cauchy-Produkt** $\sum_{\lambda=1}^{\infty} c_\lambda$ mit $c_\lambda := \sum_{\mu=1}^{\lambda} a_{\lambda-\mu} b_\mu$ absolut konvergent und hat die Summe st.

Beweis: Bei Königsberger, Analysis I, pp. 66 - 70.

3.12 Eigenschaften der Exponentialfunktion :

(i) Es ist $\exp(a)\exp(b) = \exp(a+b)$ für alle $a, b \in \mathbb{C}$.
   Denn: $\left(\sum_{\nu=0}^{\infty} \frac{a^\nu}{\nu!}\right)\left(\sum_{\mu=0}^{\infty} \frac{b^\mu}{\mu!}\right) = \sum_{\lambda=0}^{\infty} \sum_{\kappa=0}^{\lambda} \frac{a^{\lambda-\kappa}}{(\lambda-\kappa)!} \frac{b^\kappa}{\kappa!} = \sum_{\lambda=0}^{\infty} \frac{(a+b)^\lambda}{\lambda!}$

(ii) $\exp(0) = 1$
   Denn: $\exp(z)\exp(0) = \exp(z)$ impliziert die Behauptung.

(iii) $\exp(-z) = (\exp(z))^{-1}$
   Denn: Es gilt $\exp(z)\exp(-z) = \exp(0) = 1$.

(iv) $\exp(x) > 0$ für alle $x \in \mathbb{R}$
   Denn: Für $x \geq 0$ gilt $\exp x = 1 + x + \frac{x^2}{2!} + \ldots \geq 1 > 0$. Für $x < 0$ ist $\exp(-x) = \exp(x)^{-1} > 0$.

(v) Für alle $n \in \mathbb{N}$ gilt $\exp n = e^n$.
   Denn: Nach Definition von e gilt $\exp 1 = e$ und der Rest der Behauptung folgt durch vollständige Induktion.

(vi) Es gilt $\exp a = e^a$ für alle $a \in \mathbb{Z}$
   Denn: Die Aussage folgt aus (iii) und (v)

(vii) Wir setzen nach $\mathbb{Q}$ fort: Da $(\exp \frac{1}{n})^n = \exp(\frac{1}{n} + \ldots + \frac{1}{n})$ (mit n Summanden in der Klammer) $= \exp 1 = e$ ist, existiert $\sqrt[n]{e} \in \mathbb{R}$, und es ist $\exp \frac{1}{n} = e^{\frac{1}{n}}$. Daraus folgt $\exp q = e^q$ für alle $q \in \mathbb{Q}$.

3.13 Definition : Seien K ein angeordneter Körper und $a, b \in K$.

(i) $[a, b] := \{x \in K : a \leq x \leq b\}$ heißt ein **abgeschlossenes Intervall** in K.

(ii) $]a, b[:= \{x \in K : a < x < b\}$ heißt ein **offenes Intervall** in K.

(iii) $]a, b] := \{x \in K : a < x \leq b\}$ bzw. $[a, b[:= \{x \in K : a \leq x < b\}$ heißt **halboffenes Intervall** in K.

Kapitel 3. Folgen und Reihen

3.14 Satz : (ohne Beweis) Sei K ein Körper. Dann sind folgende Aussagen äquivalent:

(i) K ist angeordnet und vollständig (Eigenschaft von 3.3).

(ii) K ist archimedisch angeordnet und Cauchy-vollständig.

(iii) Jede beschränkte monotone K-Folge konvergiert in K (Eigenschaft von 3.7).

(iv) K ist archimedisch angeordnet und jede geschachtelte Folge abgeschlossener Intervalle von K hat einen nichtleeren Durchschnitt (sog. **Axiom der Intervallschachtelung**).

3.15 Bemerkungen :

(i) Der vorige Satz kennzeichnet abstrakt den Körper der reellen Zahlen.

(ii) Eine Folge geschachtelter, gegen Länge 0 gehender Intervalle definiert genau einen Punkt von $\mathbb{R}$.

3.16 Die b-adische Entwicklung reeller Zahlen zur Basis b :
Sei $b \in \mathbb{N}, b \geq 2$.

I Für ein $n \in \mathbb{N}$ liefert der Divisionsalgorithmus

$n = q_0 = q_1 b + r_0 \qquad 0 \leq r_0 < b \qquad\qquad r_0$: kleinster Rest mod b
$q_1 = q_2 b + r_1 \qquad 0 \leq r_1 < b \qquad\qquad r_1$: kleinster Rest mod b^2
...
$q_{k-1} = q_k b + r_{k-1} \qquad 0 \leq r_{k-1} < b \qquad\qquad r_{k-1}$: kleinster Rest mod b^k
$q_k = 0 \cdot b + r_k \qquad 0 \leq r_k < b$

Einsetzen von unten nach oben liefert:

$$n = r_k b^k + r_{k-1} b^{k-1} + \ldots + r_0 \quad .$$

Wir schreiben $n = (\; r_k \quad r_{k-1} \quad \ldots \quad r_0 \;)_b$ und nennen das die **b-adische Darstellung** oder die **b-al-Entwicklung** von n.

Zur Berechnung von $n = \sum_{\nu=0}^{k} r_\nu b^\nu$ benutzen wir das sog. **Horner-Schema**: Von $\nu = k$ bis $\nu = 1$ berechnen wir

$$q_{\nu-1} = q_\nu b + r_{\nu-1} \quad ,$$

startend mit $q_k = r_k$.
Das Horner-Schema benötigt k Additionen und k Multiplikationen.
Das ist günstiger als unorganisiertes Ausrechnen der Summe. Sonst benötigt man nämlich k Additionen und $1 + 2 + \ldots + k = \frac{k(k+1)}{2}$ Multiplikationen. Das Horner-Schema sollte auch für die effiziente Berechnung von exp(x) eingesetzt werden (numerische Ermittlung durch Abbruch der Reihe nach dem k-ten Glied).

II Entwicklung eines $r \in [0,1[$ $(r \in \mathbb{R})$.

Idee: Teile $[0,1[$ in b gleiche Teile. Nun wähle den Teil, der r enthält. Teile dieses Intervall wiederum in b gleiche Teile etc. So entsteht eine Intervallschachtelung:
$$[0,1[= \bigcup_{i=0}^{b-1} [0 + \frac{i}{b}, 0 + \frac{i+1}{b}[$$
Wenn $r \in [0 + \frac{k_1}{b}, 0 + \frac{k_1+1}{b}[$, setze $r_{-1} := k_1$ (1. Nachkommastelle der b-adischen Entwicklung) und bilde die Partition
$$[0 + \frac{r_{-1}}{b}, 0 + \frac{r_{-1}+1}{b}[= \bigcup_{i=0}^{b-1} [\frac{r_{-1}}{b} + \frac{i}{b^2}, \frac{r_{-1}}{b} + \frac{i+1}{b^2}[\;.$$
Wenn $r \in [\frac{r_{-1}}{b} + \frac{k_2}{b^2}, \frac{r_{-1}}{b} + \frac{k_2+1}{b^2}[$, setze $r_{-2} := k_2$ usw.
$[\frac{r_{-1}}{b}, \frac{r_{-1}+1}{b}[, [\frac{r_{-1}}{b} + \frac{r_{-2}}{b^2}, \frac{r_{-1}}{b} + \frac{r_{-2}+1}{b^2}[, \ldots$ liefert die Intervallschachtelung. Die Länge der Intervalle geht gegen 0. Also $r = \frac{r_{-1}}{b} + \frac{r_{-2}}{b^2} + \ldots = \left(. \; r_{-1} \; r_{-2} \; \ldots \right)_b$ (b-adische Darstellung).

III Mit I und II hat man also die Entwicklung für alle $r \in \mathbb{R}$: r = ganze Zahl + Element aus $[0,1[$.

Achtung: Die b-adische Darstellung ist **nicht** eindeutig.
Z.B. $(.099\ldots)_{10} = (.100\ldots)_{10}$, $(.011\ldots)_2 = (.100\ldots)_2$.

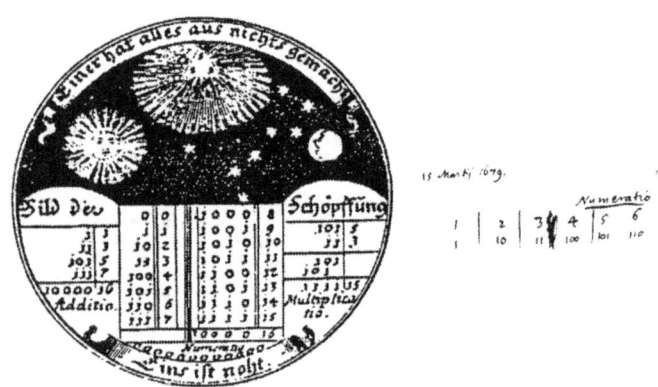 

[9]

---

[9]Gottfried Wilhelm Leibniz schuf mit unübertrefflicher Intuition seit 1679 durch Entwicklung der binären Arithmetik, eines logischen Kalküls sowie von Entwürfen für eine Rechenmaschine die Grundlagen, auf denen unsere heutigen Rechner basieren. Seine Überzeugung, dass im Binärsystem fundamentale Eigenschaften der Welt zum Ausdruck kommen, illustrierte er durch Zuordnung der Ziffer 1 zur «allmächtigen Eins», Gott, und der Ziffer 0 zum Nichts, zur «leeren Tiefe und Finsternis»: "Einer hat alles aus nichts gemacht". Einem am 2. 1. 1697 in Wolfenbüttel an den Herzog Rudolf August geschriebenen Neujahrsbrief fügte er den oben abgebildeten Medaillenentwurf bei, in welchem in seinen Augen der mathematische Beweis für die Erschaffung und Ordnung der Welt zum Ausdruck kommt. Leibniz verweist auch auf den Gebrauch einer durchgezogenen und einer unterbrochenen Linie für Ja bzw. Nein bei den Chinesen. In dem über 3000 Jahre alten konfuzianischen Klassiker I Ging, "Buch der Wandlungen", sind die 8 daraus bildbaren Trigramme und die 64 Hexagramme diskutiert.Trigramme und die Yin und Yang darstellende Kreisteilung finden sich auch auf der rechts abgebildeten koreanischen Fahne.

Kapitel 4

Vektorräume

4.1 Definitionen : Sei K ein Körper und V eine additiv geschriebene abelsche Gruppe mit einer Multiplikation $K \times V \to V$, die also jedem Paar (λ, x) mit $\lambda \in K$ und $x \in V$ eindeutig ein Element $\lambda x \in V$ zuordnet. V heißt ein **Vektorraum** (oder **linearer Raum**) über K, wenn darüber hinaus gelten:

(i) $\lambda(\mu x) = (\lambda \mu) x$,

(ii) $\lambda(x + y) = \lambda x + \lambda y$,

(iii) $(\lambda + \mu) x = \lambda x + \mu x$,

(iv) $1 x = x$ \hfill für alle $\lambda, \mu \in K$ und für alle $x, y \in V$.

Die Elemente von V heißen **Vektoren**, die von K **Skalare**. Das neutrale Element der Gruppe $(V, +)$ heißt der **Nullvektor**. Die beiden Operationen des Vektorraumes, nämlich die Addition und Multiplikation mit einem Skalar, heißen die **linearen Operationen**. $U \subset V$ heißt ein **Untervektorraum** oder **linearer Teilraum** von V, geschrieben $U < V$, wenn U bezüglich der von V induzierten Struktur wieder ein K-Vektorraum ist.

4.2 Bemerkungen :

(i) Die Addition in K und V werden mit dem gleichen Zeichen $+$ geschrieben. Wir schreiben für $(\lambda x) + y$ einfacher $\lambda x + y$.

> **Slogan:** Punktrechnung geht vor Strichrechnung.

(ii) Wenn K ein Körper ist, so ist $V := K$ ein K-Vektorraum. Wenn K_1 ein Teilkörper des Körpers K_2 ist, so ist K_2 ein K_1-Vektorraum. Z.B. ist $\mathbb{C}$ ein $\mathbb{R}$-Vektorraum.

(iii) Das n-fache Cartesische Produkt $V := K^n$ eines Körpers K wird ein K-Vektorraum, wenn Addition und Multiplikation mit einem Skalar komponentenweise über die Operationen von K definiert werden.

(iv) Ein Rechteckschema $(\alpha_{ij}) := \begin{bmatrix} \alpha_{11} & \alpha_{12} & \ldots & \alpha_{1n} \\ \alpha_{21} & \alpha_{22} & \ldots & \alpha_{2n} \\ \alpha_{m1} & \alpha_{m2} & \ldots & \alpha_{mn} \end{bmatrix}$ mit $\alpha_{ij} \in K$ für alle $i = 1, \ldots, m$ und für alle $j = 1, \ldots, n$ heißt eine $m \times n$-**Matrix** mit **Einträgen** (**Koeffizienten**) aus K. Die Menge $M_{m,n}(K)$ aller $m \times n$-Matrizen über K wird vermittels $(\alpha_{ij}) + (\beta_{ij}) := (\alpha_{ij} + \beta_{ij})$ und $\lambda(\alpha_{ij}) := (\lambda \alpha_{ij})$ ein K-Vektorraum.

(v) Sei K ein Körper und sei M eine Menge. $K^M := \{f | f : M \to K\}$ wird ein K-Vektorraum, wenn die linearen Operationen folgendermaßen definiert werden: $(f + g)(m) := f(m) + g(m)$ sowie $(\lambda f)(m) := \lambda f(m)$ für alle $f, g \in K^M$, für alle $\lambda \in K$ und für alle $m \in M$. Der Spezialfall $M = \{1, 2, \ldots, n\}$ liefert das Cartesische Produkt K^n von (iii). Der Spezialfall $M = \mathbb{N}$ liefert den Vektorraum der Folgen mit Elementen aus K.

(vi) Für alle $\lambda \in K$ und $x \in V$ gelten:
$$\lambda \vec{0} = \vec{0}, \quad 0x = \vec{0}, \quad (\lambda x = \vec{0} \to \lambda = 0 \vee x = \vec{0}) \quad .$$

Denn: Da $\lambda \vec{0} = \lambda(\vec{0} + \vec{0}) = \lambda \vec{0} + \lambda \vec{0}$ gilt, ist $\lambda \vec{0} = \vec{0}$. Analog wird $0x = \vec{0}$ bewiesen. Für $\lambda x = \vec{0}$ und $\lambda \neq 0$ gilt $x = 1x = \lambda^{-1} \lambda x = \lambda^{-1} \vec{0} = \vec{0}$.

(vii) Im K-Vektorraum V gelten: $(-1)x = -x$, $(-\lambda)x = -\lambda x = \lambda(-x)$ für alle $\lambda \in K$ und für alle $x \in V$.
Denn: Da $\vec{0} = (1-1)x = 1x + (-1)x = x + (-1)x$ gilt, ist nach 2.2 (iii) $(-1)x = -x$.

(viii) Es seien V ein K-Vektorraum und $\emptyset \neq U \subset V$. Dann gilt: $U < V$ genau dann, wenn U bezüglich der linearen Operationen von V abgeschlossen ist.
Denn: Nicht unmittelbar klar ist höchstens die wenn-Richtung. Sei also $U \neq \emptyset$ abgeschlossen bezüglich der Addition und der Skalar-Multiplikation von V. Sei $u \in U$. Dann ist $0u = \vec{0} \in U$ und $(-1)u = -u \in U$, also ist U eine additive Untergruppe von V. Das Erfülltsein der übrigen Vektorraumaxiome „erbt" U von V.

(ix) Der Durchschnitt von Unterräumen eines K-Vektorraumes ist wieder ein K-Vektorraum. In jedem Vektorraum ist $\{0\}$ der kleinste Unterraum, nämlich der Durchschnitt aller linearen Teilräume.

Die Lineare und Multilineare Algebra – sogar etwa in der Art, wie wir sie heute darstellen – wurden nahezu im Alleingang von **einem** Mann geschaffen, von Hermann Günther Grassmann (1809–1877). Grassmann war Gymnasiallehrer in Stettin. Zeit seines Lebens blieb ihm die Anerkennung seiner mathematischen Arbeit verwehrt. Fast 100 Jahre dauerte es, bevor seine Leistung von der Fachwelt voll gewürdigt werden konnte.

In seiner „Ausdehnungslehre" führte Grassmann 1844, also noch bevor das Galoissche Werk durch Liouville veröffentlicht wurde, den abstrakten Gruppen-, Ring- und Vektorraumbegriff ein.[1]

---

[1] Allerdings verwandte Grassmann nicht unsere heutigen Bezeichnungen. Abstrakte Gruppe und Ring fasste er unter der Bezeichnung „allgemeine Formenlehre" zusammen (§§1-12). Vektoren heißen bei ihm "Ausdehnungsgrößen". Vektorräume heißen „Gebiete"oder „Systeme".

Kapitel 4. Vektorräume

Grassmanns Leistung ist umso höher einzuschätzen, als die Sprache der Mengenlehre noch nicht zur Verfügung stand und seine berühmten Zeitgenossen Hamilton und Cayley allenfalls mit n-Tupeln reeller Zahlen arbeiteten.

Auch die erste Verwendung von Vektoren in der euklidischen Ebene oder im 3-dimensionalen euklidischen Raum durch Möbius (1827), Gauß (1831) und Bellavitis (1832), die aus der Unzufriedenheit über die zunehmende Kompliziertheit der Koordinatenmethode herrührte, war Grassmann bei Abfassung der Ausdehnungslehre wahrscheinlich unbekannt.[2]

Bei Grassmann sind das konsequent strukturelle Denken und das streng formalistische Vorgehen, die Grundbegriffe implizit durch Festlegung der Beziehungen zwischen ihnen zu definieren, wie es sich erst mit David Hilbert (1862–1943) ab der Jahrhundertwende durchsetzte, bereits voll entwickelt.[3]

Es wird Ihnen aufgefallen sein, dass wir bisher diejenigen „Vektoren", die Ihnen im Physik-Unterricht des Gymnasiums in Gestalt von Pfeilen – z.B. im Parallelogramm der Kräfte – begegnet sind, noch gar nicht erwähnt haben. Das liegt an einer methodischen Schwierigkeit: Wir können den 3-dimensionalen euklidischen Raum noch nicht exakt definieren, da wir noch keinen Längenbegriff haben. Dennoch sind diese „Vektoren" zur anschaulichen Unterstützung der Theorie der Vektorräume sehr wichtig. Wir

---

[2] Siehe auch J. Dieudonne. The Tragedy of Grassmann, Lin. and Mult. Algebra 8 (1979), pp. 1-14 sowie D. Fearnley-Sander, Hermann Grassmann and the Creation of Linear Algebra, Amer. Math. Monthly 86 (1979), 809-817.

[3] „Der rein wissenschaftliche Weg ... ist, dass wir ... von den Begriffen aus, welche dieser Wissenschaft zugrundeliegen, alles Einzelne entwickeln. Indem ich bei der Ableitung der Wahrheiten, welche den Inhalt dieser Wissenschaft (erg.: der Ausdehnungslehre) bilden, jedesmal den abstrakten Begriff zugrundlege, ohne mich dabei auf irgendeine in der Geometrie bewiesene Wahrheit zu stützen, so erhalte ich die Wissenschaft ihrem Inhalte nach gänzlich rein und unabhängig von der Geometrie." Grassmann. Die lineale Ausdehnungslehre. Leipzig 1844, §13.

stellen uns daher einfach auf den Standpunkt, der 3-dimensionale euklidische Raum E^3 sei gegeben.

Dann definieren wir einen Vektor im E^3 als die Menge aller zu einem festen orientierten Punktepaar (:↔ Pfeil) des E^3 parallelen Pfeile gleicher Länge. Ein Vektor ist also jeweils eine Äquivalenzklasse von Pfeilen.
Wir definieren die Addition zweier Klassen über die Addition zweier geeigneter Repräsentanten so, wie wir sie vom Parallelogramm der Kräfte her kennen (siehe nebenstehende Abbildung). Der Nullvektor wird durch ein zusammenfallendes Punktepaar ($P = Q$) repräsentiert. Für $0 < \lambda \in \mathbb{R}$ und einen Vektor a sei λa die Klasse der Pfeile mit Richtung von a und der λ-fachen Länge wie die der Pfeile von a. $-a$ sei durch die Pfeile gleicher Länge aber entgegengesetzter Richtung wie a repräsentiert.

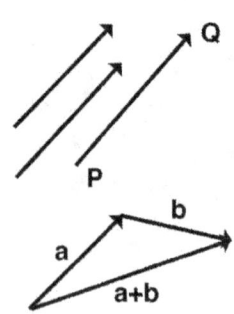

Dieses geometrische Modell kann rechnerisch als $\mathbb{R}^3$ (oder, wenn wir in der Ebene bleiben, sogar als $\mathbb{R}^2$) behandelt werden, indem ein Cartesisches Koordinatensystem eingeführt wird. In der Technik werden diese Vektoren oft **freie Vektoren** genannt, da sie ja „frei" parallel-verschoben werden können. Ein Vektor ist doch eine Klasse zueinander paralleler Vektoren. (Begriffsbildung im Kontrast z.B. zu sog. **linienflüchtigen Vektoren**, die nur längs einer Geraden verschoben werden dürfen!).

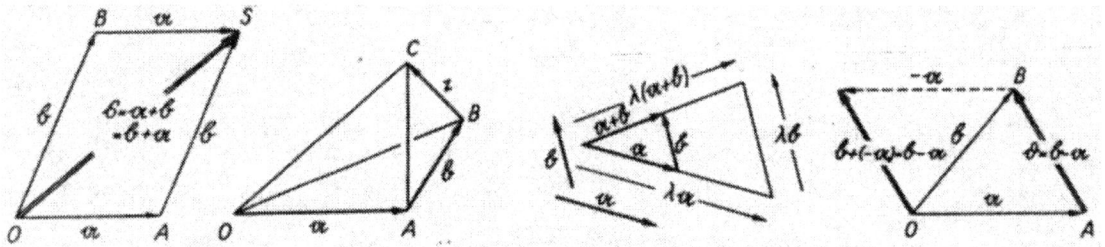

Veranschaulichung der Kommutativität und Assoziativität der Addition sowie der Distributivität und der Subtraktion im euklidischen Vektorraum

4.3 Definitionen : Es seien V ein K-Vektorraum und $\emptyset \neq M \subset V$. Der Durchschnitt aller M enthaltender Unterräume von V heißt die **lineare Hülle** (oder das **lineare Erzeugnis**) von M oder der von M **erzeugte** (**aufgespannte**) Unterraum, geschrieben $\langle M \rangle$. M heißt dann ein **Erzeugendensystem** für $\langle M \rangle$. $\emptyset$ ist Erzeugendensystem für $V = \{0\}$.

Es seien $\lambda_1, \lambda_2, \ldots, \lambda_n \in K$ und $x_1, x_2, \ldots, x_n \in V$. Ein Ausdruck der Gestalt $\sum_{i=1}^{n} \lambda_i x_i = \lambda_1 x_1 + \lambda_2 x_2 + \ldots + \lambda_n x_n$ heißt eine **Linearkombination** der Vektoren $x_1, x_2, \ldots, x_n$. Unter einer Linearkombination einer Menge M mit $\emptyset \neq M \subset V$ wird eine Linearkombination aus endlich vielen Vektoren von M verstanden.

Kapitel 4. Vektorräume

Sei $\mathcal{U}$ eine Menge von Unterräumen von V. $\sum_{U \in \mathcal{U}} U := \langle \bigcup_{U \in \mathcal{U}} U \rangle$ heißt die **Summe** der Unterräume von $\mathcal{U}$.

4.4 Bemerkungen :

(i) $\langle M \rangle$ ist der kleinste M enthaltende Unterraum von V.

(ii) $\langle M \rangle$ ist die Menge der Linearkombinationen, die aus Vektoren von M gebildet werden können.
Denn: Das ist klar wegen 4.2 (viii).

(iii) $\sum_{U \in \mathcal{U}} U$ besteht aus genau den Vektoren, die sich als endliche Summe von Vektoren aus paarweise verschiedenen Elementen von $\mathcal{U}$ darstellen lassen.

4.5 Definitionen :

(i) $\sum_{i=1}^{n} 0 x_i = 0$ heißt eine **triviale Darstellung der Null**.[4]

(ii) $\sum_{i=1}^{n} \lambda_i x_i = 0$ heißt eine **nichttriviale Darstellung der Null**, wenn nicht alle λ_i gleich Null sind und $x_1, x_2, \ldots, x_n$ paarweise verschieden sind.

(iii) Die Elemente $x_1, x_2, \ldots, x_n$ eines K-Vektorraumes V heißen **linear unabhängig**, wenn die Null durch sie nur trivial darstellbar ist, andernfalls **linear abhängig**.

(iv) Sei $M \subset V$. M heißt **linear unabhängig**, wenn je endlich viele Vektoren aus M linear unabhängig sind, und andernfalls **linear abhängig**.

(v) Ein linear unabhängiges Erzeugendensystem von V heißt eine **Basis** von V.

Übung: Machen Sie sich am oben eingeführten Beispiel des E^2 anschaulich klar, dass dort je drei Pfeilklassen stets linear abhängig sind, aber zwei (nichttriviale) Pfeilklassen verschiedener Richtung eine Basis bilden.

4.6 Bemerkungen :

(i) Wenn M linear unabhängig ist, so gilt für $N \subset M$: N ist linear unabhängig.

(ii) Wenn M linear abhängig ist, so gilt für $N \supset M$: N ist linear abhängig.

(iii) Wenn M Teilmenge eines Vektorraumes und wenn $\vec{0} \in M$ ist, so ist M linear abhängig.

---

[4]Genauer: des Nullvektors $\vec{0}$. Aber von nun an werden wir statt $\vec{0}$ meist salopper 0 schreiben. Gedanklich müssen die Zahl 0 und der Vektor $\vec{0}$ natürlich unterschieden werden.

(iv) Sei V K-Vektorraum und sei $x \in V$. Dann gilt: $\{x\}$ linear unabhängig $\leftrightarrow x \neq 0$.

(v) Sei $|M| \geq 2$. Dann ist M genau dann linear abhängig, wenn es paarweise verschiedene $y, x_1, x_2, \ldots, x_n \in M$ gibt mit $y = \sum_{i=1}^{n} \lambda_i x_i (n \geq 1, \lambda_i \in K)$.

(vi) $\emptyset$ ist Basis von $\{0\}$.

(vii) $\{e_1 := (1, 0, \ldots, 0), e_2 := (0, 1, 0, \ldots, 0), \ldots, e_n := (0, 0, \ldots, 0, 1)\}$ ist eine Basis von K^n, die sog. **kanonische Basis** oder **Standardbasis**. $e_1, e_2, \ldots, e_n$ heißen die **Standardbasisvektoren**.
Denn: $\sum_{i=1}^{n} \lambda_i e_i = \sum_{i=1}^{n} (0, \ldots, 0, \lambda_i, 0, \ldots, 0) = (\lambda_1, \ldots, \lambda_i, \ldots, \lambda_n)$ ist genau dann gleich 0, wenn alle λ_i verschwinden. Also ist $\{e_1, e_2, \ldots, e_n\}$ linear unabhängig. Die Gleichung zeigt auch, dass die Menge ein Erzeugendensystem für K^n ist.

(viii) $\{1, X, X^2, \ldots\}$ ist eine Basis des K-Vektorraums $K[X]$.

Der folgende Satz gibt nützliche äquivalente Kennzeichnungen des Begriffs „Basis":

4.7 Satz : Sei $V \neq \{0\}$ K-Vektorraum und sei $M \subset V$. Folgende Aussagen sind äquivalent:

(i) M ist Basis von V.

(ii) M ist maximale linear unabhängige Teilmenge von V.

(iii) Jedes $v \in V \setminus \{0\}$ läßt sich eindeutig als Linearkombination von paarweise verschiedenen Elementen aus M darstellen: $v = \sum_{i=1}^{n} \lambda_i m_i$ ($\lambda_i \in K$, $m_i \in M$).

(iv) M ist minimales Erzeugendensystem von V.

Beweis: Der Beweis erfolgt durch einen sogenannten „Ringschluß". Wir zeigen nämlich (i) $\longrightarrow$ (ii), (ii) $\longrightarrow$ (iii), (iii) $\longrightarrow$ (iv) und (iv) $\longrightarrow$ (i).
Sei also (i) vorausgesetzt, und sei $v \in V \setminus M$. Dann ist $v = \sum_{i=1}^{n} \lambda_i m_i$ mit paarweise verschiedenen $m_1, m_2, \ldots, m_n$. Also ist $M \cup \{v\}$ linear abhängig.
Sei (ii) vorausgesetzt. Zunächst läßt sich jedes $v \in M$ als Linearkombination von Elementen aus M darstellen (nämlich als $v = 1v$). Das gilt aber auch für jedes $v \in V \setminus M$; denn, da $M \cup \{v\}$ nach Voraussetzung linear abhängig ist, gibt es eine nichttriviale Darstellung der Null: $0 = \lambda v + \sum_{i=1}^{n} \lambda_i m_i$ mit $m_i \in M$ und $\lambda \neq 0$. Also $v = \sum_{i=1}^{n} -(\lambda^{-1} \lambda_i) m_i$. Wenn v zwei Darstellungen $\sum_{m_i \in M} \lambda_i m_i = \sum_{m_i \in M} \lambda_i^* m_i$ (fast alle λ_i bzw. λ_i^* gleich 0) hätte, dann wäre $\sum (\lambda_i - \lambda_i^*) m_i = 0$, und wegen der linearen Unabhängigkeit wäre $\lambda_i = \lambda_i^*$ für alle i.
Wenn (iii) vorausgesetzt ist, so ist $V = \langle M \rangle$. Angenommen, es gäbe $m \in M$ mit

Kapitel 4. Vektorräume

$V = \langle M \setminus \{m\}\rangle$, so wäre $m = 1m = \sum \lambda_i m_i$ mit $m_i \in M \setminus \{m\}$. Also hätte m zwei verschiedene Darstellungen als Linearkombination der Elemente von M.

Sei schließlich (iv) vorausgesetzt. Unter der Annahme der linearen Abhängigkeit von M existierte eine Darstellung $0 = \sum_{i=0}^{n} \lambda_i m_i$ mit $m_i \in M$ und etwa $\lambda_0 \neq 0$. Mithin wäre $m_0 = \sum_{i=1}^{n} -(\lambda_0^{-1}\lambda_i)m_i$, also $V = \langle M \setminus \{m_0\}\rangle$ im Widerspruch zur Minimalität von M. □

Vektorräume, die ein endliches Erzeugendensystem besitzen, besitzen natürlich auch eine Basis. "Verkleinere "das Erzeugendensystem so lange, bis ein minimales Erzeugendensystem entstanden ist. Letzteres ist nach 4.7(iv) eine Basis. Wenn kein endliches Erzeugendensystem existiert, kann man die Existenz einer Basis mit Hilfe des Auswahlaxioms beweisen:

4.8 Satz : Sei V ein K-Vektorraum, und sei M eine linear unabhängige Teilmenge von V. Dann existiert eine Basis B von V mit $M \subset B$. Also besitzt jeder Vektorraum $V \neq \{0\}$ eine Basis.

Beweis: Sei $\mathcal{M} := \{X : M \subset X \subset V \wedge X \text{linear unabhängig}\}$. $\mathcal{M}$ ist durch $\subset$ geordnet. Wir zeigen, dass jede Kette K aus $\mathcal{M}$ eine obere Schranke in $\mathcal{M}$ besitzt. Nehmen wir nämlich $S := \bigcup_{X \in K} X$, so gilt zunächst $M \subset S \subset V$. Die Annahme der linearen Abhängigkeit von $s_1, \ldots, s_n \in S$ führt zum Widerspruch; denn jedes s_i liegt in einer Menge X_i der Kette K. Da K eine Kette ist, existiert unter den $X_1, \ldots, X_n$ eines, etwa X', das alle Elemente $s_1, \ldots, s_n$ enthält. Da aber X' linear unabhängig ist, sind $s_1, \ldots, s_n$ linear unabhängig. Also ist S linear unabhängig, und somit gilt $S \in \mathcal{M}$. Nach dem Zornschen Lemma (2.37) folgt also auf $M \in \mathcal{M}$ ein maximales Element, das ist eine maximal linear unabhängige Menge, also eine Basis, die M enthält. □

4.9 Satz (Austauschsatz) : Sei V ein K-Vektorraum mit endlichem Erzeugendensystem $\{u_1, \ldots, u_n\}$ und sei M eine linear unabhängige Menge in V. Dann ist $M = \{v_1, \ldots, v_m\}$ mit $m \leq n$, und bei geeigneter Wahl der Indizes der u_i ist auch $\{v_1, \ldots, v_m, u_{m+1}, \ldots, u_n\}$ ein Erzeugendensystem von V.

Der Satz heißt Austauschsatz, weil m geeignete Elemente von $\{u_1, \ldots, u_n\}$ gegen $v_1, \ldots, v_m$ ausgetauscht werden können, ohne die Eigenschaft, Erzeugendensystem zu sein zu zerstören.[5] Wir illustrieren den Satz noch einmal:

---

[5] Der Austauschsatz wird oft nach E. Steinitz benannt, weil er in dessen Arbeit „Bedingt konvergente Reihen und konvexe Systeme", J. reine und angew. Math. 143 (1913), 128-175, vorkommt. Jedoch steht der Satz bereits auf S. 10 der Grassmannschen Ausdehnungslehre von 1862. Grassmann hatte nach dem Ausbleiben einer Resonanz auf seine „lineale Ausdehnungslehre" von 1844 im Jahre 1862 einen zweiten Anlauf genommen. Auf eigene Kosten veröffentlichte er eine neue Ausdehnungslehre, in der er davon absieht, Vektorraum und äußere Algebra intrinsisch zu definieren. Er definiert den Vektorraum nun als die Menge der Linearkombinationen von n „ursprünglichen Einheiten" $e_1, \ldots, e_n$, „welche in keiner Zahlbeziehung zueinander stehen". Aber auch dieser Ausdehnungslehre war keine bessere Aufnahme beschieden als der ersten.

Nach evtl. Umnumerieren haben wir:
$$V = \langle \underbrace{u_1, \ldots, u_m}_{v_1, \ldots, v_m \text{linear unabhängig}}, u_{m+1}, \ldots, u_n \rangle \longrightarrow V = \langle v_1, \ldots, v_m, u_{m+1}, \ldots, u_n \rangle.$$

Beweis des Austauschsatzes: Seien $v_1, \ldots, v_m$ linear unabhängig in V. Wir führen den Beweis durch vollständige Induktion nach m. Für $m = 1$ ist $v_1 \neq 0$, also ist $v_1 = \sum_{i=1}^{n} \lambda_i u_i$ und bei geeigneter Numerierung $\lambda_1 \neq 0$. Mithin ist $u_1 = \sum -\lambda_1^{-1} \lambda_i u_i + \lambda_1^{-1} v_1$, und somit $V = \langle v_1, u_2, \ldots, u_n \rangle$.
Sei bereits $V = \langle v_1, \ldots, v_{m-1}, u_m, \ldots, u_n \rangle$ gezeigt.
Dann ist $v_m = \sum_{i=1}^{m-1} \lambda_i v_i + \sum_{i=m}^{n} \mu_i u_i$. Wegen der linearen Unabhängigkeit von $v_1, \ldots, v_m$ verschwinden nicht alle μ_i, also etwa $\mu_m \neq 0$. Daher ist
$$u_m = \sum_{i=1}^{m-1} -\mu_m^{-1} \lambda_i v_i + \sum_{i=m+1}^{n} -\mu_m^{-1} \mu_i u_i + \mu_m^{-1} v_m \text{ und } V = \langle v_1, \ldots, v_m, u_{m+1}, \ldots, u_n \rangle.$$
Damit ist auch $m \leq n$ gezeigt. $\square$

4.10 Folgerung : Es seien $\{u_1, \ldots, u_m\}$ und $\{v_1, \ldots, v_n\}$ Basen des K-Vektorraumes V. Dann ist $m = n$. Wenn V eine endliche Basis besitzt, so besteht jede Basis von V aus gleichvielen Elementen. Die Anzahl der Elemente einer solchen Basis heißt die **Dimension** von V, geschrieben $\text{Dim}_K V$. Es ist $\text{Dim}_K \{0\} = 0$. Wenn V keine endliche Basis besitzt, so heißt V **unendlich-dimensional**.[6]

4.11 Beispiele :

(i) $\text{Dim}_K K^n = n$ (ii) $\text{Dim}_\mathbb{R} \mathbb{C} = 2$

(iii) $\text{Dim}_K K[x] = \aleph_0$

4.12 Bemerkung : Jeder endlich erzeugte Vektorraum besitzt eine endliche Basis. Man verkürze das endliche Erzeugendensystem so lange, bis es ein minimales ist.

Übung: Nachstehend ein Faksimile vom Beweis des Austauschsatzes aus Grassmanns Ausdehnungslehre von 1862. Formulieren Sie alles in heutige Sprechweise um und machen Sie sich den Beweis klar.

---

[6]Auch im unendlich-dimensionalen Fall läßt sich die Dimension als Invariante des Vektorraumes V über die Kardinalzahl einer Basis von V definieren (siehe z.B. E. Hewitt, K. Stromberg: Real and Abstract Analysis. Berlin 1965, Theorem 4.58)

Kapitel 4. Vektorräume   71

> **20.** Wenn m Grössen $a_1, \cdots a_m$, die in keiner Zahlbeziehung zu einander stehen, aus n Grössen $b_1, \cdots b_n$, numerisch ableitbar find, fo kann man stets zu den m Grössen $a_1, \cdots a_m$ noch (n-m) Grössen $a_{m+1}, \cdots a_n$ von der Art hinzufügen, dass sich die Grössen $b_1, \cdots b_n$ auch aus $a_1 \cdots a_n$ numerisch ableiten lassen, und alfo das Gebiet der Grössen $a_1 \cdots a_n$ identisch ist dem Gebiete der Grössen $b_1 \cdots b_n$; auch kann man jene (n-m) Grössen aus den Grössen $b_1 \cdots b_n$ felbst entnehmen.
>
> Beweis. Nach der Annahme ist a_1 aus $b_1 \cdots b_n$ ableitbar. Von den Zahlen, durch welche diefe Ableitung erfolgt, muss mindestens Eine von null verschieden fein, weil fonst a_1 felbst null wäre, alfo der Verein der m Grössen (nach 2) einer Zahlbeziehung unterläge.
>
> Es fei die zu b_1 gehörige Zahl von null verschieden, und dies wird man immer annehmen können, da man ja die Indices beliebig wählen kann. Dann ist nach 19 das aus $b_1, b_2, \cdots b_n$ ableitbare Gebiet identisch dem aus $a_1, b_2, \cdots b_n$ ableitbaren. Man habe nun für irgend ein r, welches $<$ m ist, gefunden, dass das Gebiet der Grössen $b_1, b_2, \cdots b_n$ identisch fei dem Gebiete der Grössen $a_1, a_2, \cdots a_r, b_{r+1}, \cdots b_n$, fo wird nun, da nach der Hypothefis a_{r+1} aus $b_1, b_2, \cdots b_n$ ableitbar ist, es auch (vermöge der Gebiets-Identität) aus $a_1, a_2, \cdots a_r, b_{r+1} \cdots b_n$ ableitbar fein. In dem Ausdrucke diefer Ableitung $a_{r+1} = \alpha_1 a_1 + \cdots + \alpha_r a_r + \beta_{r+1} b_{r+1} + \cdots + \beta_n b_n$ muss nothwendig einer der Koefficienten, die zu $b_{r+1}, \cdots b_n$ gehören, von null verschieden fein, weil fonst zwischen den Grössen $a_1 \cdots a_{r+1}$ eine Zahlbeziehung stattfände, gegen die Hypothefis; es fei dies etwa β_{r+1}, fo ist, nach 19, das aus $a_1, \cdots a_r, b_{r+1}, \cdots b_n$ ableitbare Gebiet identisch dem aus $a_1, \cdots a_{r+1}, b_{r+2}, \cdots b_n$ ableitbaren; alfo auch dies letztere Gebiet identisch dem Gebiete der Grössen $b_1, \cdots b_n$. Diefen Schluss kann man alfo von $r = 1$ an verfolgen, bis $r = m$ wird; d. h. es wird dann das Gebiet $a_1, \cdots a_m b_{m+1}, \cdots b_n$ identisch dem Gebiete $b_1 \cdots b_n$; und bezeichnet man dann die fo übrig gebliebenen Grössen $b_{m+1}, \cdots b_n$ beziehlich mit $a_{m+1}, \cdots a_n$, fo wird das Gebiet der Grössen $a_1 \cdots a_n$ identisch dem Gebiete der Grössen $b_1 \cdots b_n$.

4.13 Folgerungen :

(i) Sei $\operatorname{Dim} V = n$ und sei $B \subset V$, B linear unabhängig. Dann gilt: B ist genau dann eine Basis von V, wenn $|B| = n$ ist.

(ii) Sei $U < V$. Dann gilt $\operatorname{Dim} U \leq \operatorname{Dim} V$ und
$\operatorname{Dim} U = \operatorname{Dim} V \longrightarrow U = V$.

4.14 Satz : Seien U_1 und U_2 endlich-dimensionale Unterräume eines K-Vektorraumes V. Dann gilt: $\quad \operatorname{Dim} U_1 + \operatorname{Dim} U_2 = \operatorname{Dim}(U_1 + U_2) + \operatorname{Dim}(U_1 \cap U_2) \quad .^7$

Beweis: Sei $c_1, \ldots, c_r$ eine Basis von $U_1 \cap U_2$. Wir verlängern sie zu einer Basis $c_1, \ldots, c_r, a_{r+1}, \ldots, a_m$ von U_1 bzw. $c_1, \ldots, c_r, b_{r+1}, \ldots, b_n$ von U_2. Es genügt zu zeigen, dass $c_1, \ldots, c_r, a_{r+1}, \ldots, a_m, b_{r+1}, \ldots, b_n$ Basis von $U_1 + U_2$ ist. Natürlich ist diese Menge ein Erzeugendensystem für $U_1 + U_2$. Sie ist aber auch linear unabhängig: Wenn nämlich
$$\sum_{i=1}^{r} \lambda_i c_i + \sum_{j=r+1}^{m} \mu_j a_j + \sum_{k=r+1}^{n} \nu_k b_k = 0 \text{ ist, so ist } \sum \lambda_i c_i + \sum \mu_j a_j = -\sum \nu_k b_k \in U_1 \cap U_2,$$
da offensichtlich die linke Seite Element von U_1 und die rechte Seite Element von U_2 ist. Da ein Element von $(U_1 \cap U_2) \setminus \{0\}$ aber eindeutig als Linearkombination der c_i allein darstellbar ist, zeigt die zweite Gleichung auch, dass $\mu_{r+1} = \ldots = \mu_m = 0$ und ebenso $\nu_{r+1} = \ldots = \nu_n = 0$ sowie $\lambda_1 = \ldots = \lambda_r = 0$ sind, wenn man die Eigenschaft 4.7 (iii) für die oben gewählten drei Basen ausnutzt. $\qquad \square$

Abschließend sind auf der folgenden Seite verschiedene Darstellungen des 4-dimensionalen Würfels abgebildet, im Zentrum das Gemälde 'Crucifixion (Corpus hypercubicus)' von Salvadore Dali, Metropolitan Museum of Art.

---
[7]Auch dieser Satz steht bei Grassmann (1862): Erster Abschnitt, Kap. 1, §1, Ziffer 25.

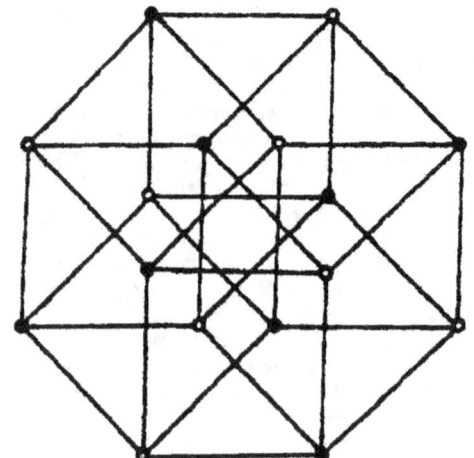
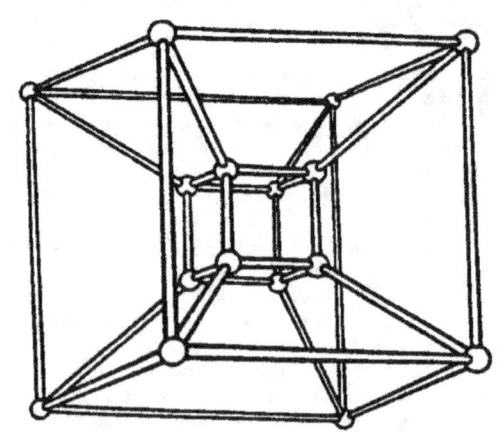

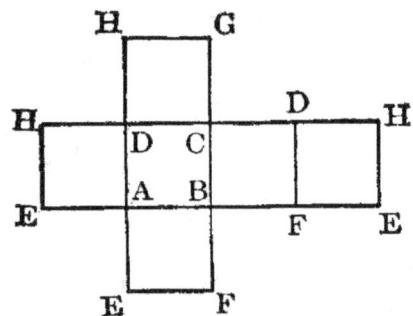
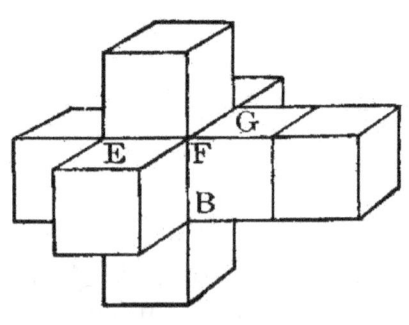

Kapitel 5

Lineare Abbildungen, Koordinatensysteme

Natürlich werden wir auch die „strukturverträglichen" Abbildungen von Vektorräumen, die Vektorraummorphismen , studieren. Das sind die bezüglich der Addition und der Multiplikation Skalar × Vektor relationstreuen Abbildungen:

5.1 Definitionen : Sei K ein Körper, und seien V, V' K-Vektorräume.

(i) Eine Abbildung $l : V \to V'$ heißt eine **lineare Abbildung** oder ein **Vektorraum(homo)morphismus**, wenn $l(x+y) = l(x) + l(y)$ und $l(\lambda x) = \lambda l(x)$ für alle $x, y \in V$ und für alle $\lambda \in K$ gilt.

(ii) Kern $l := l^{-1}(0)$, das volle Urbild von 0, heißt der **Kern** des Morphismus.

(iii) Wenn l überdies bijektiv ist, so heißt l ein **Vektorraumisomorphismus**.

(iv) Wenn $V = V'$ ist, so sprechen wir von einem **Vektorraumendomorphismus** bzw. von einem **Vektorraumautomorphismus**.

(v) Die Menge aller Vektorraumhomomorphismen bezeichnen wir mit $\operatorname{Hom}_K(V, V')$, die der Endomorphismen mit $\operatorname{End}_K V$, die der Automorphismen mit $\operatorname{Aut}_K V$.

5.2 Bemerkungen :

(i) Die von uns schon als Beispiele zur Veranschaulichung von Operationen in Gruppen herangezogenen Drehungen sind auch hier nützlich: Im $\mathbb{R}^2$ ist eine Drehung um $(0,0)$ ein Element von $\operatorname{End}_{\mathbb{R}} \mathbb{R}^2$. Machen Sie sich die Relationstreue anschaulich klar!
Wir werden noch viele Beispiele für den zentralen Begriff der lineare Abbildung kennenlernen, z. B. die Ableitung oder das Integral. In der Signaltheorie wird oft

der Durchgang der Signale durch ein System als lineare Abbildung modelliert.

(ii) Wenn $l \in \mathrm{Hom}_K(V, V')$ ist, so ist wegen 2.14(i) $l(0) = 0$.

(iii) Sei $l : V \to V'$ ein Vektorraumisomorphismus und sei B eine Basis von V. Dann ist $l(B)$ eine Basis von V'.
Denn: Seien $B := \{b_i : i \in I\}$, $b_i' := l(b_i)$ und $\sum \lambda_i b_i' = 0$. Dann ist $0 = l^{-1}(0) = \sum \lambda_i l^{-1}(b_i')$, also wegen der linearen Unabhängigkeit der b_i $\lambda_i = 0$ für alle i. Mithin ist $\{l(b_i) : i \in I\}$ linear unabhängig. Die Menge ist aber auch ein Erzeugendensystem für V': Für $v' \in V'$ suchen wir die eindeutige Darstellung $l^{-1}(v') = \sum \lambda_i b_i$. Dann ist $v' = l \circ l^{-1}(v') = l(\sum \lambda_i b_i) = \sum \lambda_i l(b_i)$.

(iv) Umgekehrt lässt sich jede Bijektion zwischen Basen der K-Vektorräume V und V' eindeutig zu einem Isomorphismus zwischen V und V' fortsetzen (sog. **lineare Fortsetzung**). Allgemeiner: Jede Abbildung einer Basis von V nach V' hinein lässt sich eindeutig zu einer linearen Abbildung $V \to V'$ fortsetzen.
Denn: Jede lineare Abbildung ist durch ihr Wirken auf einer Basis $\{b_i : i \in I\}$ bereits eindeutig festgelegt; d.h., will man eine Abbildung $\{b_i : i \in I\} \to V'$ zu einer linearen Abbildung l von V fortsetzen, so muss man diese Fortsetzung als $v = \sum \lambda_i b_i \mapsto \sum \lambda_i b_i'$ definieren, damit Relationstreue gewährleistet ist, und die Relationstreue wird so auch erreicht.

(v) Sei $l \in \mathrm{Hom}_K(V, V')$. Dann gelten: Kern $l < V$, $l(V) < V'$, $l(\langle M \rangle) = \langle l(M) \rangle$ für $M \subset V$ sowie die Äquivalenz Kern $l = \{0\} \leftrightarrow l$ injektiv. Ferner: Wenn $v_1, \ldots, v_n$ in V linear abhängig sind, so sind es $l(v_1), \ldots, l(v_n)$ in $l(V)$. Kontraposition liefert: Wenn $l(v_1), \ldots, l(v_n)$ linear unabhängig in $l(V)$ sind, so sind es $v_1, \ldots, v_n$ in V. Die Umkehrung gilt jedoch im allgemeinen **nicht**: denn es kann ja $v_i \neq 0$ und $l(v_i) = 0$ sein.

5.3 Satz : Es seien V, W K-Vektorräume. Dann gilt: $V \simeq W \leftrightarrow \mathrm{Dim}_K V = \mathrm{Dim}_K W$.[1]
Beweis: Wenn ein Isomorphismus von V auf W existiert, so bildet dieser nach 5.2(v) jedes linear unabhängige Erzeugendensystem von V auf ein solches von W ab. Wenn umgekehrt $\mathrm{Dim}_K V = \mathrm{Dim}_K W$ ist, so existiert eine Bijektion zwischen jeder Basis von V und jeder von W. Die lineare Fortsetzung einer derartigen Bijektion liefert dann den behaupteten Isomorphismus.

Der letzte Satz zeigt, dass es zu jeder Kardinalzahl $\mathfrak{m}$ höchstens eine Isomorphieklasse von Vektorräumen der Dimension $\mathfrak{m}$ gibt. Es kann gezeigt werden, dass es auch immer mindestens eine gibt:

5.4 Satz : Zu jeder Kardinalzahl $\mathfrak{m}$ existiert ein K-Vektorraum der Dimension $\mathfrak{m}$.
Beweis: Siehe 4.8 und E. Brieskorn, Lineare Algebra und Analytische Geometrie, Band I, pp. 270ff.

---

[1] Die Aussage des Satzes gilt auch im Falle nichtendlicher Dimensionen.

Kapitel 5. Lineare Abbildungen, Koordinatensysteme

5.5 Bemerkung: Sei V Vektorraum endlicher Dimension n über einem endlichen Körper K. Dann ist $|V| = |K|^n$. Für endliche K-Vektorräume gilt: $|V| = |W| \leftrightarrow V \simeq W$.
Achtung: Für endliche Gruppen gilt die Richtung $\to$ einer analogen Aussage **nicht**! Denn zum Beispiel sind D_3 und C_6 nicht isomorph.

5.6 Satz : Es seien V, V' K-Vektorräume und $l \in \text{Hom}_K(V, V')$. Sei B' eine Basis von Kern l und sei $B = B' \cup B''$ eine Basis von V. Dann ist $l(B'')$ eine Basis von $l(V)$, und mithin ist die Einschränkung $l|_{B''}$ von l auf B'' injektiv.

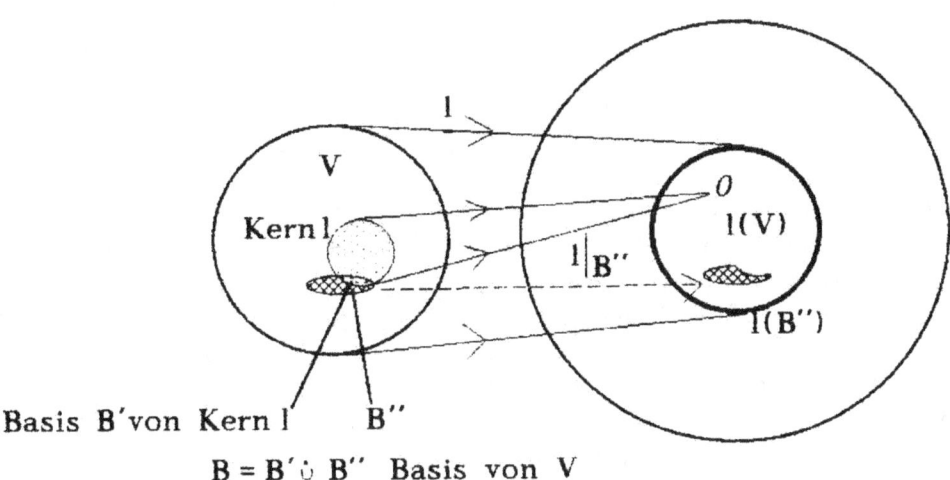

Basis B' von Kern l B''
$B = B' \cup B''$ Basis von V

Beweis: Da $l(B') = \{0\}$ ist, haben wir $\langle l(B'') \rangle = \langle l(B) \rangle = l(\langle B \rangle) = l(V)$. Zu zeigen bleibt also die lineare Unabhängigkeit von $l(B'')$.

Seien $b''_1, \ldots, b''_r$ paarweise verschiedene Elemente von B'' und sei $\sum_{i=1}^{r} \lambda_i l(b''_i) = 0$. Dann ist $l(\sum_{i=1}^{r} \lambda_i b''_i) = 0$ und somit $\sum_{i=1}^{r} \lambda_i b''_i = \sum_{j=1}^{s} \mu_j b'_j$ mit paarweise verschiedenen $b'_1, \ldots, b'_s$ aus B'. Nun ist $\{b'_1, \ldots, b'_s, b''_1, \ldots, b''_r\}$ als Teilmenge von B linear unabhängig, also $\lambda_1 = \ldots = \lambda_r = \mu_1 = \ldots = \mu_s = 0$, also $l(b''_1), \ldots, l(b''_r)$ linear unabhängig, insbesondere paarweise verschieden. Mithin ist $l|_{B''}$ injektiv und $l(B'')$ linear unabhängig.

5.7 Folgerung : Sei V ein K-Vektorraum endlicher Dimension und sei l eine lineare Abbildung von V. Dann gilt: $\text{Dim}_K \text{Kern} l + \text{Dim}_K l(V) = \text{Dim}_K V$.

Slogan: Dimension des Kerns plus Dimension des Bildes gleich Dimension des Urbildes.

5.8 Definitionen : Sei $\text{Dim}_K V = n$. Wir wissen, dass dann $V \simeq K^n$ ist (siehe 5.3). Jeder diese Isomorphie vermittelnde Isomorphismus $\phi : V \to K^n$, $\phi(v) := (\lambda_1, \ldots, \lambda_n)$, heißt ein **Koordinatensystem** für V. ϕ heißt die **Koordinatenabbildung**, und die λ_i heißen die **Koordinaten** von v unter ϕ.

5.9 Bemerkung : ϕ zeichnet in V eine Basis B aus, nämlich die aus den Urbildern $b_j := \phi^{-1}(e_j)$ der Standardbasisvektoren von K^n bestehende Menge. Umgekehrt kann durch Auszeichnung einer Basis in V eindeutig (bis auf Reihenfolge) ein Koordinatensystem festgelegt werden (5.2(iv)). Es gilt: $\phi(v) = (\lambda_1, \ldots, \lambda_n) \longleftrightarrow v = \sum \lambda_i b_i$.

Der Ursprung der Benennung „Koordinaten" reicht weit in die Antike zurück. Der zur Zeit Trajans (um 100) lebende römische Feldmesser Balbus benutzt in einer Darstellung der elementaren geometrischen Begriffe die Bezeichnung „ordinatae rectae lineae" für Parallelen.[2] Von Leibniz wird diese Nomenklatur 1692 folgendermaßen weiterentwickelt: Auf der x-Achse stehe eine Schar von Parallelen senkrecht. Diese „Ordinaten" (ordinatae lineae) schneiden auf der x-Achse die „Abszissenwerte" ab (abscissum, lat. für „abgeschnitten"). Abszissen- und Ordinatenwerte nennt Leibniz dann „Koordinaten" .

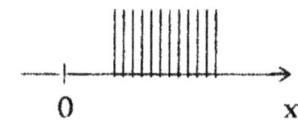

Vorausgegangen war die systematische Einführung der Koordinatenmethode durch René Descartes (Renatus Cartesius)[3] - die Erschaffung der analytischen Geometrie.

---

[2]„ordinatae rectae lineae sunt quae in eadem planitia positae et eiectae in utramque partem in infinitum non concurrunt." Balbi ad Celsum 98, 16. Übersetzt: „Ordinaten sind Geraden, welche in einer Ebene gelegen sind und sich auch bei Fortsetzung nach beiden Seiten ins Unendliche nicht schneiden."

[3]Descartes - von Jesuiten erzogen - führt zunächst ein abenteuerliches Leben als Söldner. Er nimmt an der Eroberung von Prag (1620) teil, erhält sogar das Angebot, Generalleutnant zu werden. Er entkommmt einem Mordanschlag einer Schiffsbesatzung, hat viele Amouren, heiratet jedoch nie. Im Winterlager bei Neuburg an der Donau hat er am 16. 10. 1619 einen Traum, der ihm den Zauberschlüssel zu den wahren Grundlagen aller Wissenschaften verheißt. Das ist die Geburtsstunde der analytischen Geometrie . Er entsagt 1628 dem Soldatenleben und zieht sich nach Holland in die ländliche Einsamkeit zurück (nur Mersenne kennt seinen Aufenthalt). Er arbeitet über Philosophie, Mathematik und Naturwissenschaften. Infolge der Ermordung der Naturphilosophen Giordano Bruno(†1600) und Lucilio Vanini (†1619) durch die Inquisition sowie der Verurteilung Galileis (1633) veröffentlicht er - entgegen seiner ursprünglichen Absicht - über seine Ergebnisse zunächst keine Zeile. Erst auf Drängen und ausdrücklichen Wunsch des Kardinals Richelieu publiziert er 1637 den 'Discours de la methode'. Dennoch kamen Descartes' Werke nach seinem Tod auf den index librorum prohibitorum (und standen dort noch im 20. Jahrhundert!!). Ungewöhnlich wie das Leben war auch das Sterben. Königin Christine von Schweden ruft ihn an den Hof nach Stockholm. Dort muss er ihr täglich um 5 Uhr morgens Unterricht geben. Im auf die Ankunft folgenden Winter (Februar 1650) stirbt Descartes. Vor kurzem ist eine Untersuchung erschienen, die Indizien für eine Ermordung Descartes' zusammengetragen hat (Eike Pies: Der Mordfall Descartes.Brockhaus, Stuttgart 1996).

Kapitel 5. Lineare Abbildungen, Koordinatensysteme

Descartes wünschte sich eine allgemeine Methode zur Gewinnung sicherer wissenschaftlicher Erkenntnis (über die Mathematik hinausreichend!). Wie gewinnt man solche Sicherheit? Durch Zusammenwirken von ganzheitlicher Anschauung („Klarheit") einerseits und diskursivem Denken, Feststellen von Beziehungszusammenhängen („Distinktheit") andererseits, also durch Erfüllung der Cartesischen Forderung „clare et distincte". Die Entdeckung der analytischen Geometrie war für Descartes ein Beispiel für die Kraft seiner Methode, eine Synthese von Geometrie (clare) und Algebra (distincte), welche erlaubte, „der geometrischen Analyse und der Algebra ihr Bestes zu entlehnen und alle Fehler der einen durch die andere zu korrigieren". [4]

R. Descartes
1596 - 1650

Descartes gebrauchte übrigens schräge Koordinatenachsen (nicht orthogonale) ebenso wie sein Zeitgenosse Pierre de Fermat, der unabhängig von Descartes auch auf die Koordinatenmethode gekommen war.

Für das Folgende ist es zweckmäßig, die n-Tupel von K^n als Spaltenvektoren zu schreiben. Es seien nun $l \in \mathrm{Hom}_K(V, V')$, $\mathrm{Dim}\, V = n$, $\mathrm{Dim}\, V' = m$ und $B = \{b_1, \ldots, b_n\}$, $B' = \{b'_1, \ldots, b'_m\}$ Basen von V bzw. V'. Dann ist

$$\boxed{l(b_j) = \sum_{i=1}^{m} \alpha_{ij} b'_i}. \qquad (*)$$

Die Abbildung l liefert also eine Matrix $M_{B,B'}(l) := (\alpha_{ij})$, und umgekehrt ist l durch die α_{ij} eindeutig festgelegt. $l \mapsto M_{B,B'}(l)$ vermittelt also eine Bijektion $M_{B,B'} : \mathrm{Hom}_K(V, V') \to M_{m,n}(K)$.

5.10 Definitionen : $M_{B,B'}(l)$ heißt die **darstellende Matrix** oder die **Abbildungsmatrix** bezüglich der Basen B und B'. Seien $(\alpha_{ij}) = A \in M_{l,m}(K)$ und $(\beta_{ij}) = B \in M_{m,n}(K)$. Dann werde eine Multiplikation der Matrizen definiert durch $AB = (\gamma_{ij}) \in M_{l,n}(K)$ mit $\gamma_{ij} := \sum_{k=1}^{m} \alpha_{ik} \beta_{kj}$.

Slogan (für die Matrizenmultiplikation): Zeile mal Spalte

(*) von oben liefert uns $\phi_{B'}(l(b_j)) = \begin{pmatrix} \alpha_{1j} \\ \ldots \\ \alpha_{mj} \end{pmatrix}$, also „die j-te Spalte von $M_{B,B'}(l)$ ist der Koordinatenvektor von $l(b_j)$ bezüglich der Basis B'".

> **Slogan:** Die Spalten der Abbildungsmatrix sind die Koordinatenvektoren der Bilder der Basisvektoren

Es gilt also $\phi_{B'}(l(b_j)) = (\alpha_{ij})e_j = M_{B,B'}(l)\phi_B(b_j)$
und mithin wegen der Relationstreue von $l, \phi_B, \phi_{B'}$:

$$\phi_{B'}(l(v)) = M_{B,B'}(l)\phi_B(v) \quad \forall v \in V. \quad (**)$$

(Dabei bedeutet die Multiplikation in den letzten beiden Formeln Matrizenmultiplikation; e_j ist j-ter Vektor der Standardbasis, jedoch als Spaltenvektor aufgefasst.)

$$\begin{array}{ccc} v & \xrightarrow{l} & l(v) \\ \downarrow \varphi_B & & \downarrow \varphi_{B'} \\ \begin{pmatrix} \lambda_1 \\ \vdots \\ \lambda_n \end{pmatrix} & \xrightarrow{M_{B,B'}(l)} & \begin{pmatrix} \mu_1 \\ \vdots \\ \mu_m \end{pmatrix} \end{array}$$

Die Wirkung von linearen Abbildungen lässt sich also auch durch die Multiplikation der darstellenden Matrix mit dem als Spalte geschriebenen Koordinatenvektor des Urbildes beschreiben.

5.11 Satz : Seien V, V' K-Vektorräume der (endlichen) Dimension n bzw. m mit Basen B bzw. B'. Dann vermittelt die Abbildung $M_{B,B'} : l \mapsto M_{B,B'}(l)$ einen Vektorraumisomorphismus von $\text{Hom}_K(V, V')$ mit $M_{m,n}(K)$.

Beweis: l legt über $M_{B,B'}$ eine Matrix fest, und umgekehrt legt jede Matrix aus $M_{m,n}(K)$ eine lineare Abbildung $l : V \mapsto V'$ fest. Die Abbildung $M_{B,B'}$ ist also bijektiv. Für $l_1, l_2 \in \text{Hom}_K(V, V')$ gilt $(l_1+l_2)(b_j) = l_1(b_j)+l_2(b_j) = \sum \alpha_{ij}^{(1)} b_i' + \sum \alpha_{ij}^{(2)} b_i' = \sum (\alpha_{ij}^{(1)}+\alpha_{ij}^{(2)})b_i'$, also $M_{B,B'}(l_1+l_2) = M_{B,B'}(l_1)+M_{B,B'}(l_2)$, und ebenso gilt die Relationstreue bezüglich der Multiplikation mit Skalaren.

Nun ist im Spezialfall $V = V'$ die Menge $\text{Hom}_K(V, V') = \text{End}_K V$ der Endomorphismen von V bzw. die Menge $M_{n,n}(K)$ nicht nur ein K-Vektorraum, sondern auch bezüglich der Komposition der Abbildungen ein Ring.
Analog zu 5.11 gilt:

5.12 Satz : Sei V ein K-Vektorraum der Dimension n mit Basis B. Dann vermittelt $M_{B,B} : l \mapsto M_{B,B}(l)$ einen Ringisomorphismus zwischen $\text{End}_K V$ und $M_{n,n}(K)$.

$M_{n,n}(K)$ ist eine algebraische Struktur, die sowohl ein Vektorraum als auch ein Ring ist. Dafür haben die Mathematiker den Namen **K-Algebra** eingeführt. (Ein Hörer machte den originellen Vorschlag, sie doch „Vektorraumring" zu nennen. Es sind natürlich noch zusätzlich Distributivgesetze $(\lambda a + \mu b)c = \lambda ac + \mu bc$ und $a(\lambda b + \mu c) = \lambda ab + \mu ac$ zu fordern. Zwischen $\text{End}_K V$ und $M_{n,n}(K)$ vermittelt $M_{B,B}$ einen Algebrenisomorphismus. Systemtheoretisch lassen sich die Operationen einer Algebra so interpretieren: Der Addition entspricht die Parallelschaltung, der Multiplikation mit Skalaren die Verstärkung

Kapitel 5. Lineare Abbildungen, Koordinatensysteme

bzw. Dämpfung, der Multiplikation die Reihenschaltung. Wir wollen auf die Theorie der Algebren nicht näher eingehen. Es werden dabei an Stelle von Vektorräumen über Körpern auch allgemeiner sog. **Moduln** über Ringen betrachtet.) Jedoch ist festzuhalten, dass n-stellige Binärwörter, wie sie in den Programmiersprachen zur Darstellung von ganzzahligen Datenobjekten benutzt werden (- z. B. ist in Java wegen sizeof(int) = 4 für integers $n = 32$ -), als Elemente der $\mathbb{F}_2[x]$ zugrundeliegenden Menge aufgefasst werden können mittels der Bijektion $a_{n-1}, \ldots, a_0 \leftrightarrow a_{n-1}x^{n-1} + \ldots + a_0$, allerdings mit anderer Addition und Multiplikation als in der Polynomalgebra (nach Maßgabe der Überträge). Auch in der Codierungstheorie wird diese Darstellungsart genutzt.

5.13 Satz (Koordinatentransformation bei Basiswechsel) : Es seien V ein n-dimensionaler K-Vektorraum; B, B' zwei Basen von V; $l = \mathrm{id}_V$ und $b_j = \sum \alpha_{ij} b'_i$ der Übergang von der Basis B' zur Basis B. Dann beschreibt $(\alpha_{ij}) \cdot \phi_B(x) = \phi_{B'}(x)$ den Koordinatenübergang.

Slogan: Die Koordinaten transformieren sich kontragredient zur Basis.

Beweis: Nach (**) von Seite 78 gilt $\phi_{B'}(x) = M_{B,B'}(\mathrm{id}) \cdot \phi_B(x)$, und das ist die Behauptung.

5.14 Satz (Basiswechsel und lineare Transformation) : Es seien $A := \{a_1, \ldots, a_n\}$, $B := \{b_1, \ldots, b_n\}$ Basen von V; $A' := \{a'_1, \ldots, a'_m\}$, $B' := \{b'_1, \ldots, b'_m\}$ Basen von V', und es sei $l \in \mathrm{Hom}_K(V, V')$. Dann gilt

$$M_{B,B'}(l) \cdot M_{A,B}(\mathrm{id}) = M_{A',B'}(\mathrm{id}) \cdot M_{A,A'}(l) \quad .$$

Beweis:

Nach (**) von Seite 78 sind die vier inneren Teildiagramme der nebenstehenden Figur (2 Dreiecke, 2 Trapeze) kommutativ. Daraus folgt die Kommutativität des äußeren Rechtecks, und das ist die Behauptung.

5.15 Beispiel zu 5.14 : Es seien $V = K^4$, $V' = K^2$, $A = \{e_1, e_2, e_3, e_4\}$ (kanonische Basis), $B = \{b_1 := e_1, b_2 := e_1 + e_2, b_3 := e_1 + e_2 + e_3, b_4 := e_1 + e_2 + e_3 + e_4\}$, $A' = \{e_1, e_2\}$ (kanonische Basis), $B' = \{b'_1 := e_2, b'_2 := -e_1 - e_2\}$, und es sei $M_{A,A'}(l) = \begin{pmatrix} 1 & 2 & 3 & 4 \\ 5 & 6 & 7 & 8 \end{pmatrix}$.

Dann ist wegen $\alpha'_j = \sum \alpha'_{ij} b'_i$ $(\alpha'_{ij}) = M_{A',B'}(\text{id}) = \begin{pmatrix} -1 & 1 \\ -1 & 0 \end{pmatrix}$. Ebenso ist wegen $a_j =$
$\sum \alpha_{ij} b_i (\alpha_{ij}) = M_{A,B}(\text{id}) = \begin{pmatrix} 1 & -1 & 0 & 0 \\ 0 & 1 & -1 & 0 \\ 0 & 0 & 1 & -1 \\ 0 & 0 & 0 & 1 \end{pmatrix}$, also gilt $M_{B,B'}(l) = \begin{pmatrix} -1 & 1 \\ -1 & 0 \end{pmatrix} \cdot$

$\begin{pmatrix} 1 & 2 & 3 & 4 \\ 5 & 6 & 7 & 8 \end{pmatrix} \cdot \begin{pmatrix} 1 & -1 & 0 & 0 \\ 0 & 1 & -1 & 0 \\ 0 & 0 & 1 & -1 \\ 0 & 0 & 0 & 1 \end{pmatrix}^{-1}$.

Die **inverse Matrix** von $A = \begin{pmatrix} 1 & -1 & 0 & 0 \\ 0 & 1 & -1 & 0 \\ 0 & 0 & 1 & -1 \\ 0 & 0 & 0 & 1 \end{pmatrix}$ ist die Matrix A^{-1}, für die $A^{-1}A =$
E gilt, also die Matrix $\begin{pmatrix} 1 & 1 & 1 & 1 \\ 0 & 1 & 1 & 1 \\ 0 & 0 & 1 & 1 \\ 0 & 0 & 0 & 1 \end{pmatrix}$.

Daher ergibt sich $M_{B,B'}(l) = \begin{pmatrix} 4 & 8 & 12 & 16 \\ -1 & -3 & -6 & -10 \end{pmatrix}$.

Zum Abschluss geben wir noch einen Ausblick auf einige Anwendungen der Theorie der linearen Abbildungen in der sogenannten **Codierungstheorie**. Dabei geht es um die Verschlüsselung von Nachrichten - nicht mit dem Ziel von Geheimhaltung (das ist Aufgabe der Kryptographie) sondern, um fehlerhafte Übertragungen erkennen bzw. wieder ausbessern zu können (Fehlerkontroll-Codes). Wenn zum Beispiel eine Sonde aus der Jupiterregion Daten funkt, so werden beim Empfang auf der Erde einzelne Signale durch «Rauschen» verdorben sein. Gesucht sind also fehlerkorrigierende Codes.

5.16 Definitionen : Eine **Nachricht** ist ein Vektor aus dem $\mathbb{F}_q$-Vektorraum $\mathbb{F}_q^k$, wobei $\mathbb{F}_q$ das Galois-Feld der Ordnung $q = p^f$, p Primzahl, ist. Oft genügt $p = 2, f = 1$; z. B. beim Morsen, wo kurz und lang durch 0 bzw. 1 ausgedrückt werden. Oder, moderner: bei digitalen Sachverhalten. Ein **Codewort** ist ein Vektor aus $\mathbb{F}_q^n$ mit $n > k$. Ein **(n,k)-Code** ist eine Injektion $i : \mathbb{F}_q^k \to \mathbb{F}_q^n$. Sehr nützlich sind **lineare Codes**, d. h., $i \in \text{Iso}(\mathbb{F}_q^k, i(\mathbb{F}_q^k))$, $i(\mathbb{F}_q^k) < \mathbb{F}_q^n$. Wenn $C := M_B(i)$ von der Block-Gestalt $\begin{pmatrix} E_k \\ A \end{pmatrix}$ mit $A \in M_{n-k,k}(\mathbb{F}_q)$ ist (B Standardbasis), so heißt der Code **systematisch**. Die Matrix $H := (-A\ E_{n-k})$ heißt die **Paritäts-Prüf-Matrix**.
Für $x \in \mathbb{F}_q^n$ definieren wir das **Hamming-Gewicht** $h(x) \in \mathbb{N} \cup \{0\}$ von x als die Menge der von Null verschiedenen Koordinaten von x, und $d_H(x,y) := h(x-y)$ heißt der **Hamming-Abstand**[5] zwischen x und y. Der **Minimalabstand** eines Codes ist der minimale Hamming-Abstand in $i(\mathbb{F}_q^k)$.

---
[5]Nach Richard Hamming benannt.

Kapitel 5. Lineare Abbildungen, Koordinatensysteme

5.17 Bemerkungen :

(i) Für einen systematischen Code ist Kern H die Menge $C\mathbb{F}_q^k$ aller Codewörter.
Denn: Sei a' das Codewort der Nachricht a, d. h. $a' = Ca$. Daher gilt $Ha' = HCa = 0$, also ist Bild $C <$ Kern H. Sei e_i der i-te Standardvektor ($1 \leq i \leq n-k$). Man sieht leicht, dass $Hx = e_i$ lösbar ist in $\mathbb{F}_q^n$. Mithin ist Dim Bild $H = n - k$, und somit ist Dim Kern $H = n - (n-k) =$ Dim Bild C, also Bild $C =$ Kern H.

(ii) Eine empfangene Nachricht $v \in \mathbb{F}_q^n$ mit $Hv \neq 0$ enthält also einen Fehler.
(**Fehlerentdeckung**)

(iii) Ein Code mit Minimalabstand d kann bis zu $d-1$ Fehler erkennen und bis zu $\lfloor \frac{d-1}{2} \rfloor$ Fehler korrigieren.
Denn: $d - 1$ (oder weniger) Fehler machen aus einem Codewort ein Nicht-Codewort. Ob ein fehlerhaftes Wort empfangen wurde, kann man also gemäß (i) durch Anwendung der Paritäts-Prüf-Matrix auf das empfangene Wort testen. Wenn ein empfangenes Wort bis zu $\lfloor \frac{d-1}{2} \rfloor$ Fehler aufweist, so hat es nur zu dem unverdorbenen Codewort einen Hamming-Abstand $\leq \lfloor \frac{d-1}{2} \rfloor$, zu allen anderen Codewörtern einen Abstand $> \lfloor \frac{d-1}{2} \rfloor$.

(iv) Ein linearer (n,k)-Code kann über $\mathbb{F}_q$ mit Minimalabstand $\geq d$ konstruiert werden, wenn $q^{n-k} > \sum_{i=0}^{d-2} \binom{n-1}{i} (q-1)^i$ gilt. Zu diesem und anderen Sachverhalten sei auf die Literatur verwiesen (Hill, Berlekamp). Für die Konstruktion von fehlererkennenden bzw. fehlerkorrigierenden Codes nutzt man gern hochdifferenzierte, algebraische Strukturen. So werden auch endliche einfache Gruppen, wie z. B. die Mathieugruppen, im Zusammenhang mit Codes benutzt: z. B. Golay-Codes (vgl. MacWilliams-Sloane, pp. 634-650).

(v) Wir erkennen auch unschwer in der auf Seite 43 behandelten ISBN-Buchnummer einen (10,9)-Code über $\mathbb{F}_{11}$ mit Minimalabstand 2. Einen einzelnen Fehler erkennt dieser Code also immer, nicht immer hingegen einen Doppelfehler.

82 Mathematik für Naturwissenschaften und Informatik

Aus Wenzel Jamnitzer: *Perspectiva corporum*
Nürnberg 1568

Kapitel 6

Normierte Räume, Kompaktheit, Stetigkeit

6.1 Definitionen : Sei K ein Körper mit Absolutbetrag $|\ | : K \to \mathbb{R}$. Ein K-Vektorraum V heißt ein **normierter Vektorraum**, wenn eine sogenannte **Norm** $||\ || : V \to \mathbb{R}$ existiert, die über folgende Eigenschaften definiert wird:

(i) $||x|| = 0 \longleftrightarrow x = 0$

(ii) $||\lambda x|| = |\lambda| ||x||$ für alle $x \in V, \lambda \in K$, sog. **Homogenität**,

(iii) $||x + y|| \leq ||x|| + ||y||$ für alle $x, y \in V$, sog. **Subadditivität**.

$K_r(a) := \{x \in V : ||x - a|| < r\} (r \in \mathbb{R}^+ := \{r \in \mathbb{R} : r > 0\}, a \in V)$ heißt die **offene Kugel** um a mit **Radius** r bzw. $\overline{K_r(a)} := \{x \in V : ||x - a|| \leq r\}$ die **abgeschlossene Kugel**.

6.2 Bemerkungen :

(i) Der Normbegriff ist für Vektoren analog zum Absolutbetrag für Körperelemente geschaffen worden. $||x||$ kann man als ein Maß für die Länge des Vektors x ansehen.
Nebenstehend zum Beispiel die „Kugel" um den Ursprung in $\mathbb{C}$. Als Norm sei hier der Absolutbetrag gewählt.

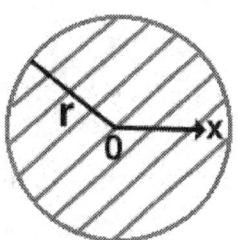

$||x-y||$ ist im E^n ein Maß für den Abstand der „Punkte" x und y.
6.1(i) und (iii) implizieren
$||x|| \geq 0 \, \forall x$.

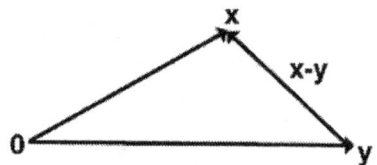

(ii) Wenn K auf die Fälle $K = \mathbb{R}$ oder $K = \mathbb{C}$ eingeschränkt sein soll, so drücken wir dies durch die Bezeichnung $\mathbb{K}$ aus.

Beispiele für Normen auf $\mathbb{K}^n$ sind die l_p-**Norm** $||x||_p := \left(\sum_{i=1}^n |\xi_i|^p\right)^{\frac{1}{p}}$, wenn $x = (\xi_1, \xi_2, \ldots, \xi_n)$ und $p \in \mathbb{R}$, $p \geq 1$ ist. [1] Der Spezialfall der l_1-Norm heißt auch **Betrags-Summen-Norm** oder **Manhattan-Norm** (Warum wohl?), derjenige der l_2-Norm heißt auch **euklidische** Norm.

Wenn wir in Zukunft vom $\mathbb{R}^n$, $\mathbb{C}^n$ bzw. $\mathbb{K}^n$ als normiertem Raum sprechen, so meinen wir, wenn nichts anderes angegeben wird, die euklidische Norm.[2]

$||x||_\infty := \sup\{|\xi_i| : i = 1, 2, \ldots, n\}$ heißt die **Maximums-Norm** oder auch **Tschebyscheff-Norm**.

Überlege jeweils die Gültigkeit der Axiome (i) bis (iii).

(Die Dreieckungleichung für die l_p-Norm wird durch die Minkowskische Ungleichung 6.6 sichergestellt.)

Nachstehend abgebildet sind die Einheitskugeln des $\mathbb{R}^3$ in der Betrags-Summen-Norm, in der euklidischen Norm bzw. in der Maximums-Norm. (Die Koordinatenachsen durchstoßen die Körper jeweils bei 1 bzw. -1.)

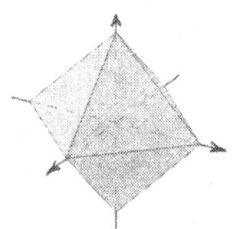 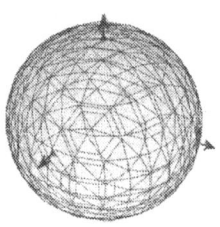 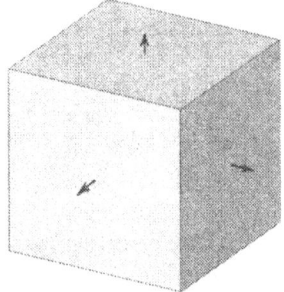

(iii) Sei B der $\mathbb{R}$-Vektorraum aller auf einer Menge M definierten, beschränkten reellwertigen Funktionen f. Dann definiert $||f||_M := \sup_{x \in M} |f(x)|$ eine Norm auf B, die sogenannte **Supremums-Norm**.

---

[1] Exakte Definition von a^b für $a, b \in \mathbb{R}$ in 6.38(iii).

[2] Übrigens gilt: Über $\mathbb{K}^n$ sind alle Normen äquivalent in dem Sinne, dass Konvergenz in der einen Norm genau dann vorliegt, wenn Konvergenz in der anderen Norm gilt. (vgl. 6.24, 6.25)

Kapitel 6. Normierte Räume, Kompaktheit, Stetigkeit

(iv) Die Begriffe Limes, Cauchy-Folge, Konvergenz, Beschränktheit, Cauchy-Vollständigkeit etc. lassen sich nun auf normierte Vektorräume übertragen, indem zu den Definitionen 3.4 etc. analoge Setzungen erfolgen, wobei statt $|\ |$ nun $\|\ \|$ geschrieben wird.

Cauchy-vollständige, normierte Vektorräume heißen **Banachräume**. Also wird eine Cauchy-Folge (a_n) in einem normierten Raum V etwa durch die Bedingung
$$\bigwedge_{\varepsilon>0} \bigvee_{N\in\mathbb{N}} \bigwedge_{m,n\geq N} \|a_n - a_m\| < \varepsilon \text{ definiert.}$$
$\mathbb{K}^n$ ist ein Banachraum. (Siehe Satz 6.26.)

6.3 Hilfssatz : Es seien $p, q \in \mathbb{R}$ mit $p > 1$ und $(p-1)(q-1) = 1$. Dann gilt für nicht-negative reelle Zahlen a, b: $ab \leq \frac{a^p}{p} + \frac{b^q}{q}$.

Beweis: Wenn eine der Zahlen a, b Null ist, so ist die Behauptung trivial. Seien also $a, b > 0$. Wir setzen $\alpha := p-1$, $\beta := q-1$. Ohne Einschränkung sei $a^\alpha \leq b$ angenommen.

Wenn nämlich $a^\alpha > b$ ist, so vertausche die Rollen von a, α mit denen von b, β. Denn wir haben dann $a = a^{\alpha\beta} > b^\beta$.
Daher ergibt sich für die Funktion $y = x^\alpha$ folgender rechts skizzierter Graph:
Im Folgenden verwenden wir – späterem vorgreifend – elementare Kenntnisse aus der Integralrechnung, welche aber von der Schule her geläufig sein dürften.

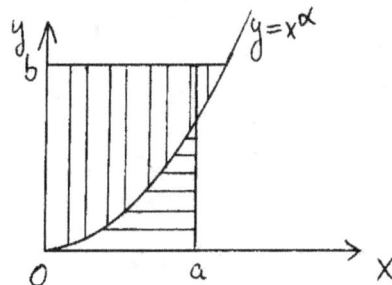

Es gilt $\int_0^a x^\alpha dx = \frac{a^{\alpha+1}}{\alpha+1} = \frac{a^p}{p}$ sowie $\int_0^b y^\beta dy = \frac{b^{\beta+1}}{\beta+1} = \frac{b^q}{q}$. Das sind aber die Flächeninhalte der beiden schraffierten Gebiete. Die behauptete Ungleichung folgt nun unmittelbar durch Vergleich mit der Fläche des Rechtecks $(0,0), (a,0), (a,b), (0,b)$. □

6.4 Satz (Höldersche Ungleichung) : Es seien $p, q \in \mathbb{R}$ mit $p > 1$ und $(p-1)(q-1) = 1$. Dann gilt für endliche oder nichtendliche Zahlenfolgen $(a_n), (b_n)$ nichtnegativer reeller Zahlen:

$$\sum a_n b_n \leq \left(\sum a_n^p\right)^{\frac{1}{p}} \left(\sum b_n^q\right)^{\frac{1}{q}}$$

Der Spezialfall $p = q = 2$ liefert die sog. **Cauchy-Schwarz-Bunjakowskische Ungleichung**

$$\left(\sum a_n b_n\right)^2 \leq \sum a_n^2 \sum b_n^2 \quad .$$

Beweis: Es seien $\sum a_n^p$ und $\sum b_n^q > 0$.

Wir setzen $a'_n := \frac{a_n}{(\sum_k a_k^p)^{\frac{1}{p}}}$ und $b'_n := \frac{b_n}{(\sum_k b_k^q)^{\frac{1}{q}}}$. Dann gilt nach 6.3: $a'_n b'_n \leq \frac{a'^p_n}{p} + \frac{b'^q_n}{q}$.
Also gilt $\sum a'_n b'_n \leq \frac{\sum a'^p_n}{p} + \frac{\sum b'^q_n}{q} = \frac{1}{p} + \frac{1}{q} = 1$ und mithin $\sum a_n b_n \leq (\sum a_n^p)^{\frac{1}{p}} (\sum b_n^q)^{\frac{1}{q}}$.

6.5 Folgerung : Sei V ein normierter $\mathbb{K}$-Vektorraum der Dimension n. Wenn $\langle x, y \rangle := \sum_{i=1}^{n} \xi_i \eta_i$ für die Koordinatendarstellung von $x, y \in V$ bezüglich einer festgewählten Basis definiert wird, so gilt $\langle x, y \rangle \leq \|x\|_p \|y\|_q$, sofern p, q die Voraussetzung von Satz 6.4 erfüllen.

6.6 Satz (Minkowskische Ungleichung) : Seien (a_n), (b_n) Folgen nichtnegativer reeller Zahlen und sei $p > 1$. Dann gilt $(\sum (a_n + b_n)^p)^{\frac{1}{p}} \leq (\sum a_n^p)^{\frac{1}{p}} + (\sum b_n^p)^{\frac{1}{p}}$.

Beweis: Nutze die Höldersche Ungleichung. „proof is straightforward" (G. Bachman - L. Narici: Functional Analysis, chap. 8, p.112).

6.7 Definitionen :

(i) Eine Teilmenge M eines normierten Vektorraumes V heißt **offen**, wenn $\bigwedge_{x \in M} \bigvee_{r > 0} K_r(x) \subset M$ gilt.
Wir schreiben dann auch $M \subseteq V$.

(ii) M heißt **abgeschlossen**, wenn $\mathcal{C}_V M$ offen ist.

(iii) V und $\emptyset$ werden sowohl als offen wie auch als abgeschlossen angesehen.

(iv) Eine Teilmenge M heißt **kompakt**, wenn gilt:
$$M \subset \bigcup_{i \in I} U_i \,,\, U_i \subseteq V \quad \longrightarrow \quad \bigvee_{I_0 \subset I \,,\, |I_0| < \infty} M \subset \bigcup_{i \in I_0} U_i \,.$$

Slogan für Kompaktheit von M: Jede Überdeckung durch offene Teilmengen gestattet eine endliche Teilüberdeckung.

6.8 Bemerkungen :

(i) Endliche Mengen sind kompakt.

(ii) $]0, 1[\subset \mathbb{R}$ ist nicht kompakt.
Denn: Die Überdeckung $\bigcup_{n \in \mathbb{N}}]\frac{1}{n}, 1[$ von $]0, 1[$ besitzt keine endliche Teilüberdeckung.

(iii) Wenn M kompakt ist, so ist M beschränkt.
Denn: Wegen der Kompaktheit existiert eine endliche, offene Kugelüberdeckung von M. Addiere deren Radien. Eine Kugel mit dieser Summe als Radius schließt M ein.

(iv) Eine abgeschlossene Teilmenge einer kompakten Menge ist kompakt.
Denn: Es sei $M_1 \subset \bigcup_{i \in I} U_i$, U_i offen. Dann bildet $\bigcup_{i \in I} U_i \cup \mathcal{C}_V M_1$ eine Überdeckung von M_2 durch offene Mengen. Also existiert $I_0 \subset I$ mit $|I_0| < \infty$ so, dass $\bigcup_{i \in I_0} U_i \cup \mathcal{C} M_1$ die Menge M_2 überdeckt. Also wird M_1 von $\bigcup_{i \in I_0} U_i$ überdeckt.

(v) Kompakte Mengen weisen die Intervallschachtelungseigenschaft auf, d.h.: Wenn $A_1 \supset A_2 \supset \ldots$ eine Kette von nichtleeren abgeschlossenen Teilmengen der kompakten Menge M ist, so existiert $x \in M$ mit $x \in \cap A_i$.
Denn: Es sei $\bigcap_{i \in \mathbb{N}} A_i = \emptyset$ angenommen. Dann gilt $\mathcal{C} \bigcap_{i \in \mathbb{N}} A_i = \bigcup_{i \in \mathbb{N}} \mathcal{C} A_i = M$. Wegen der Kompaktheit von M existiert (nach evtl. Umnumerierung) ein $n \in \mathbb{N}$ mit $M = \bigcup_{i=1}^{n} \mathcal{C} A_i$. Wegen $\mathcal{C} A_1 \subset \mathcal{C} A_2 \subset \ldots \subset \mathcal{C} A_n$ gilt $M = \mathcal{C} A_n$, also $A_n = \emptyset$, und das ist ein Widerspruch.

(vi) Kompakte Mengen sind also Cauchy-vollständig.

(vii) Kompakte Mengen sind abgeschlossen.
Denn: Wenn M Cauchy-vollständig ist, so kann ein beliebiges $x \in \mathcal{C} M$ nicht Limes einer Folge aus M sein. Also existiert ein $K_\rho(x)$ mit $K_\rho(x) \cap M = \emptyset$, d.h. $K_\rho(x) \subset \mathcal{C} M$. Somit ist $\mathcal{C} M$ offen und daher M abgeschlossen.

(viii) In einem Banachraum V abgeschlossene Mengen sind Cauchy-vollständig.
Denn: Seien A abgeschlossene Teilmenge von V, (a_n) eine Cauchy-Folge in A. Da V Banachraum ist, gilt $\lim_{n \to \infty} a_n =: a \in V$. Annahme: $a \notin A$. Dann ist $a \in \mathcal{C} A$. Da $\mathcal{C} A$ offen ist, existiert $\varepsilon > 0$ mit $K_\varepsilon(a) \subset \mathcal{C} A$. Wegen $a = \lim a_n$ existiert $N \in \mathbb{N}$ mit $\|a - a_N\| < \varepsilon$, d. h., mit $a_N \in K_\varepsilon(a)$. Das ist ein Widerspruch.

6.9 Satz (Heine-Borel): In $\mathbb{K}^n$ gilt für Teilmengen M:
M ist genau dann kompakt, wenn es beschränkt und abgeschlossen ist.

Beweis: Die Notwendigkeit der angegebenen Bedingungen ist klar nach 6.8 (iii) und (vii). Sei nun $M \subset \mathbb{K}^n$ beschränkt und abgeschlossen.
Annahme: M nicht kompakt. Dann existiert eine Überdeckung $\mathcal{U} := \bigcup_{i \in I} U_i$ von M durch offene Mengen U_i so, dass keine endliche Teilüberdeckung existiert. Da M beschränkt ist, lässt es sich durch endlich viele abgeschlossene Kugeln $\bar{K}_1, \bar{K}_2, \ldots \bar{K}_r$ vom Radius $\frac{1}{2}$ überdecken,
also gilt $M = (M \cap \bar{K}_1) \cup \ldots \cup (M \cap \bar{K}_r)$. Die $M \cap \bar{K}_i$ sind abgeschlossen, und für $a, b \in M \cap \bar{K}_i$ gilt $\|a - b\| \leq 1$. Eine der Mengen $M \cap \bar{K}_i$ ist nicht in einer endlichen Teilvereinigung von $\mathcal{U}$ enthalten, etwa M_1.
M_1 lässt sich durch endlich viele abgeschlossene Kugeln vom Radius $\frac{1}{4}$ überdecken. Gewinne mit der gleichen Schlussweise wie eben eine abgeschlossene Teilmenge M_2 mit

$\|a-b\| \leq \frac{1}{2}$ für $a,b \in M_2$, die nicht in einer endlichen Teilvereinigung von $\mathcal{U}$ enthalten ist.

Gewinne so fortfahrend eine absteigende Kette abgeschlossener Mengen $M \supset M_1 \supset M_2 \ldots$. Es ist $\|a-b\| \leq \frac{1}{i}$ für $a,b \in M_i$, und kein M_i lässt sich durch eine endliche Teilvereinigung von $\mathcal{U}$ überdecken.

$(a_\nu : a_\nu \in M_\nu)$ ist eine Cauchy-Folge. Nach 6.8(viii) ist ihr Limes a Element von M. Also ist a Element einer der offenen Mengen U_i von $\mathcal{U}$, etwa von U_s. Mithin gilt $K_\rho(a) \subset U_s$. Wähle N so, dass $\frac{1}{N} < \frac{\rho}{2}$ und gleichzeitig $\|a - a_N\| < \frac{\rho}{2}$ gilt. Für beliebiges $x \in M_N$ gilt $\|a-x\| \leq \|a-a_N\| + \|a_N - x\| < \frac{\rho}{2} + \frac{1}{N} < \frac{\rho}{2} + \frac{\rho}{2} = \rho$, also $M_N \subset K_\rho(a) \subset U_s$. Das ist aber ein Widerspruch dazu, dass M_N nicht in einer endlichen Teilvereinigung von $\mathcal{U}$ enthalten ist. $\square$

6.10 Definitionen : Sei V ein normierter Vektorraum, und sei $D \subset V$.

(i) $x_0 \in V$ heißt ein **Berührpunkt** von D, wenn $\bigwedge_{\varepsilon > 0} K_\varepsilon(x_0) \cap D \neq \emptyset$ gilt.

(ii) Die Menge $\overline{D}$ aller Berührpunkte von D heißt der **Abschluss** von D oder die **abgeschlossene Hülle** von D.

(iii) Seien $(V, \|\ \|)$ und $(V', \|\ \|')$ normierte Räume mit $D \subset V$, x_0 Berührpunkt von D und $f : D \to V'$. $c \in V'$ heißt **Limes** von $f(x)$ für $x \to x_0$, geschrieben $c = \lim_{x \to x_0} f(x)$, wenn $\bigwedge_{\varepsilon > 0} \bigvee_{\delta > 0} \bigwedge_{x \in D} (\|x - x_0\| < \delta \to \|f(x) - c\|' < \varepsilon)$ gilt.

(iv) Der Limes von Funktionswerten wird also nicht nur für Folgen von Urbildern, die gegen einen Punkt des Definitionsbereiches konvergieren, definiert, sondern auch für Folgen von Urbildern, die gegen einen Berührpunkt des Definitionsbereiches konvergieren.

(v) Es seien $(V, \|\ \|)$, $(V', \|\ \|')$ normierte Räume.
Eine Funktion $f : D \to V'$, $D \subset V$ heißt **stetig** in $x_0 \in D$,
wenn $\bigwedge_{\varepsilon > 0} \bigvee_{\delta > 0} \bigwedge_{x \in D} (\|x - x_0\| < \delta \to \|f(x) - f(x_0)\|' < \varepsilon)$ gilt.

(vi) f heißt **stetig (schlechthin)** oder **stetig auf D** oder **global stetig**, wenn f in jedem Element von D stetig ist.

(vii) **Graph** einer Abbildung $f : M \to N$ heißt die Menge $\Gamma(f) := \{(x, f(x)) : x \in M\}$ bzw. deren geometrische Veranschaulichung (für $M \subset \mathbb{R}^n$, $N = \mathbb{R}^m$ meist in einem rechtwinkligen, Cartesischen Koordinatensystem).[3]

---

[3]Mengentheoretisch sind der Graph von f und f das Gleiche (vgl. Def. 1.11). Die Bezeichnung «Graph» wird verwendet, wenn die Eigenschaft der Abbildung als Teilmenge eines Cartesischen Produktes betont werden oder/und diese Teilmenge geometrisch veranschaulicht werden soll.

Kapitel 6. Normierte Räume, Kompaktheit, Stetigkeit

6.11 Bemerkungen:

(i) Die Wortwahl „stetig" deutet darauf, dass die Intention der Definition ist, Funktionen zu erfassen, deren Funktionswerte sich nicht „abrupt" ändern. Sei z.B. $f : \mathbb{R} \to \mathbb{R}^3$, und man gebe der unabhängigen Variablen x die Bedeutung der Zeit. Wenn man sich dann den Graphen von f kinematisch mit verstreichender Zeit entstanden denkt (so dass $f(x)$ also eine Raumkurve im $\mathbb{R}^3$ durchläuft), so bedeutet Stetigkeit, dass der Graph nicht „zerreißt". Für im Definitionsbereich hinreichend nahe beieinander liegende Punkte liegen die entsprechenden Bildpunkte nahe beieinander: $\|x - x_0\| < \delta \to \|f(x) - f(x_0)\|' < \varepsilon$.

(ii) Sei $V = V' = \mathbb{R}$ und sei $\|\ \| = \|\ \|' = \|\ \|_2 = |\ |$ der übliche Absolutbetrag von $\mathbb{R}$. Also $D \subset \mathbb{R}$ und $f : D \to \mathbb{R}$ habe den nebenstehenden Graphen. Dann ist f stetig in x_0, aber nicht in a. Denn: Wenn wir ε so wählen, dass $0 < \varepsilon < c$ ist, so ist für $x < a$ **niemals** $|f(x) - f(a)| < \varepsilon$ möglich!

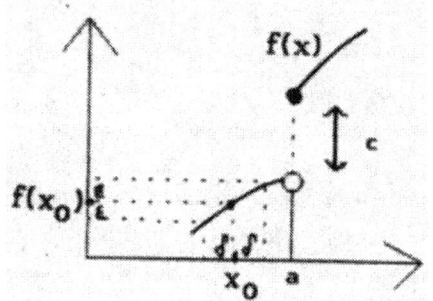

Unser Stetigkeitskonzept ist jedoch viel allgemeiner, als dieses spezielle Beispiel zeigt: Es erfasst auch Situationen wie z.B. bei $f : \mathbb{R}^2 \to \mathbb{R}^3$, wobei $n = f(x,y) \in \mathbb{R}^3$ der Normaleneinheitsvektor an die Fläche $z = g(x,y)$ sei (siehe nebenstehende Skizze!).

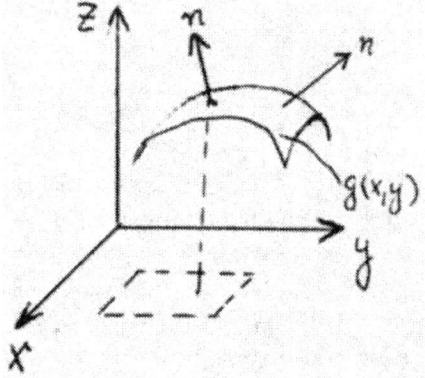

(iii) Die durch
$$f(x) := \begin{cases} 1 & \text{für } x \in \mathbb{Q} \\ -1 & \text{für } x \in \mathbb{R} \setminus \mathbb{Q} \end{cases}$$
definierte Funktion $f : \mathbb{R} \to \mathbb{R}$ ist nirgendwo stetig.
Denn: Es sei $\varepsilon = 1$ gewählt. Wenn f in x_0 stetig wäre, dann existierte $\delta > 0$ so, dass $|x - x_0| < \delta$ implizierte $|f(x) - f(x_0)| < \varepsilon$. Wenn $x_0 \notin \mathbb{Q}$ ist, so lässt sich stets ein $x \in \mathbb{Q}$ mit $|x - x_0| < \delta$ finden (Schreibe x_0 als unendlichen Dezimalbruch und breche ihn geeignet ab, um x zu erhalten, und je nach der Größe von δ wähle man die Dezimale, bis zu der x und x_0 übereinstimmen). Aber es gilt $|f(x) - f(x_0)| = 2$. Ebenso im Falle $x_0 \in \mathbb{Q}$: da es nun ein $x \in \mathbb{R} \setminus \mathbb{Q}$ gibt mit $|x - x_0| < \delta$ (z.B. durch Wahl von $x = x_0 + \frac{\sqrt{2}}{n}$ für genügend großes $n \in \mathbb{N}$).

(iv) $f : x \mapsto x^3$ ist auf $\mathbb{R}$ überall stetig.
Denn: $|f(x) - f(x_0)| = |x^3 - x_0^3| = |x - x_0||x^2 + xx_0 + x_0^2| \leq$
$|x - x_0||x - x_0 + 2x_0||x| + |x - x_0||x_0^2| \leq$
$|x - x_0|^2|x| + 2|x_0||x||x - x_0| + |x - x_0||x_0|^2$.
Wenn $\delta \leq |x_0|$ und $|x - x_0| < \delta$ gilt, so ist $x_0 - |x_0| < x < x_0 + |x_0|$,
also $|x| < C := \max\{|x_0| + x_0, |x_0| - x_0\}$. Mithin ist $|f(x) - f(x_0)| \leq C|x - x_0^2| + (2C|x_0| + |x_0|^2)|x - x_0| \leq \frac{\varepsilon}{2} + \frac{\varepsilon}{2} = \varepsilon$, sofern $\delta := \min\{|x_0|, \sqrt{\frac{\varepsilon}{2C}}, \frac{\varepsilon}{2(2C|x_0| + |x_0|^2)}\}$.
Diese Rechnung ist zur Übung des Umgangs mit der Def. 6.10(v) durchgeführt. Eleganter zeigt man die Stetigkeit von $f : x \mapsto x^n$ ($n \in \mathbb{N}$) mit Induktion und 6.17(iv).

(v) Berührpunkte einer Menge D sind: alle Punkte von D und die sog. „Randpunkte" von D. **Randpunkte** von D sind dadurch gekennzeichnet, dass in jeder ε-Kugel um einen solchen Punkt sowohl Punkte aus D als auch solche aus $\mathcal{C}D$ liegen. Also: $\overline{D} = D \cup \partial D$, $\partial D :=$ Rand von D.

(vi) $\overline{D}$ ist abgeschlossen.
Denn: Für $D = V$ ist die Aussage trivial.
Sei also $D \subsetneq V$. Angenommen, $\mathcal{C}\overline{D}$ sei nicht offen. Dann existiert $x \in \mathcal{C}\overline{D}$ so, dass $\forall \varepsilon > 0 : K_\varepsilon(x) \cap \overline{D} \neq \emptyset$ gilt. Dann gilt aber auch $\forall \varepsilon > 0 : K_\varepsilon(x) \cap D \neq \emptyset$ und mithin $x \in \partial D$, also $x \in \overline{D}$, was einen Widerspruch bedeutet.

(vii) D ist genau dann abgeschlossen, wenn $\overline{D} = D$ gilt. Es ist $\overline{\overline{D}} = \overline{D}$.
Der Beweis sei als Übung gelassen.

(viii) Stetigkeit von x_0 bedeutet: $\bigwedge_{\varepsilon > 0} \bigvee_{\delta > 0} f(K_\delta(x_0) \cap D) \subset K_\varepsilon(f(x_0))$. In Worten: Zu jeder ε-Kugel um $f(x_0)$ existiert eine δ-Kugel um x_0 so, dass das Bild des Durchschnitts der δ-Kugel mit dem Definitionsbereich ganz in der vorgegebenen ε-Kugel liegt.

6.12 Definition : Sei V ein normierter Vektorraum, und seien $A \subset M \subset V$. A heißt **(relativ) offen** in M, wenn eine in V offene Teilmenge A^* so existiert, dass $A = A^* \cap M$ gilt.

6.13 Satz : Es seien $(V, \|\ \|)$, $(V', \|\ \|')$ normierte Räume und $D \subset V$, $f : D \to V'$. Dann gilt: f ist auf D genau dann stetig, wenn für alle in $f(D)$ offenen U' das Urbild $f^{-1}(U')$ offen in D ist.

Slogan für globale Stetigkeit: Die Urbilder offener Mengen sind offen.

Beweis: Sei f auf D stetig, und sei $U^* \subset V'$. Zu zeigen ist, dass $f^{-1}(U^* \cap f(D))$ relativ offen in D ist. Sei also $x_0 \in f^{-1}(U^* \cap f(D))$. Da U^* offen ist, existiert ein $K_\varepsilon(f(x_0))$ in U^*. Wegen der Stetigkeit von f existiert $\delta > 0$ mit $f(K_\delta(x_0) \cap D) \subset K_\varepsilon(f(x_0)) \subset U^*$. Also ist $K_\delta(x_0) \cap D \subset f^{-1}(U^* \cap f(D))$, und somit ist $f^{-1}(U^* \cap f(D))$ relativ offen in D. Seien umgekehrt die Urbilder in $f(D)$ offener Mengen offen in D. Seien $x_0 \in D$ und $\varepsilon > 0$

Kapitel 6. Normierte Räume, Kompaktheit, Stetigkeit

vorgegeben. Es ist $x_0 \in f^{-1}(K_\varepsilon(f(x_0)) \cap f(D))$. Nach Voraussetzung existiert $\delta > 0$ so, dass $K_\delta(x_0) \cap D \subset f^{-1}(K_\varepsilon(f(x_0)) \cap f(D))$, also $f(K_\delta(x_0) \cap D) \subset K_\varepsilon(f(x_0))$. Also ist f in x_0 stetig. □

6.14 Folgerung : Wenn $D \subset V$, $f : D \to \mathbb{R}$ stetig und $x_0 \in \mathbb{R}$ ist, so ist $\{x \in D : f(x) < x_0\}$ offen in D.
Denn: Es ist $\{x \in D : f(x) < x_0\} = f^{-1}(]-\infty, x_0[\cap f(D))$, also Urbild einer in $f(D)$ offenen Menge.

6.15 Satz : Es seien V, V', V'' normierte Räume, $D \subset V$, $D' \subset V'$, $f : D \to D'$, $g : D' \to V''$, f und g stetig in $a \in D$ bzw. in $f(a) \in D'$. Dann ist $g \circ f$ stetig in a.

Beweis: g stetig in $f(a)$ bedeutet: Zu jedem $\varepsilon > 0$ existiert $\delta' > 0$ mit $x' \in K_{\delta'}(f(a)) \cap D' \to g(x') \in K_\varepsilon(g(f(a)))$.
f stetig in a bedeutet: Zu jedem $\delta' > 0$ existiert $\delta > 0$ mit $x \in K_\delta(a) \cap D \to f(x) \in K_{\delta'}(f(a))$.
Also existiert zu jedem $\varepsilon > 0$ ein $\delta > 0$ mit $x \in K_\delta(a) \cap D \to g(f(x)) \in K_\varepsilon(g(f(a)))$. □

Slogan: Stetige Funktionen stetiger Funktionen sind stetig.

6.16 Definition : Die Bezeichnungen seien wie in 6.10, und es sei $x_0 \in \overline{D}$. Wenn für alle Folgen (x_ν) aus D mit $\lim x_\nu = x_0$ die Beziehung $\lim_{\nu \to \infty} f(x_\nu) = q$ gilt, so heißt $f(x_0) := q$ die **stetige Ergänzung** von f im Punkt x_0.

6.17 Bemerkungen :

(i) Seien $D \subset V$, $f : D \to V'$, V und V' normierte Räume sowie $x_0 \in D$. Dann gilt: f ist genau dann stetig in x_0, wenn gilt:

$$\bigwedge_{(x_\nu) \, aus \, D} (\lim_{\nu \to \infty} x_\nu = x_0 \to \lim_{\nu \to \infty} f(x_\nu) = f(x_0)) \quad .$$

Slogan: Der Limes der Funktionswerte ist gleich dem Funktionswert des Limes.

Denn: Sei f stetig in x_0. Dann existiert zu jedem $\varepsilon > 0$ ein $\delta > 0$ so, dass $f(K_\delta(x_0) \cap D) \subset K_\varepsilon(f(x_0))$ gilt. Wenn (x_ν) aus D mit $\lim_{\nu \to \infty} x_\nu = x_0$ gegeben ist, so existiert $n \in \mathbb{N}$ derart, dass $\bigwedge_{\nu \geq N} x_\nu \in K_\delta(x_0)$ ist. Also gilt für alle $\nu \geq N$: $f(x_\nu) \subset K_\varepsilon(f(x_0))$, und das bedeutet $\lim_{\nu \to \infty} f(x_\nu) = f(x_0)$. Die andere Richtung wird entsprechend bewiesen.

Mit dem Resultat von 6.17(i) ist nun auch die Definition 6.16 völlig einleuchtend.

(ii) Beispiel für eine stetige Ergänzung: $f(x) = \frac{x^2-5x+6}{x-2}$ ist bei $x = 2$ nicht definiert. $f : \mathbb{R} \setminus \{2\} \to \mathbb{R}$ ist stetig. Wegen $\lim_{x \to 2} \frac{x^2-5x+6}{x-2} = \lim_{x \to 2}(x-3) = -1$ liefert $f(2) := -1$ eine stetige Ergänzung von f.

(iii) Wenn f, g in $a \in D$ stetige Abbildungen $D \to V'$ sind, so sind $f + g$, $f - g$ stetig in a.
Denn: Das folgt aus (i) und den Limesregeln 3.5(iv).

(iv) Für den Spezialfall, dass V' ein Körper mit Absolutbetrag ist, gilt: Wenn f, g in $a \in D$ stetige Abbildungen $D \to V'$ sind, so ist $f \cdot g$ stetig in a. Gilt überdies $g(a) \neq 0$, so ist $\frac{f}{g}$ stetig in a.

(v) Es seien K ein Körper mit Absolutbetrag und K^n normiert mit l_p-Norm. Die sog. **Projektion** $\pi_i : K^n \to K$ auf die i-te Koordinate, definiert durch $\pi_i((\alpha_1, \ldots, \alpha_n)) := \alpha_i$, ist stetig.
Denn: Es gilt $|\pi_i(x) - \pi_i(y)| = |\xi_i - \eta_i| \leq (\sum_{j=1}^{n} |\xi_j - \eta_j|^p)^{\frac{1}{p}} = \|x - y\|_p < \delta = \epsilon$.

(vi) Die von den Polynomen $f(x_1, x_2, \ldots, x_n) \in K[x_1, x_2, \ldots, x_n]$ definierten Abbildungen $K^n \to K$ sind überall stetig.

(vii) exp ist stetig auf $\mathbb{C}$. $e^r := \exp(r)$ definiert die stetige Ergänzung der in 3.12 auf $\mathbb{Q}$ definierten Potenz e^x für Argumente aus $\mathbb{R} \setminus \mathbb{Q}$.
Denn: Nach 3.10(xiv) ist $\exp z = 1 + z + \frac{z^2}{2!} + \frac{z^3}{3!} + \ldots$ überall auf $\mathbb{C}$ absolut konvergent. Es ist $|\exp z - 1| = |z||1 + \frac{z}{2!} + \frac{z^2}{3!} + \ldots|$, also gilt für $|z| \leq 1$ $\frac{|\exp z - 1|}{|z|} \leq 1 + \frac{|z|}{2!} + \frac{|z|^2}{3!} + \ldots \leq 1 + \frac{1}{2!} + \frac{1}{3!} + \ldots = e - 1$. Wenn also $\lim_{\nu \to \infty} z_\nu = z_0$ ist, so gilt $\lim_{\nu \to \infty} |\exp(z_\nu - z_0) - 1| \leq (e-1) \lim_{\nu \to \infty} |z_\nu - z_0| = 0$, also $\lim_{\nu \to \infty} \exp(z_\nu - z_0) = 1$. Nach 3.12(i) gilt somit $\lim_{\nu \to \infty} \exp z_\nu = \exp z_0$, und demnach ist exp stetig auf $\mathbb{C}$.

6.18 Satz : Sei D eine kompakte Teilmenge des normierten Raumes V und sei $f : D \to V'$ stetig. Dann ist $f(D)$ kompakt.

Beweis: Sei $f(D) \subset \bigcup_{i \in I} U_i$ eine Überdeckung von f(D) durch offene Mengen U_i. Also existiert zu jedem $x \in D$ ein $i \in I$ so, dass $f(x) \in U_i$ gilt, also x in der in D offenen Menge $f^{-1}(U_i \cap f(D))$ liegt. Also gilt $D \subset \bigcup_{i \in I} f^{-1}(U_i \cap f(D)) = \bigcup_{i \in I}(U_i^* \cap D)$ mit U_i^* offen in V. Wegen der Kompaktheit von D existiert $I_0 \subset I$, $|I_0| < \infty$ mit $D \subset \bigcup_{i \in I_0} f^{-1}(U_i \cap f(D))$, also $f(D) \subset \bigcup_{i \in I_0} U_i$, und somit ist $f(D)$ kompakt. □

Slogan: Das stetige Bild eines Kompaktums ist kompakt.

Kapitel 6. Normierte Räume, Kompaktheit, Stetigkeit

6.19 Folgerung : Unter den Voraussetzungen von 6.18 ist f beschränkt.

6.20 Satz (Weierstrass) : Es sei D eine kompakte, nichtleere Teilmenge eines normierten Raumes und es sei $f : D \to \mathbb{R}$ eine auf D stetige Funktion. Dann nimmt f auf D ein Maximum und ein Minimum an.

Beweis: $f(D)$ ist kompakt (6.18), Cauchy-vollständig (6.8(vi)) und abgeschlossen (6.8(vii)). Da $f(D)$ nicht leer ist, existiert nach 3.3 $s := \sup f(D)$. Annahme: $s \notin f(D)$. Dann ist $s \in \mathcal{C}f(D)$, und wegen der Abgeschlossenheit von $f(D)$ existiert $\varepsilon > 0$ so, dass $K_\varepsilon(s) \subset \mathcal{C}f(D)$ gilt. Wenn also $x \in f(D)$ ist, so gilt $x \leq s - \varepsilon$. Somit wäre $s - \varepsilon$ eine kleinere obere Schranke für $f(D)$ als s. Widerspruch! Mithin ist s das maximale Element von $f(D)$. □

6.21 Definitionen : Es seien $V, \|\ \|, V', \|\ \|'$ normierte Vektorräume und $M \subset D \subset V$. $f : D \to V'$ heißt **gleichmäßig stetig** auf M, wenn gilt:

$$\bigwedge_{\varepsilon > 0} \bigvee_{\delta > 0} \bigwedge_{x,y \in M} \|x - y\| < \delta \to \|f(x) - f(y)\|' < \varepsilon \ .$$

6.22 Bemerkungen :

(i) Man mache sich klar, dass der Unterschied zwischen globaler Stetigkeit auf M und gleichmäßiger Stetigkeit auf M nur in der unterschiedlichen Positionierung des Generalisators $\bigwedge_{x,y \in M}$ liegt.

(ii) Auf M gleichmäßig stetige Funktionen sind dort natürlich global stetig. Die Umkehrung gilt nicht.
Nehmen wir etwa die Funktion $x \mapsto x^{-1}$ auf $]0,1[$. Sie ist dort stetig aber nicht gleichmäßig stetig.
Denn: Zu vorgegebenem $\varepsilon > 0$ wähle $\delta = \frac{|a|^2 \varepsilon}{|a|\varepsilon + a}$. Dann gilt
$\delta = \varepsilon |a|^2 - \varepsilon \delta |a| = \varepsilon |a|(|a| - \delta)$, also $|x^{-1} - a^{-1}| = \frac{|x-a|}{|x||a|} < \frac{|x-a|}{(|a|-\delta)|a|} = \frac{|x-a|\varepsilon}{\delta} < \varepsilon$
sofern $|x - a| < \delta$ ist.
Angenommen nun, zu $\varepsilon = \frac{1}{2}$ existiert $\delta > 0$ so, dass
$\bigwedge_{x,y \in]0,1[} |x - y| < \delta \to |x^{-1} - y^{-1}| < \varepsilon$ gilt. Wähle $x = n^{-1}$,
$y = (n+1)^{-1}$ $(n \in \mathbb{N})$ und n groß genug, so dass $|x - y| = n^{-1}(n+1)^{-1} < \delta$ wird. Es wird jedoch $|x^{-1} - y^{-1}| = 1$, und damit haben wir einen Widerspruch.

6.23 Satz (von der gleichmäßigen Stetigkeit) : Seien V, V' normierte Vektorräume, sei $D \subset V$ kompakt und $f : D \to V'$ stetig. Dann ist f auf D gleichmäßig stetig.

Beweis: Zu $\varepsilon > 0$ existiert wegen der vorausgesetzten Stetigkeit für jedes $x \in D$ ein $\delta_x > 0$ so, dass $x' \in K_{\delta_x}(x)$ die Beziehung $f(x') \in K_{\frac{\varepsilon}{2}}(f(x))$ impliziert.

Wir betrachten die Überdeckung $\bigcup_{x \in D} K_{\frac{\delta_x}{2}}(x)$ von D. Wegen der Kompaktheit von D genügt zur Überdeckung bereits eine endliche Teilüberdeckung $\bigcup_{i \in I_0 \subset D, |I_0| < \infty} K_{\frac{\delta_{x_i}}{2}}(x_i)$.

Dann kann die Zahl $\min\{\frac{\delta_{x_i}}{2} : i \in I_0\}$ als das zu $\varepsilon > 0$ anzugebende gemeinsame δ genommen werden.

Denn für $x', x'' \in D$ mit $\|x' - x''\| < \delta$ gilt: Es gibt ein $j \in I_0$ so, dass $x' \in K_{\frac{\delta_{x_j}}{2}}(x_j)$, also $f(x') \in K_{\frac{\varepsilon}{2}}(f(x_j))$ gilt.

Es ist $\|x_j - x''\| \leq \|x_j - x'\| + \|x' - x''\| < \frac{\delta_{x_j}}{2} + \frac{\delta_{x_j}}{2} = \delta_{x_j}$ und somit $f(x'') \in K_{\frac{\varepsilon}{2}}(f(x_j))$.
Also gilt $\|f(x') - f(x'')\| < \varepsilon$. □

6.24 Definition : Zwei Normen $\|\ \|, \|\ \|'$ auf einem Vektorraum V heißen **äquivalent**, wenn gilt: $\exists \gamma, \Gamma \in \mathbb{R}^+ \ \forall x \in V : \gamma \leq \frac{\|x\|}{\|x\|'} \leq \Gamma$.

6.25 Bemerkungen :

(i) Salopp ausgedrückt bedeutet die Äquivalenz zweier Normen: Beide Normen liefern dieselbe Analysis. Genauer: Jede Folge aus V, die in der einen Norm konvergiert konvergiert auch in der andern, und zwar zum gleichen Limes.

(ii) Sei $n \in \mathbb{N}$ und $p \geq 1$. In $\mathbb{K}^n$ gilt für jede Norm $\|\ \| : \exists \gamma \in \mathbb{R}^+ \forall x \in \mathbb{K}^n : \|x\| \leq \gamma \|x\|_p$.

Denn: Für $x = \begin{pmatrix} \xi_1 \\ \vdots \\ \xi_n \end{pmatrix}$ gilt:

$$\|x\| = \leq \sum_{i=1}^n |\xi_i|\|e_i\| \leq \begin{cases} \underbrace{\max_i\{\|e_i\|\}}_{=:\gamma} \sum_{i=1}^n |\xi_i| = \gamma \|x\|_p & \text{für } p = 1 \\ \underbrace{(\sum_{i=1}^n \|e_i\|^q)^{\frac{1}{q}}}_{=:\gamma} (\sum_{i=1}^n |\xi_i|^p)^{\frac{1}{p}} = \gamma \|x\|_p & \text{für } p > 1 \ (6.4). \end{cases}$$

(iii) Sei $\|\ \|$ eine Norm auf dem Vektorraum V. Dann definiert $x \mapsto \|x\|$ eine stetige Abbildung $V \to \mathbb{R}$.
Denn: Analog zu 2.33(vii) lässt sich die Ungleichung $|\|x\| - \|a\|| \leq \|x - a\|$ für alle $a, x \in V$ beweisen.

(iv) Auf einem normierten Vektorraum sind die einpunktigen Mengen abgeschlossen.
Denn: Sei $x \in V$. Wenn $\mathcal{C}_V\{x\} = \emptyset$ gilt, so ist die Aussage richtig, da $\emptyset$ offen ist. Wenn andrerseits $y \in \mathcal{C}_V\{x\}$ existiert, so liegt wegen $\|x - y\| = \delta > 0$ die Kugel $K_{\frac{\delta}{2}}(y)$ ganz in $\mathcal{C}_V\{x\}$, also ist $\mathcal{C}_V\{x\}$ offen.

(v) Auf $\mathbb{K}^n$ sind alle Normen äquivalent.

Denn: Sei $\| \ \|$ eine Norm auf $\mathbb{K}^n$. Nach (iii) ist die Abbildung $f : x \mapsto \|x\|_2$ stetig, also ist die Einheitssphäre $\overline{K_1(0)} = f^{-1}(1)$ nach (iv) und 6.14 abgeschlossen. Also ist $\overline{K_1(0)}$ nach dem Satz 6.9 (Heine-Borel) kompakt. Mithin nimmt die Abbildung $x \mapsto \|x\|$ nach dem Satz von Weierstrass ein (positives) Minimum γ an, also gilt für alle $x \in V : \|\frac{x}{\|x\|_2}\| \geq \gamma$, und somit gilt zusammen mit (ii) $\gamma \leq \frac{\|x\|}{\|x\|_2} \leq \Gamma$. Also ist jede Norm auf $\mathbb{K}^n$ zu $\| \ \|_2$ äquivalent, und somit sind alle Normen äquivalent.

6.26 Satz : Sei V ein endlich-dimensionaler, normierter $\mathbb{K}$-Vektorraum. Dann ist V ein Banachraum.

Beweis: Nach 6.25(v) genügt es, die Behauptung für irgendeine Norm zu zeigen.
Sei $\{b_1, \ldots, b_n\}$ eine Basis von V. Dann wählen wir als Norm die Betragssummen-Norm $\|\sum_{i=1}^{n} \xi_i b_i\| := \sum_{i=1}^{n} |\xi_i|$.

Sei (a_i) eine Cauchy-Folge in $(V, \| \ \|)$. Wenn $a_i = \sum_{j=1}^{n} \alpha_{ij} b_j$ ist, so gibt es zu jedem $\varepsilon > 0$ ein $N > 0$ so, dass $\|a_i - a_k\| = \sum_{j=1}^{n} |\alpha_{ij} - \alpha_{kj}| < \varepsilon$ gilt, falls $i, k > N$ ist. Für festes j $(1 \leq j \leq n)$ ist also (α_{ij}) eine Cauchy-Folge und besitzt mithin einen Limes in $\mathbb{K}$: $\lim_{i \to \infty} \alpha_{ij} =: \alpha_j$. Also existiert zu jedem $\varepsilon > 0$ ein $N_j > 0$ so, dass $|\alpha_{ij} - \alpha_j| < \frac{\varepsilon}{n}$ ist, sofern $i > N_j$ ist. Wir setzen $\overline{N} := \max_{j=1,\ldots,n} N_j$.

Für $i > \overline{N}$ gilt $\|a_i - \sum_{j=1}^{n} \alpha_j b_j\| = \sum_{j=1}^{n} |\alpha_{ij} - \alpha_j| < n \frac{\varepsilon}{n} = \varepsilon$, also ist $\lim_{i \to \infty} a_i = \sum_{j=1}^{n} \alpha_j b_j$. □

6.27 Lemma : Sei $f : (V, \| \ \|) \to (V', \| \ \|')$ eine lineare Abbildung zwischen normierten Räumen. Dann gilt: f ist genau dann stetig, wenn $\lambda \in \mathbb{R}^+$ so existiert, dass für alle $x \in V$ $\|f(x)\|' \leq \lambda \|x\|$ gilt.

Slogan: Eine lineare Abbildung ist genau dann stetig, wenn sie beschränkt ist.

Beweis: Wenn die Bedingung erfüllt ist, so gilt $\|f(x) - f(a)\|' = \|f(x-a)\|' \leq \lambda \|x-a\|$, und somit ist f stetig in a.
Wenn umgekehrt f stetig ist, so existiert zu $\varepsilon = 1$ ein $\delta > 0$ so, daß $\|x\| < \delta$ die Ungleichung $\|f(x)\|' < 1$ erfüllt. Setze $x := \frac{\delta y}{2\|y\|}$ für beliebiges $y \neq 0$. Dann gilt nämlich $\|x\| = \frac{\delta}{2} < \delta$, also $\|f(x)\|' = \frac{\delta}{2\|y\|} \|f(y)\|' < 1$, d.h. $\|f(y)\|' < \frac{2}{\delta} \|y\|$. Wenn wir in der letzten Ungleichung $\leq$ statt $<$ schreiben, so gilt die Ungleichung für alle $y \in V$. □

6.28 Folgerung : Lineare Abbildungen endlich-dimensionaler $\mathbb{K}$-Vektorräume sind stetig.

Beweis: Es genügt, die Stetigkeit für jede Abbildung $A \in M_{m,n}(\mathbb{K})$ von $(\mathbb{K}^n, ||\;||_2)$ zu zeigen. Nun gilt doch $||Ax||_2^2 = \sum_{i=1}^{m} |\sum_{j=1}^{n} \alpha_{ij}\xi_j|^2 \leq \sum_{i=1}^{m}(\sum_{j=1}^{n} |\alpha_{ij}||\xi_j|)^2 \leq \lambda_A \sum_{j=1}^{n} |\xi_j|^2 = \lambda_A ||x||_2^2$. Also ist A nach 6.27 stetig. □

6.29 Satz : Gegeben sei eine Abbildung $f : \mathbb{R} \to \mathbb{R}$. Dann sind die folgenden Aussagen äquivalent:

(i) f ist linear,

(ii) f ist ein stetiger Endomorphismus der Gruppe $(\mathbb{R}, +)$,

(iii) $f(x) = \alpha x \quad \forall x \in \mathbb{R} \quad (\alpha \in \mathbb{R}, \text{fest}) \quad (*)$,

(iv) In orthogonalen Koordinatensystemen ist der Graf von f eine Gerade (lat.: linea directa[4]) durch den Ursprung mit der Steigung α.

Beweis: $(i) \to (ii)$: Lineare Abbildungen sind stetige Vektorraumendomorphismen, also erst recht stetige Gruppenendomorphismen.
$(ii) \to (iii)$: Sei f ein stetiger Gruppenendomorphismus von $(\mathbb{R}, +)$. Es gilt $f(0) = 0$. Mit $\alpha := f(1)$ haben wir $f(n) = n\alpha \; \forall n \in \mathbb{N}$ und weiter $f(-n) = 0 - f(n) = \alpha(-n)$. Also gilt $f(x) = \alpha x$ für alle $x \in \mathbb{Z}$. Nun liefert die Rechnung $\alpha = f(1) = f(\sum^n \frac{1}{n}) = nf(\frac{1}{n})$ die Gültigkeit von $(*)$ für alle $x \in \mathbb{Q}$, und aus der Stetigkeit von f folgern wir es auch für $x \in \mathbb{R}$. Schreibe nämlich x als Limes einer rationalen Zahlenfolge: $x = \lim_{\nu \to \infty} q_\nu$. Dann gilt $f(x) = f(\lim q_\nu) = \lim(f(q_\nu) = \lim \alpha q_\nu = \alpha \lim q_\nu = \alpha x$.
Die Gültigkeit der restlichen Implikationen ist unmittelbar klar. □

6.30 Definitionen : Eine Teilmenge M eines normierten Raumes V heißt **zusammenhängend** , wenn sie sich nicht als disjunkte Vereinigung $M = A \cup B$ zweier nichtleerer, in M relativ offener Teilmengen darstellen lässt.

6.31 Satz : Wenn D eine zusammenhängende Teilmenge eines normierten Raumes ist und $f : D \to V'$ eine stetige Abbildung ist, so ist $f(D)$ zusammenhängend.

Beweis: Angenommen, $f(D)$ sei nicht zusammenhängend. Dann lässt sich $f(D)$ als disjunkte Vereinigung zweier nicht leerer, in $f(D)$ relativ offener Mengen A, B schreiben: $f(D) = A \cup B$. Also ist $D = f^{-1}(A) \cup f^{-1}(B)$. Nach 6.13 sind $f^{-1}(A), f^{-1}(B)$ offen in D, und sie sind nicht leer. Also ist D nicht zusammenhängend. Widerspruch. □

6.32 Satz (Zwischenwertsatz) : Es sei D zusammenhängend und $f : D \to \mathbb{R}$ stetig auf D. Dann gehört jede reelle Zahl, die zwischen zwei Punkten von $f(D)$ liegt, zu $f(D)$.

Beweis: Angenommen, es gäbe $\alpha, \beta \in f(D), \gamma \in \mathbb{R} \setminus f(D)$ so, dass $\alpha < \gamma < \beta$ gilt. Dann gilt $f(D) = [\{\xi \in \mathbb{R} : \xi < \gamma\} \cap f(D)] \cup [\{\xi \in \mathbb{R} : \xi > \gamma\} \cap f(D)]$, also ist $f(D)$ nicht zusammenhängend, im Widerspruch zu 6.31. □

---

[4] Von daher rührt die Bezeichnung lineare Abbildung.

Kapitel 6. Normierte Räume, Kompaktheit, Stetigkeit

6.33 Folgerung : Wenn $f : [a,b] \to \mathbb{R}$ stetig auf $[a,b]$ ist, so gilt
$$\bigwedge_{\gamma \in]f(a),f(b)[} \bigvee_{c \in]a,b[} f(c) = \gamma \quad .$$

6.34 Folgerung : Wenn $f : [a,b] \to \mathbb{R}$ stetig auf $[a,b]$ und $f(a)f(b) < 0$ ist, so existiert $c \in [a,b]$ mit $f(c) = 0$. (Grundlage des **Bisektionsverfahrens**).

6.35 Bemerkungen :

(i) Sei f eine Bijektion mit der Eigenschaft, dass die Bilder offener Mengen unter f offen sind, eine sogenannte **offene Abbildung**. Dann ist die Umkehrabbildung $\hat{f}$ von f eine stetige Abbildung.
Denn: Sei U offen und sei $\hat{Z} := \hat{f}^{-1}(U)$. Dann ist $f(U) = f\hat{f}(\hat{Z}) = \hat{Z}$ offen.

(ii) Eine Bijektion ist genau dann offen, wenn sie abgeschlossen ist.
Denn: Sei f abgeschlossen und A offen. Dann ist $\mathcal{C}_D A$ abgeschlossen, also ist $f(\mathcal{C}_D A) = \mathcal{C}_{f(D)} f(A)$ abgeschlossen und somit $f(A)$ offen. Die andere Richtung folgt analog.

6.36 Satz : Es seien $f : D \to V'$ injektiv stetig und D kompakt. Dann ist die Umkehrfunktion $\hat{f} : f(D) \to D$ mit $\hat{f} \circ f = \text{id}$ stetig.
Beweis: Wenn wir zeigen können, dass f abgeschlossen ist, so sind wir fertig; denn nach 6.35(ii) ist dann f offen und nach 6.35(i) $\hat{f}$ stetig. Sei also A abgeschlossen, $A \subset D$. Nach 6.8(iv) ist A kompakt und nach 6.18 ist $f(A)$ kompakt, also abgeschlossen. □

6.37 Satz : Es sei $f : [a,b] \to \mathbb{R}$ stetig. Dann ist f genau dann injektiv, wenn es streng monoton ist.

Beweis: Die „Wenn-Richtung" ist trivial: denn, wenn $u < v$ ist, so ist $f(u) < f(v)$ und somit f injektiv.
Sei nun f als injektiv vorausgesetzt. Dann ist für $a < b$ $f(a) \neq f(b)$. Ohne Einschränkung können wir $f(a) < f(b)$ annehmen. Wenn $a < u < b$ ist, so gilt auch $f(a) < f(u) < f(b)$. Denn die Annahme $f(b) < f(u)$ impliziert nach dem Zwischenwertsatz 6.32 die Existenz von $c \in [a,u]$ mit $f(c) = f(b)$, und das ist ein Widerspruch zur Injektivität von f. Also $f(u) < f(b)$. Ebenso zeigt man $f(a) < f(u)$.
Wenn nun $a < u < v < b$ ist, so gilt nach dem soeben Bewiesenen $f(a) < f(u)$ und $f(a) < f(v)$. Die Annahme $f(v) < f(u)$ führt man wiederum mit Hilfe des Zwischenwertsatzes zum Widerspruch. Damit ist die strenge Monotonie gezeigt. □

6.38 Elementare Funktionen :

(i) $f : x \mapsto x^n$ ($n \in \mathbb{N}$) ist auf $\mathbb{R}^+ \cup \{0\}$ streng monoton wachsend und stetig (Im angeordneten Körper gilt: $a > 0$, $b > 0$, $a > b \to a^2 > b^2$. Beweis? Also ist f streng monoton wachsend. Die Stetigkeit der Funktion folgt aus 6.17(iv).). Somit existiert nach 6.36 und 6.37 die Umkehrfunktion $\hat{f}$ und ist stetig auf $\mathbb{R}^+ \cup \{0\}$. Wir verwenden natürlich die Bezeichnung $\hat{f}(x) =: \sqrt[n]{x}$.

(ii) $f : x \mapsto \exp x =: e^x$ ist nach 6.17(vii) stetig auf $\mathbb{R}$. Die Funktion ist dort streng monoton wachsend:
$x > 0 \to e^x > 1$,
$x_1 < x_2 \to e^{x_2} = e^{x_2 - x_1} e^{x_1} > e^{x_1}$.

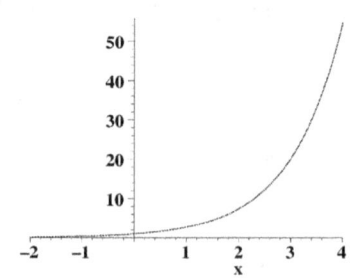

Also ist die Umkehrfunktion $\hat{f} := \ln$, der sog. **natürliche Logarithmus**, definiert und stetig auf $f(D)$. Wertevorrat D von $\exp$:
Da $e^n \geq 1+n$ für $n \in \mathbb{N}$ ist, ist $\lim e^n = \infty$, $\lim e^{-n} = 0$. Nach 6.32 ist der Wertevorrat also $\mathbb{R}^+$. Aus $e^x e^y = e^{x+y}$ folgt $\ln(xy) = \ln x + \ln y$.

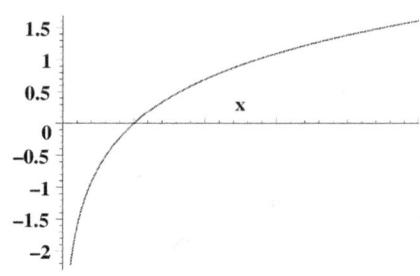

(iii) Sei $a \in \mathbb{R}^+$. Definiere $\exp_a(x) := \exp(x \ln a)$. $\exp_a$ ist stetig auf $\mathbb{R}$ (Komposition stetiger Funktionen). Man rechnet leicht nach:
$\exp_a(0) = 1$, $\exp_a(1) = a$, $\exp_a(x+y) = \exp_a(x) \exp_a(y)$,
$[\exp_a(\frac{p}{q})]^q = \exp_a(p) = a^p$, $\exp_a(\frac{p}{q}) = \sqrt[q]{a^p} = a^{\frac{p}{q}}$.
Daher ist die Definition von $a^x := \exp(x \ln a)$ für $x \in \mathbb{R}$ gerechtfertigt. Die üblichen Potenzregeln für a^x lassen sich aus der Relationstreue von $\exp_a(x)$ herleiten. Ferner gilt: $\ln a^x = x \ln a$ für $x \in \mathbb{R}$.

(iv) Entsprechend zu 6.17(vii) definieren wir $e^z := \exp(z)$ für $z \in \mathbb{C}$. Ferner definieren wir $\cos z := \sum_{\nu=0}^{\infty} (-1)^\nu \frac{z^{2\nu}}{(2\nu)!}$ sowie $\sin z := \sum_{\nu=0}^{\infty} (-1)^\nu \frac{z^{2\nu+1}}{(2\nu+1)!}$.

Dann gilt doch $e^{iz} = \cos z + i \sin z$, die sog. **Moivresche Formel**.
Die Abbildung $f : z \mapsto \overline{z}$ ist stetig, da sie eine Spiegelung an der reellen Achse bewirkt und mithin $|z - z_0| < \varepsilon \to |f(z) - f(z_0)| < \varepsilon$ gilt. Also gilt $\overline{\exp(z)} = \lim_{n \to \infty} \overline{\sum_{\nu=0}^{n} \frac{z^\nu}{\nu!}}$, und das ist wegen der Stetigkeit des Übergangs zum Konjugiert-Komplexen $\lim_{n \to \infty} \overline{\sum_{\nu=0}^{n} \frac{z^\nu}{\nu!}} = \lim_{n \to \infty} \sum_{\nu=0}^{n} \frac{\overline{z}^\nu}{\nu!} = \exp(\overline{z})$.

Somit gilt $|e^{iz}|^2 = e^{iz}\overline{e^{iz}} = e^{i\operatorname{Re}z - \operatorname{Im}z}e^{-i\operatorname{Re}z - \operatorname{Im}z} = e^{-2\operatorname{Im}z}$. Für $z = x \in \mathbb{R}$, d.h. für $\operatorname{Im}z = 0$, gilt dann $|e^{ix}| = 1$. Das ist die bekannte Formel $\cos^2 x + \sin^2 x = 1$ (siehe nebenstehende Skizze).

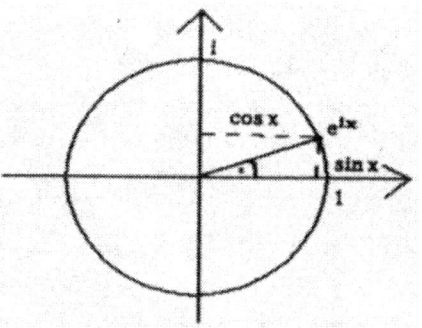

Da $|e^z| = |e^{\operatorname{Re}z}||e^{i\operatorname{Im}z}| = e^{\operatorname{Re}z}$ gilt, hat exp auf $\mathbb{C}$ keine Nullstellen.
Da nach Definition $\cos(-z) = \cos z$ ist, der cos also eine **gerade Funktion** ist, der sin eine **ungerade Funktion** ist, d.h. $\sin(-z) = -\sin z$ gilt, gilt $e^{-iz} = \cos z - i\sin z$ und somit $\cos z = \frac{1}{2}(e^{iz} + e^{-iz})$ sowie $\sin z = \frac{1}{2i}(e^{iz} - e^{-iz})$. Daraus folgt, dass auch für komplexe Argumente gilt: $\sin^2 z + \cos^2 z = 1$. Mit Hilfe der Darstellungen von sin und cos mittels der Exponentialfunktion und mittels der Moivreschen Formel lassen sich leicht die **Additionstheoreme** nachrechnen:

$$\sin(z_1 \pm z_2) = \sin z_1 \cos z_2 \pm \cos z_1 \sin z_2 \quad ,$$

$$\cos(z_1 \pm z_2) = \cos z_1 \cos z_2 \mp \sin z_1 \sin z_2 \quad .$$

Wir wollen nun das **Restglied** $r_{2n+2}(x)$ der reellen Cosinus-Funktion abschätzen, das durch $\cos x = \sum_{\nu=0}^{n}(-1)^\nu \frac{x^{2\nu}}{(2\nu)!} + r_{2n+2}(x)$, $x \in \mathbb{R}$, definiert sei.
Es ist $r_{2n+2}(x) = \pm \frac{x^{2n+2}}{(2n+2)!}(1 - \frac{x^2}{(2n+3)(2n+4)} + \frac{x^4}{(2n+3)\dots(2n+6)} - + \dots)$. Wir setzen für die Summanden in der runden Klammer $a_k := \frac{x^{2k}}{(2n+3)\dots(2n+2(k+1))} = a_{k-1}\frac{x^2}{(2n+2k+1)(2n+2k+2)}$. Es ist $(2n+3)^2 < (2n+2k+1)(2n+2k+2)$, also $x^2 < (2n+2k+1)(2n+2k+2)$ für $|x| \leq 2n+3$. Somit gilt $1 > a_1 > a_2 > \dots$ und daher $0 \leq 1 - a_1 + a_2 - a_3 + - \dots \leq 1$.
Also gilt folgende Abschätzung für das Restglied des Cosinus: Für $|x| \leq 2n+3$ gilt $|r_{2n+2}(x)| \leq \frac{|x|^{2n+2}}{(2n+2)!}$.
Analog gilt für das Restglied des Sinus: Für $|x| \leq 2n+4$ gilt $|r_{2n+3}(x)| \leq \frac{|x|^{2n+3}}{(2n+3)!}$.

cos ist in $[0, 2]$ streng monoton fallend.
Denn: Für $0 \leq x < x' \leq 2$ gilt $\cos x' - \cos x = \cos \frac{u+v}{2} - \cos \frac{u-v}{2} = -2\sin \frac{u}{2}\sin \frac{v}{2} = -2\sin \frac{x+x'}{2}\sin \frac{x'-x}{2}$. Nun ist $\sin x = x(1 + \frac{r_3(x)}{x})$. Da nach obiger Abschätzung $|r_3(x)| \leq \frac{|x|^3}{3!}$ für $|x| \leq 4$, also erst recht für $x \in [0, 2]$, gilt, haben wir in $[0, 2]$ $|\frac{r_3(x)}{x}| \leq \frac{2^2}{3!} = \frac{2}{3}$ und somit $\sin x \geq x(1 - \frac{2}{3}) = \frac{x}{3}$. Daher gilt in $[0, 2]$ $\sin \frac{x'+x}{2} > 0$ sowie $\sin \frac{x'-x}{2} > 0$, also $\cos x' - \cos x < 0$. □

cos hat in $[0,2]$ genau eine Nullstelle.

Denn: Es ist $\cos 2 = 1 - \frac{2^2}{2!} + r_4(2) \le -1 + \frac{2}{3} = -\frac{1}{3}$ wegen $|r_4(2)| \le \frac{2^4}{4!}$, und es ist $\cos 0 = 1$. Also existiert nach dem Zwischenwertsatz eine Nullstelle in $[0,2]$ und wegen der Monotonie genau eine. □

Definition von π: Die Nullstelle von cos in $[0,2]$ sei mit $\frac{\pi}{2}$ bezeichnet. Wir erhalten dann die Werte $\cos\frac{\pi}{2} = 0$, $\sin\frac{\pi}{2} = \sqrt{1 - \cos^2\frac{\pi}{2}} = 1$, $e^{i\frac{\pi}{2}} = \cos\frac{\pi}{2} + i\sin\frac{\pi}{2} = i$, $e^{i\pi} = -1$, $e^{i\frac{3\pi}{2}} = -i$, $e^{2\pi i} = 1$, $e^{z+i\frac{\pi}{2}} = ie^z$, $e^{z+i\pi} = -e^z$, $e^{z+2\pi i} = e^z$, exp hat also Periode $2\pi i$. Es ist $e^{i\frac{n\pi}{2}} = i^n$ ($n \in \mathbb{N}$). Daraus ergeben sich die Funktionswerte für sin und cos bei $\frac{n\pi}{2}$ sowie der unten skizzierte Funktionsverlauf.

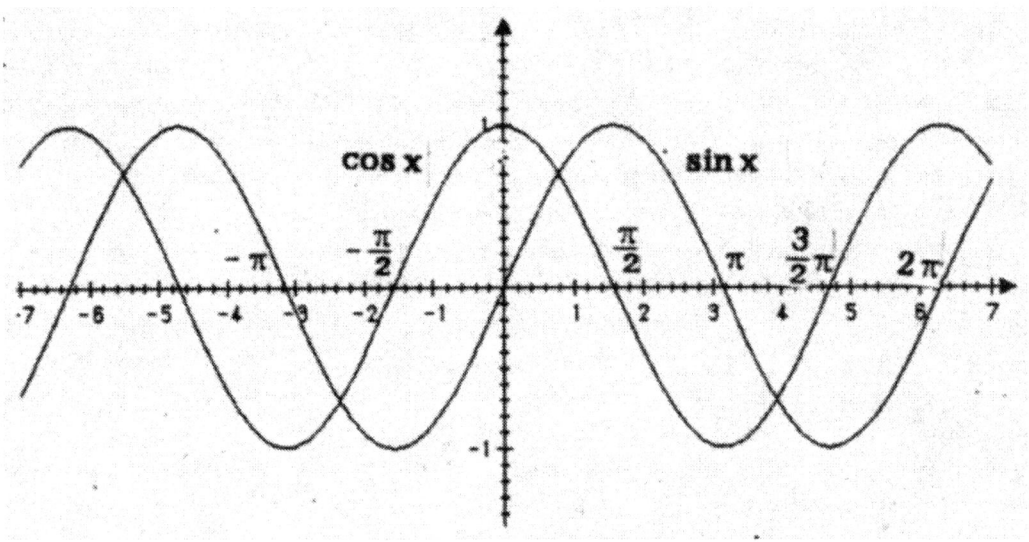

Da sin in $[-\frac{\pi}{2}, \frac{\pi}{2}]$ injektiv ist, existiert die Umkehrfunktion arcsin auf $[-1,1]$, genannt der **Arcussinus**. Analog arccos. Ferner wird der **Tangens** $\tan x := \frac{\sin x}{\cos x}$ definiert für $x \in \mathbb{R} \setminus \{\frac{\pi}{2} + k\pi : k \in \mathbb{Z}\}$ sowie $\cot x := \frac{1}{\tan x}$, $\arctan x$, $\text{arccot}\, x$.

6.39 Satz: Jedes $z \in \mathbb{C} \setminus \{0\}$ lässt sich eindeutig schreiben als $z = \rho e^{i\phi}$ mit $\rho \in \mathbb{R}^+$ und $0 \le \phi \le 2\pi$. Es ist $\rho = |z|$, und $\phi := \arg z$ heißt das **Argument** von z. (ρ, ϕ) heißen die **Polarkoordinaten** von z.

Beweis: Idee: Für jedes $z \in \mathbb{C} \setminus \{0\}$ hat $\frac{z}{|z|}$ den Betrag 1, liegt also auf dem Einheitskreis der komplexen Ebene, d.h. $z = |z|e^{i\phi}$.
Ausführlich: Betrachte $\frac{z}{|z|} =: \xi + i\eta$. Es ist $|\xi + i\eta| = \xi^2 + \eta^2 = 1$, also $|\xi| \le 1$. Mithin ist $\alpha := \arccos \xi$ definiert, und es ist $\sin\alpha = \pm\sqrt{1 - \cos^2\alpha} = \pm\sqrt{1-\xi^2} = \pm\eta$. Setze $\phi := \alpha$ für $\sin\alpha = \eta$ und $:= -\alpha$ für $\sin\alpha = -\eta$. Also ist $\frac{z}{|z|} = \cos(+\alpha) + i\sin(+\alpha) = e^{i\phi}$, und z ist in der angegebenen Gestalt darstellbar.
Eindeutigkeit: Sei $\rho_1 e^{i\phi_1} = \rho_2 e^{i\phi_2}$. Also gilt $\frac{\rho_1}{\rho_2} = e^{i(\phi_2 - \phi_1)} = \cos(\phi_2 - \phi_1) + i\sin(\phi_2 - \phi_1)$. Somit ist $\sin(\phi_2 - \phi_1) = 0$, $\cos(\phi_2 - \phi_1 = \pm 1)$, also $\rho_1 = \pm\rho_2$. Das Minuszeichen kommt wegen der Positivität der ρ nicht in Frage. Daher $e^{i\phi_1} = e^{i\phi_2}$, also $\phi_1 = \phi_2$. □

Kapitel 6. Normierte Räume, Kompaktheit, Stetigkeit   101

Wenn $z_1, z_2 \in \mathbb{C}$ mit Polarkoordinaten ρ_i, ϕ_i ($i = 1, 2$) sind, so ermöglicht die Beziehung $z_1 z_2 = \rho_1 \rho_2 e^{i(\phi_1 + \phi_2)}$ eine geometrische Veranschaulichung der Multiplikation im Komplexen, wie in der nebenstehenden Graphik dargestellt: Die beiden Dreiecke sind zueinander ähnlich, also $1 : |z_2| = |z_1| : |z_1 z_2|$.

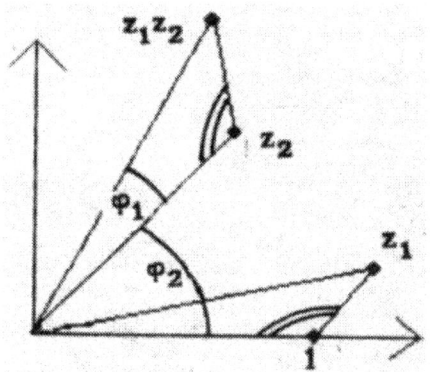

6.40 Satz : Es sei $n \in \mathbb{N}$, $z^n = 1$ hat in $\mathbb{C}$ genau n paarweise verschiedene Lösungen, die sogenannten **n-ten Einheitswurzeln**, nämlich $\zeta_k = e^{i\frac{2\pi}{n}k}$ ($k = 0, 1, \ldots, n-1$).
Beweis: Wenn $z = \rho e^{i\phi}$, so ist $1 = z^n = \rho^n e^{in\phi} = \rho^n \cos n\phi + \rho^n i \sin n\phi$, also ist $n\phi = 2k\pi$ und $\rho = 1$.

6.41 Einige Kurven in (erweiterter[5]) Polarkoordinaten-Darstellung :

(i) **Kreis**
um $(0,0)$ $\quad \rho = \text{const.}$,
um α nach rechts verschoben $\quad \rho = 2\alpha \cos \phi$,
um α nach oben verschoben $\rho = 2\alpha \sin \phi$.

(ii) **Gerade** $\quad \rho = \dfrac{n}{\sin \phi - m \cos \phi}$

(iii) **Logarithmische Spirale** $\quad \rho = \alpha e^{\beta \phi}$ $\qquad$ (siehe die Schnecke auf Seite 20)

(iv) **Archimedische Spirale** $\rho = \alpha \phi$

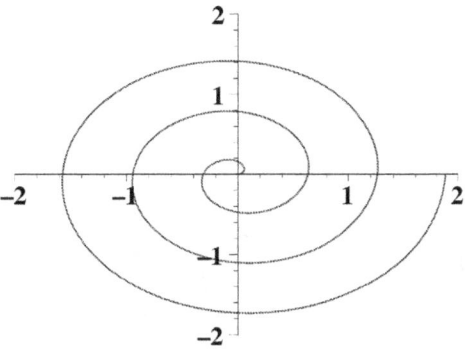

---

[5] Es sind auch Winkel $\varphi > 2\pi$ zugelassen.

(v) **Hyperbolische Spirale** $\rho = \frac{1}{\phi}$

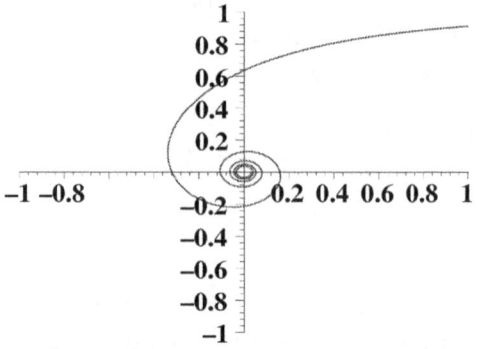

(vi) **Kardioide** $\rho = 2\alpha(1 - \cos\phi)$

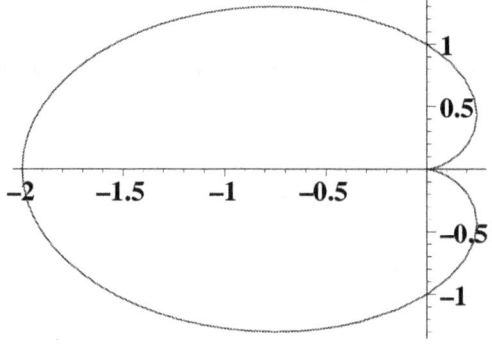

(vii) **Konchoide**, Typ I $\rho = \frac{\alpha}{\cos\phi} \pm \beta$

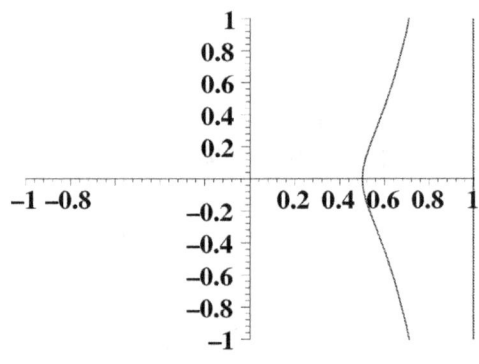

(viii) **Konchoide**, TypII $\rho = a\cos\varphi + b$

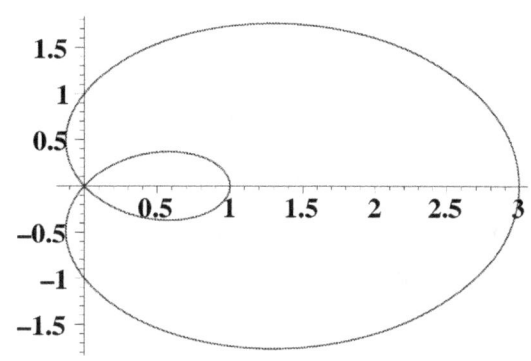

(ix) **Kissoide** $\rho = \alpha \sin\varphi \tan\varphi$

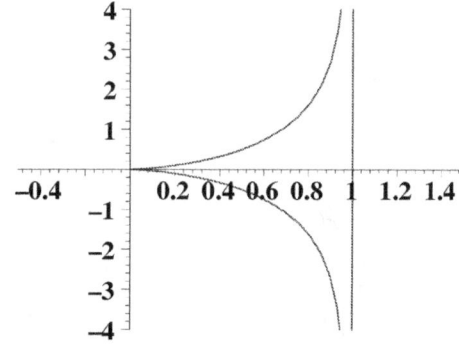

(x) **Kappakurve** $\rho = a\tan\varphi$

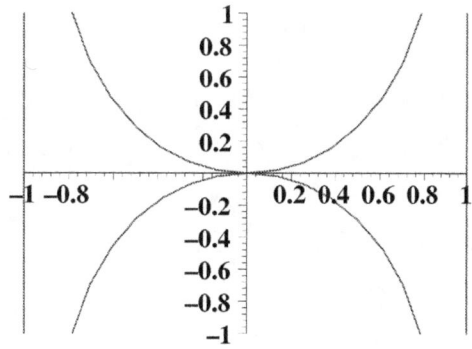

(xi) **Ovaloid** $\rho = a(1 + \cos^2 \varphi) \cos \varphi$

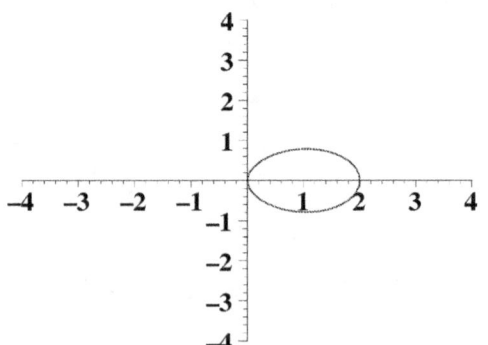

(xii) **Lemniskate** $\rho^2 = 2a^2 \cos^2 \phi$

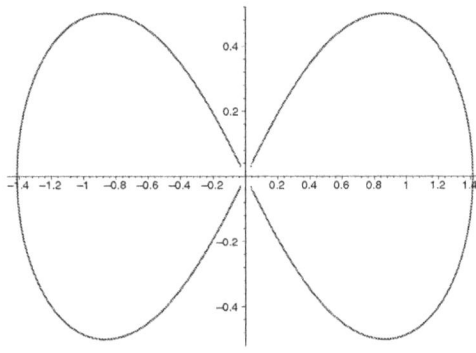

(xiii) **Zweiblatt** $\rho = a \cos^2 \varphi \sin \varphi$

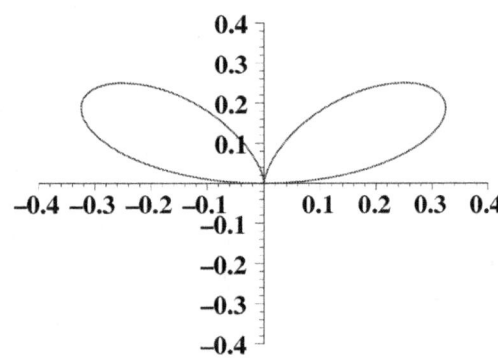

(xiv) **Dreiblatt** $\rho = a\cos\varphi\cos 2\varphi$

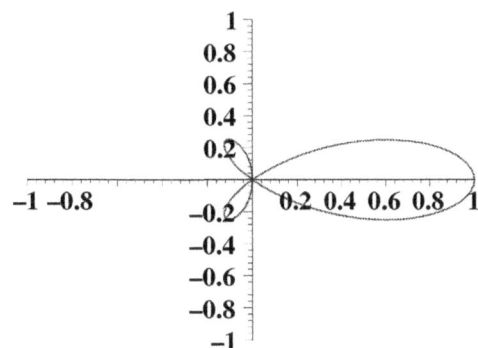

(xv) **Hypozykloide** $\rho = 4a\cos 3\varphi$

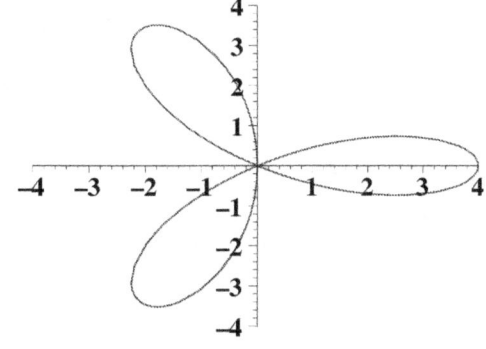

(xvi) **Vierblatt** $\rho = a\sin 2\varphi$

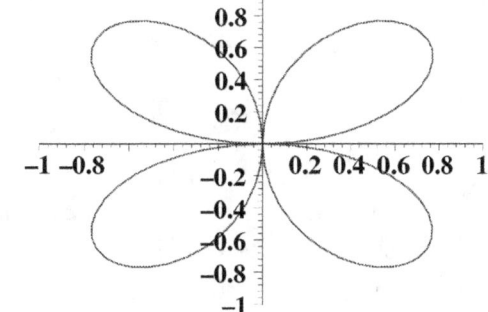

(xvii) **Skarabäus** $\rho = a\cos\varphi + b\cos 2\varphi$

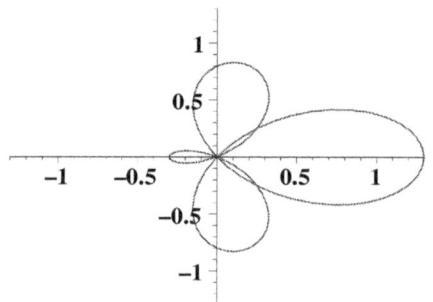

(xviii) **Perihelbewegung**
$$\rho = (1 + a\cos b\varphi)^{-1}$$ [6]

Mit einem Computeralgebra-System, wie z. B. MAPLE, kann man noch viele weitere Kurven zeichnen (Experimentieren Sie ruhig ein wenig!), zum Beispiel die folgende schöne Fay-Schmetterlingskurve. Maple-Befehl:
> polarplot(exp(cos(phi)) − 2 cos(4 ∗ phi) + sin(phi/12)^5, phi = 0..24 ∗ Pi);

---

[6] Eines der Indizien für die Richtigkeit der allgemeinen Relativitätstheorie war die Tatsache, dass die Perihelbewegung des Merkur aus den Einsteinschen Gleichungen ableitbar ist, während sie mit der Newtonschen Physik nicht erklärt werden kann. Die Bewegung eines freien Teilchens im Raum-Zeit-Kontinuum mit Schwarzschild-Metrik genügt nämlich der Differentialgleichung $\frac{d^2u}{d\varphi^2} + u = \frac{kM}{A^2} + \frac{3kM}{c^2}u^2$ ($u = \frac{1}{\rho}$, ρ der Abstand zum Zentralgestirn, k Gravitationskonstante, M Masse des Zentralgestirns, A Drehmoment der betreffenden Bewegung, c Lichtgeschwindigkeit). $u = \frac{kM}{A^2}(1 + \epsilon\cos\eta\phi)$ mit $\eta^2 = 1 - 6\frac{(kM)^2}{(cA)^2}$ und der Bahnexzentrizität ϵ ist eine Lösung der Gleichung. Der obige Plot mit vergöberten Daten simuliert sehr schön die Perihelbewegung. Rechnerisch ergeben die Bahndaten des Merkur eine Perihelbewegung von 43 Bogensekunden pro Jahrhundert. Literatur: R. K. Pathria, The Theory of Relativity. Pergamon Press, Oxford 1974.

Kapitel 6. Normierte Räume, Kompaktheit, Stetigkeit

MAPLE lässt sich natürlich auch gut zur Darstellung des Graphen reellwertiger Funktionen zweier reeller Argumente nutzen, wie nebenstehend mittels der plot3d-Routine für die Funktion (*) $(\xi, \eta) \mapsto \alpha \sin(\beta\sqrt{\xi^2 + \eta^2})$ durchgeführt.

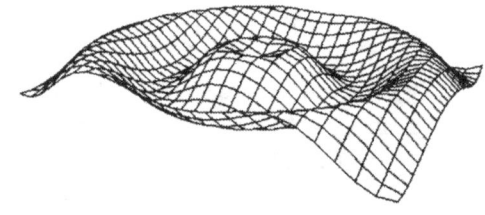

Wer Freude daran hat, sollte auch selbst mit Grafik-Routinen, wie z. B. OpenGL, programmieren. Nachstehend Plot und Quellcode für den Graphen von (*). Die Hauptarbeit (Hidden-Line-Mechanismus) wird dabei von C geleistet: statt des etwas behäbigen, schon in die Jahre gekommenen OpenGL1.3, dem in letzter Zeit von Direct3D der Rang abgelaufen wird, täte es hier auch jedes andere Grafik-Paket, da nur die Minimalfähigkeit, Pixel zu setzen, benötigt wird.

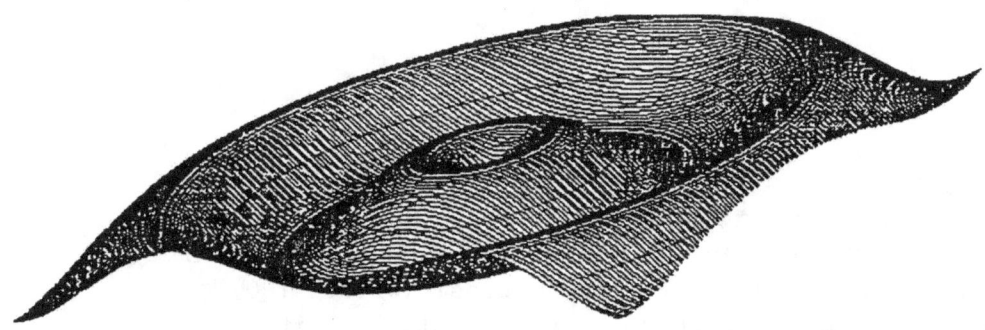

```
#include <windows.h>
#include <gl\glut.h>
```

```c
#include <stdio.h>
#include <math.h>
#define ALPHA 21.0
#define BETA 0.05
#define RUNDEN 0.5

void Init(void)
{ glClearColor(1.0,1.0,1.0,0.0); glColor3f(0.0f, 0.0f, 0.0f);
glPointSize(1.0); glMatrixMode(GL_PROJECTION);
glLoadIdentity(); gluOrtho2D(0.0,640.0,0.0,480.0);
}

void keyboard(unsigned char key, int i, int j)
{ if (key==27) exit(0);
}

void display(void)
{    double x, y; int x_scr, y_scr, i, j, k, min[640], max[640];
    for (i=1;i<640;++i) {min[i]=1000;max[i]=0;}
    glClear(GL_COLOR_BUFFER_BIT); glBegin(GL_POINTS);
    for (k=-132;k<150;k+=2)
       { x=(double)640/2 + 0.75*(double)k;
         y=(double)400*5/6 - (ALPHA/4+(double)k/2);
         for (i=-185;i<=185;++i)
          { j=(int)(ALPHA*sin(BETA*sqrt((double)i*i+k*k))+RUNDEN);
            x_scr=(int)x + i; y_scr=(int)y - j;
            if (!(y_scr>=min[x_scr]&&y_scr<=max[x_scr]))
              { if (y_scr<min[x_scr])
                 { min[x_scr]=y_scr;
                   if (!max[x_scr]) max[x_scr]=y_scr;
                   else if (y_scr>max[x_scr]) max[x_scr]=y_scr;
                 }
                glVertex2i(x_scr,-y_scr+500);
              }
         }
       }
    glEnd(); glFlush();
}

int main(int argc, char** argv)
{ glutInit(&argc, argv); glutInitDisplayMode(GLUT_SINGLE | GLUT_RGB);
glutInitWindowSize(640, 450); glutInitWindowPosition(50, 100);
glutCreateWindow(\Vulkan\); glutDisplayFunc(display); Init();
glutKeyboardFunc(keyboard); glutMainLoop(); return 0;
}
```

Kapitel 7

Differentiation in normierten Räumen, insbesondere im $\mathbb{R}^n$

Die Differentialrechnung entstand im 17. Jahrhundert infolge von Fragen, die durch die Naturwissenschaften (insbesondere Physik und Astronomie) aufgeworfen wurden: Man interessierte sich bei der nichtgleichförmigen Bewegung eines Gegenstandes (Himmelskörpers) für die Größe und Richtung seiner momentanen Geschwindigkeit, für die Länge seiner Bahn etc. Aus der Optik kamen Fragen nach der Tangente an eine Kurve; denn für die Brechungsgesetze von Linsen benötigte man den Winkel zwischen dem Lichtstrahl und der Normalen der Linsenkontur. Die Normale steht aber senkrecht auf der Tangente.

Gottfried Wilhelm Leibniz
1646 - 1717

Isaac Newton
1643 - 1727

Innermathematisch betrachtet ergaben sich zwei Zugänge zur Differentialrechnung, nämlich einerseits über die Änderungsrate von Größen und zum anderen über die Verhältnisse infinitesimaler Größen. Die beiden großen Schöpfer der Differentialrechnung gingen unabhängig voneinander über jeweils einen dieser beiden Wege: Gottfried Wilhelm Leibniz, der Philosoph, Theologe, Diplomat, Rechtswissenschaftler und Autor der Monadologie, entwickelte die Theorie der Differentiale und ihrer Quotienten, Isaac Newton, der Physiker und Astronom, gelangte zur Ableitung über den Limes des Differenzenquotienten. Newton entwickelte eine Theorie der Fluxionen (das sind die Ableitungen), Leibniz schuf die heute noch verwendeten Bezeichnungen $\frac{dy}{dx}$ und $\int$ und arbeitete die Rechengesetze für die Ableitung heraus (Produktregel, Quotientenregel, Kettenregel).

7.1 Definitionen (Wiederholung der Schuldefinition) : Es sei D offen in $\mathbb{R}$. Eine Abbildung $f : D \to \mathbb{R}$ heißt **differenzierbar** bei $a \in D$, wenn $f'(a) \in \mathbb{R}$ so existiert, dass $\lim\limits_{\substack{h \to 0 \\ h \neq 0}} \frac{f(a+h)-f(a)}{h} = f'(a)$ gilt. $f'(a)$ heißt dann die **Ableitung** von f bei a.

7.2 Bemerkung : $l_a(h) := f'(a)h$ vermittelt eine lineare Abbildung von $\mathbb{R}$ nach $\mathbb{R}$. Ihr Graph ist die Gerade durch den Ursprung parallel zur Tangente an den Graphen von f im Punkte $(a, f(a))$. $l_a(h)$ erfüllt die Beziehung $\lim\limits_{\substack{h \to 0 \\ h \neq 0}} \frac{|f(a+h)-f(a)-l_a(h)|}{|h|} = 0$ (*). l_a ist stetig.
Wenn es umgekehrt eine lineare Abbildung $l_a : \mathbb{R} \to \mathbb{R}$ gibt, die (*) erfüllt, so existiert die Ableitung $f'(a)$.

Die Definition der totalen Ableitung in normierten Räumen ist nach den Eigenschaften der Bemerkung 7.2 modelliert:

7.3 Definitionen : Es seien $(V, \| \ \|), (V', \| \ \|')$ normierte $\mathbb{K}$-Vektorräume und D offen in V, geschrieben $D \subseteq V$, und $a \in D$. $f : D \to V'$ heißt **differenzierbar** bei $a \in D$, wenn es ein stetiges $l_a \in \operatorname{Hom}_{\mathbb{K}}(V, V')$ so gibt, dass $\lim\limits_{\substack{h \to 0 \\ h \neq 0}} \frac{f(a+h)-f(a)-l_a(h)}{\|h\|} = 0$ (**). $l_a =: Df_a$ heißt die **totale Ableitung** von f an der Stelle a oder das **totale Differential**.

7.4 Bemerkungen :

(i) Besonders wichtige Spezialfälle sind natürlich die Fälle, wenn V und V' Banachräume sind, insbesondere $\mathbb{R}^n$, $\mathbb{R}^m$. Auf letzteren Fall werden wir unsere Darstellung hier einschränken – mit der euklidischen Norm als zugrundeliegendem $\| \ \|$. Für den allgemeinen Fall der normierten Räume lassen sich jeweils analoge Ergebnisse erzielen.

(ii) Wegen 6.28 kann für die Definition der totalen Ableitung im $\mathbb{R}^n$ die Forderung nach der Stetigkeit von l_a fallengelassen werden.

Kapitel 7. Differentiation in normierten Räumen, insbesondere im $\mathbb{R}^n$

7.5 Definitionen : Die Landauschen Symbole Klein-o und Groß-O

werden folgendermaßen definiert: Wenn für zwei Funktionen f, g $\lim_{x \to a} \frac{f(x)}{g(x)} = 0$ ist, schreiben wir $f(x) = o(g(x))$ und sagen: „$f(x)$ ist ein Klein-o von $g(x)$ für $x \to a$" oder „$f(x)$ ist von niedrigerer Ordnung als $g(x)$ für $x \to a$". Diese Bezeichnungsweise werden wir gleich im Zusammenhang mit der totalen Ableitung gebrauchen.

Für Informatiker wichtig ist auch die Notation Groß-O: Wenn $\frac{f(x)}{g(x)}$ für die Annäherung $x \to a$ beschränkt ist, d.h. wenn $C \in \mathbb{R}$ existiert mit $|\frac{f(x)}{g(x)}| \leq C$ für $|x - a| < \delta$, so schreiben wir $f(x) = O(g(x))$ und sagen: „$f(x)$ ist ein Groß-O von $g(x)$ für x gegen a" oder „$f(x)$ ist höchstens von der Ordnung von $g(x)$ für x gegen a".

Edmund Landau
1877 - 1938

Mittels Groß-O wird z.B. die **Zeitkomplexität** von Algorithmen (etwa Sortieralgorithmen) ausgedrückt: Sei $f(n)$ die Anzahl der im Algorithmus benötigten Operationen für eine Anzahl n von zu verarbeitenden (zu sortierenden) Objekten und sei $f(n) = O(g(n))$. Dann heißt die Komplexität des Algorithmus

(i) **konstant**, wenn $g(n) = 1$ oder $=$ const. ,

(ii) **linear**, wenn $g(n) = n$,

(iii) **quadratisch**, wenn $g(n) = n^2$,

(iv) **exponentiell**, wenn $g(n) = a^n$,

(v) **logarithmisch**, wenn $g(n) = \ln n$,

(vi) **linear-logarithmisch**, wenn $g(n) = n \ln n$,

(vii) **polynomial** , wenn $g(n) = n^r$,

(viii) **superexponentiell** , wenn $g(n) = n^n$ ist.

Ein Algorithmus heißt **schnell** , wenn seine Komplexität höchstens $O(n \ln n)$ ist.

7.6 Bemerkungen :

(i) Der Sortieralgorithmus quicksort (in der ANSI-C-Standardbibliothek <stdlib.h> als Funktion qsort vorhanden) ist zwar im worst case ein Algorithmus von quadratischer Komplexität, aber im Durchschnitt immerhin linear-logarithmisch.

(ii) Wenn f in a stetig ist, so ist $f(x) = f(a) + o(1)$ für $x \to a$ (wegen $\lim_{x \to a}(f(x) - f(a)) = 0$), d.h. f ist für $x \to a$ durch die Konstante $f(a)$ von geringerer Ordnung als 1 approximierbar.

(iii) f ist genau dann bei a differenzierbar, wenn $f(x) = f(a) + l_a(x-a) + o(\|x-a\|)$ ist, d.h. f affin-linear von geringerer Ordnung als $\|x-a\|$ für $x \to a$ approximierbar ist.
Dieser Sachverhalt ist auf nebenstehender Graphik für den Spezialfall $f : \mathbb{R} \to \mathbb{R}$ veranschaulicht: Approximation der Kurve durch die Tangente im Punkt $(a, f(a))$. Es ist $l_a(x-a) = f'(a)(x-a) = Df_a(x-a)$.

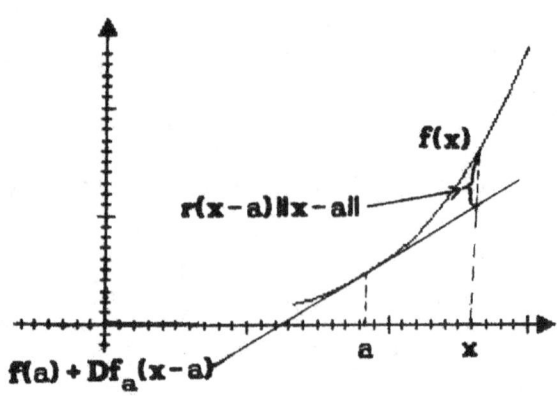

(iv) f ist genau dann bei a differenzierbar, wenn

$$f(x) = f(a) + Df_a(x-a) + r(x-a)\|x-a\| \quad \text{mit} \quad \lim_{x \to a} r(x-a) = 0$$

gilt. Zur Veranschaulichung der totalen Ableitung halten wir fest: Für $f : \mathbb{R} \to \mathbb{R}$ ist $\xi_2 = f(a) + Df_a(x-a)$ die Gleichung der **Tangente** im E^2 an die **Kurve** $\xi_2 = f(x)$ im Punkte $(a, f(a))$.

Perry Rhodan

Für $f : \mathbb{R}^2 \to \mathbb{R}$ ist $\xi_3 = f(a) + Df_a(x-a)$ die Gleichung der **Tangentialebene** im E^3 an die **Fläche** $\xi_3 = f(x)$ in $(a, f(a))$; $a, x \in \mathbb{R}^2$.

Für $f : \mathbb{R}^n \to \mathbb{R}$ ist $\xi_{n+1} = f(a) + Df_a(x-a)$ die Gleichung der **Tangentialhyperebene** im E^{n+1} an die **Hyperfläche**[1] $\xi_{n+1} = f(x)$ im Punkte $(a, f(a))$; $a, x \in \mathbb{R}^n$.

(v) Wenn Df_a existiert, so eindeutig.
Denn: Seien $l_a, \bar{l}_a$ zwei verschiedene lineare Abbildungen, die Definitionen 7.3 (**) erfüllen. Dann gilt $\lim_{h \to 0} \frac{l_a(h) - \bar{l}_a(h)}{\|h\|} = 0$, also für $h = \lambda b$ mit $\lambda \in \mathbb{K}, b \in V, \lambda \neq 0$, $b \neq 0$ gilt $0 = \lim_{\lambda \to 0} \frac{\lambda l_a(b) - \lambda \bar{l}_a(b)}{\lambda \|b\|} = \frac{1}{\|b\|}(l_a(b) - \bar{l}_a(b))$ und somit $l_a(b) = \bar{l}_a(b)$ für alle $b \in \mathbb{R}^n$. (Damit so geschlossen werden darf, wird D in 7.3 als offen vorausgesetzt.)

---

[1] Selbst der legendäre Perry Rhodan kennt den Begriff Hyperfläche!! Vgl. Perry Rhodan Lexikon, Arthur Moewig Verlag 1971, S. 109.

Kapitel 7. Differentiation in normierten Räumen, insbesondere im $\mathbb{R}^n$ 113

(vi) Wenn f eine konstante Funktion ist, d.h. wenn $f(x) = c$ für alle $x \in D$ gilt, so ist $Df_a = 0$ für alle $a \in D$.
Denn: $Df_a = 0$ erfüllt 7.3 (**).

(vii) Wenn f eine lineare Abbildung ist, so gilt $Df_a = f$.
Denn: $Df_a = f$ erfüllt 7.3 (**).

(viii) Wir betrachten die Funktionen sin und cos auf $\mathbb{C}$: $D(\sin z)_a(h) = h \cos a$, also $(\sin z)' = \cos z$, $D(\cos z)_a(h) = -h \sin a$, also $(\cos z)' = -\sin z$.
Denn: Mit Hilfe der Additionstheoreme und der Reihendarstellungen von sin und cos in 6.38 (iv) rechnet man leicht das Erfülltsein von 7.3 (**) nach.

(ix) Es gilt $D(z^n)_a(h) = na^{n-1}h$, also $(z^n)' = nz^{n-1}$.

(x) Es gilt $D(e^z)_a(h) = e^a h$, also $(e^z)' = e^z$.

7.7 Satz (Kettenregel) : Es seien V, V', V'' normierte Vektorräume, $D \subseteq V$, $f : D \to V'$ differenzierbar bei $a \in D$, $D' \subseteq V'$ mit $f(D) \subset D'$, $g : D' \to V''$ differenzierbar bei $b := f(a)$. Dann ist $g \circ f$ bei a differenzierbar, und es gilt $D(g \circ f)_a = Dg_{f(a)} \circ Df_a$.

Beweis: Wir setzen $x := a + h$, $y := f(x)$, $h' := y - b$. Da g als differenzierbar bei b vorausgesetzt ist, gilt
$g(y) = g(b) + Dg_b(y-b) + s(y-b)$ mit $s(y-b) = o(\|y-b\|)$. Aus der Differenzierbarkeit von f bei a folgt $y = b + Df_a(x-a) + r(x-a)$ mit $r(x-a) = o(\|x-a\|)$. Also gilt $g \circ f(x) = g \circ f(a) + Dg_b(Df_a(x-a) + r(x-a)) + s(y-b) = g \circ f(a) + Dg_b \circ Df_a(x-a) + Dg_b(r(x-a)) + s(y-b)$.
Zu zeigen bleibt also: $Dg_b \circ r(x-a) + s(y-b) = o(\|x-a\|)$.
Da Dg_b linear stetig ist, gilt nach 6.27 $\|Dg_b \circ r(x-a)\| < \lambda \|r(x-a)\|$, also $Dg_b \circ r(x-a) = o(\|x-a\|)$. Zu zeigen bleibt also noch: $s(y-b) = o(\|x-a\|)$.
Nun gilt doch $\lim\limits_{x \to a} \frac{\|y-b\|}{\|x-a\|} = \lim\limits_{x \to a} \frac{\|Df_a(x-a)+r(x-a)\|}{\|x-a\|} \leq \lim\limits_{x \to a} \frac{\|Df_a(x-a)\|}{\|x-a\|} + 0 = \lambda$. Daher gilt $\lim\limits_{x \to a} \frac{\|s(y-b)\|}{\|x-a\|} = \lim\limits_{x \to a} \frac{s(\|y-b\|)}{\|y-b\|} \lim\limits_{x \to a} \frac{\|y-b\|}{\|x-a\|} = 0 \cdot \lambda = 0$. □

7.8 Satz : Sei $D \subseteq \mathbb{K}^n$. Dann ist $f : D \to \mathbb{K}^m$ genau dann differenzierbar bei a, wenn für alle $i = 1, 2, \ldots, m$ die **i-te Koordinatenfunktion** $f^i := p_i \circ f$ differenzierbar bei a ist. (Vgl. die analoge Aussage 6.17 (v) über Stetigkeit.) Es gilt dann $p_i \circ Df_a = D(p_i \circ f)_a$, d.h. totale Ableitung und Projektion kommutieren. In anderer Schreibweise: $Df_a = (D(p_1 \circ f)_a, \ldots, D(p_m \circ f)_a)^t$.

Beweis: Sei f differenzierbar bei a. Da die Projektion p_i linear, also differenzierbar ist, ist nach 7.7 auch $p_i \circ f$ bei a differenzierbar.
Sei nun umgekehrt $p_i \circ f$ für alle i bei a differenzierbar. Dann gilt doch
$0 = \lim\limits_{\substack{h \to 0 \\ h \neq 0}} \frac{p_i \circ f(a+h) - p_i \circ f(a) - D(p_i \circ f)_a}{\|h\|} = \lim\limits_{\substack{h \to 0 \\ h \neq 0}} p_i \circ \frac{f(a+h)-f(a)-l(h)}{\|h\|}$ für alle $i = 1, \ldots, m$, wobei $l(h) := (D(p_1 \circ f)_a(h), \ldots, D(p_m \circ f)_a(h))^t$ sei. Also ist $\lim\limits_{\substack{h \to 0 \\ h \neq 0}} \frac{f(a+h)-f(a)-l(h)}{\|h\|} = 0$ und somit $l = Df_a$. Aus 7.7 folgt die restliche Behauptung. □

Analog zu den von der Schule her bekannten Rechenregeln läßt sich zeigen:

7.9 Satz : Sei V normierter $\mathbb{K}$-Vektorraum und $D \subseteq V$. f, g seien bei $a \in D$ differenzierbare Abbildungen $D \to \mathbb{K}$. Dann sind $\lambda f + \mu g$ ($\lambda, \mu \in \mathbb{K}$), $f \cdot g$ sowie, im Falle $g(a) \neq 0$, auch $\frac{f}{g}$ bei a differenzierbar, und es gelten folgende Beziehungen:

(i) $D(\lambda f + \mu g)_a = \lambda Df_a + \mu Dg_a$ **Linearität**,

(ii) $D(f \cdot g)_a = g(a)Df_a + f(a)Dg_a$ **Produktregel**,

(iii) $D(\frac{f}{g})_a = \frac{g(a)Df_a - f(a)Dg_a}{g(a)^2}$ **Quotientenregel**.

7.10 Einige Ableitungsfunktionen : ($m = n = 1, \mathbb{K} = \mathbb{R}$)
Da $x = \exp(\ln x)$ gilt, ist nach 7.7 $1 = (\exp(\ln x))' = (\ln x)' \exp(\ln x)$, also gilt $(\ln x)' = x^{-1}$. (Genau genommen haben wir hier nur gezeigt: Wenn ln differenzierbar ist, so ist die Ableitungsfunktion $x \mapsto x^{-1}$. Die Differenzierbarkeit von $\ln x$ werden wir später – in Kapitel 11 – unabhängig von diesem Resultat zeigen.).
Da $\ln a^x = x \ln a$ gilt, ist $\ln a = (\ln a^x)' = a^{-x}(a^x)'$, also gilt $(a^x)' = a^x \ln a$.
Da $x = \sin(\arcsin x)$ gilt, ist $1 = (\arcsin x)' \cos(\arcsin x)$, also gilt $(\arcsin x)' = (1 - x^2)^{-\frac{1}{2}}$.
Ebenso läßt sich zeigen:

$(\arccos x)' = -(1 - x^2)^{-\frac{1}{2}}$,

$(\arctan x)' = (1 - x^2)^{-1}$, $\qquad (\text{arccot } x)' = -(1 + x^2)^{-1}$,

$(\sinh x)' = \cosh x$, $\qquad (\cosh x)' = \sinh x$,

$(\tanh x)' = \cosh^{-2} x$, $\qquad (\coth x)' = -\sinh^{-2} x$,

$(\text{arsinh } x)' = (x^2 + 1)^{-\frac{1}{2}}$, $\qquad (\text{arcosh } x)' = \pm(x^2 - 1)^{-\frac{1}{2}}$,

$(\text{artanh } x)' = (1 - x^2)^{-1}$ ($|x| < 1$) , $\qquad (\text{arcoth } x)' = (1 - x^2)^{-1}$ ($|x| > 1$) .

Dabei sind $\sinh x := \frac{e^x + e^{-x}}{2}$, $\cosh x := \frac{e^x - e^{-x}}{2}$, $\tanh x := \frac{\sinh x}{\cosh x}$, $\coth x := (\tanh x)^{-1}$ die sogenannten **hyperbolischen Funktionen** (**Sinushyperbolicus** etc.). Für deren Umkehrfunktionen, sog. **Areafunktionen** , sind die Bezeichnungen arsinh $x, \ldots$ (**Areasinus** etc.) im Gebrauch.

Wir lernen jetzt für **Skalarfelder** (d.h. für reellwertige Funktionen) eine weitere Art von Ableitungen kennen:

7.11 Definitionen : Seien $D \subseteq \mathbb{R}^n$, $f : D \to \mathbb{R}$, $a = (\alpha_1, \alpha_2, \ldots, \alpha_n)^t \in D$. Wir schreiben $f(x) =: f(\xi_1, \xi_2, \ldots, \xi_n)$ für $x = (\xi_1, \xi_2, \ldots, \xi_n)^t$. Es existiere $D_i f(a) := \lim\limits_{\substack{\xi \to 0 \\ \xi \neq 0}} \frac{f(\alpha_1, \alpha_2, \ldots, \alpha_i + \xi, \ldots, \alpha_n) - f(\alpha_1, \ldots, \alpha_n)}{\xi}$. Dann heißt $D_i f(a) =: f_{\xi_i}|_{x=a} =: \frac{\partial f}{\partial \xi_i}(a)$ die **i-te partielle Ableitung** von f an der Stelle $x = a$.
Wenn $D_i f(a)$ für alle $a \in D$ existiert, so ist $D_i f : a \to \mathbb{R}$ eine Abbildung von D nach $\mathbb{R}$, und es kann möglicherweise die **partielle Ableitung zweiter Ordnung** $D_{i,j} f(a) :=$

Kapitel 7. Differentiation in normierten Räumen, insbesondere im $\mathbb{R}^n$ 115

$D_j(D_i f)(a)$ gebildet werden. Analog werden **partiellen Ableitungen q-ter Ordnung** $D_{i_1,i_2,\ldots,i_q} f(a)$ definiert. Wenn alle partiellen Ableitungen q-ter Ordnung auf einer nichtleeren offenen Menge D existieren und stetig sind, so heißt f eine $\mathbf{C^{(q)}}$**-Funktion**, geschrieben $f \in C^{(q)}$.

7.12 Bemerkungen :

(i) Die i-te partielle Ableitung ist die gewöhnliche Ableitung (Def.7.1) einer modifizierten Funktion $g : \mathbb{R} \to \mathbb{R}$, nämlich von
$g(x) := f(\alpha_1, \ldots, \alpha_{i-1}, x, \alpha_{i+1}, \ldots, \alpha_n)$. Dann gilt nämlich $D_i f(a) = g'(x)|_{x=\alpha_i}$. $D_i f(a)$ ist also die Steigung der Tangente in i-Richtung an die Hyperfläche $\xi_{n+1} = f(\xi_1, \xi_2, \ldots, \xi_n)$ im Punkte a.

(ii) Zur Veranschaulichung der Vorgänge sei zunächst noch ausführlicher auf die graphische und arithmetische Darstellung von Funktionen von $\mathbb{R}^n$ nach $\mathbb{R}^m$ eingegangen:

7.13 Satz : Wenn $D \subseteq V$ und $f : D \to V'$ differenzierbar bei a ist, so ist f stetig bei a.

Beweis: f ist genau dann differenzierbar bei a, wenn ein stetiges $l_a \in \text{Hom}(V, V')$ existiert mit $\lim\limits_{\substack{h \to 0 \\ h \neq 0}} \frac{f(a+h)-f(a)-l_a(h)}{||h||} = 0$. Also existiert ein $\delta' > 0$ so, dass $||f(a+h) - f(a) - l_a(h)|| < ||h||$ gilt, sofern $||h|| < \delta'$ ist. Die Linearität von l_a impliziert wegen 6.27 $||l_a(h)|| \leq \lambda ||h||$. Daher gilt für $||h|| < \delta'$: $||f(a+h) - f(a)|| \leq ||f(a+h) - f(a) - l_a(h)|| + ||l_a(h)|| < ||h|| + \lambda ||h|| = \mu ||h||$. Setze $\delta := \min\{\delta', \frac{\varepsilon}{\mu}\}$. Dann ist $||f(a+h) - f(a)|| < \varepsilon$, wenn $||h|| < 0$. Also ist f bei a stetig. $\square$

7.14 Definitionen : Sei $D \subseteq V$, $f : D \to \mathbb{R}$ und $a \in D$ so, dass $f(a) \geq f(x)$ für alle $x \in K_\varepsilon(a) \subset D$ gilt. Dann sagen wir: f hat in a ein **lokales** oder **relatives Maximum** (analog: **lokales Minimum**). Relative Maxima oder Minima heißen **relative Extrema**.

7.15 Satz (notwendige Bedingung für Extrema) : Sei $D \subseteq \mathbb{R}^n$, $f : D \to \mathbb{R}$. Wenn f in $a \in D$ ein relatives Extremum hat und wenn $D_i f(a)$ existiert, so ist $D_i f(a) = 0$.

Beweis: Wegen 7.12 (i) ist dies nichts anderes als die von der Schule her bekannte notwendige Bedingung für relative Extrema einer reellwertigen Funktion einer reellen Veränderlichen.

7.16 Bemerkungen :

(i) $D_i f(a) = 0$ ist nur eine notwendige Bedingung für ein relatives Extremum.
   Denn: Z.B. $\zeta = \xi^2 - \eta^2$ liefert $D_1 f(\xi, \eta) = 2\xi$, $D_2 f(\xi, \eta) = -2\eta$. Also in $(0,0)$ ist $D_1 f(0,0) = D_2 f(0.0) = 0$. Aber $(0,0)$ ist kein relatives Extremum. (Hier: in ξ-Richtung Minimum, in η-Richtung Maximum.) Dies ist ein sog. **Sattelpunkt**.

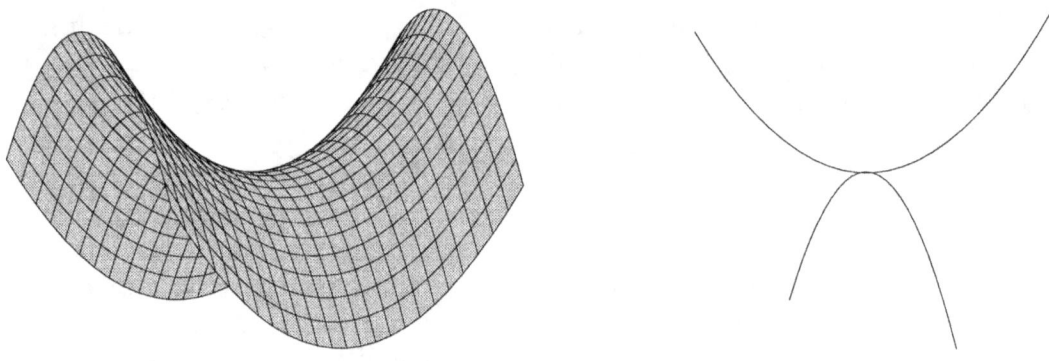

(ii) Wenn $D \subset \mathbb{R}^n$ kompakt ist, so nimmt nach 6.20 jede stetige Funktion $f : D \to \mathbb{R}$ ihr absolutes Maximum bzw. Minimum an. Liegt dieses Extremum aber auf dem Rand von D, so ist dort **nicht** notwendig $D_i f = 0$.
Beispiel: $f = \text{id} : [0,1] \to \mathbb{R}$ hat absolutes Maximum bei $x = 1$, aber $f'(1) = 1$.

7.17 Satz (Mittelwertsatz für reellwertige Funktionen einer reellen Veränderlichen) : Sei $f : [a,b] \to \mathbb{R}$ stetig und f' existiere für jedes $x \in]a,b[$. Dann existiert $c \in]a,b[$ mit $f(b) - f(a) = f'(c)(b-a)$.

Beweis: Setze $m := \frac{f(b)-f(a)}{b-a}$ und $F(x) := f(b) - f(x) - m(b-x)$. F ist stetig auf dem kompakten Intervall $[a,b]$, also hat F nach 6.20 ein Maximum x_1 und ein Minimum x_2 auf $[a,b]$. Es gilt $F(a) = F(b) = 0$.
1. Fall: $F(x_1) > 0$. Dann ist $x_1 \in]a,b[$, also nach 7.15 $F'(x_1) = 0$, d.h. $f'(x_1) = m$. Setze $c := x_1$.
2. Fall: $F(x_2) < 0$. Schließe analog zum 1. Fall. Nimm $c := x_2$.
3. Fall: $F(x_1) \leq 0 \wedge F(x_2) \geq 0$. Dann ist $F(x_1) = F(x_2) = 0$, also $F|_{[a,b]} \equiv 0$, also $F'(x) = 0$ für $x \in]a,b[$, also $f'(x) = m$ für alle $x \in]a,b[$. Setze $c := x$. □

7.18 Bemerkungen :

(i) Der Spezialfall $f(a) = f(b)$ in 7.17 heißt **Satz von Rolle**.

(ii) Sei $f : [a,b] \to \mathbb{R}$ stetig und in $]a,b[$ überall differenzierbar. Sei für zwei feste $m, M \in \mathbb{R}$ $m \leq f'(x) \leq M$ für alle $x \in]a,b[$. Dann gilt $m(y-x) \leq f(y) - f(x) \leq M(y-x)$ für alle x,y mit $a \leq x \leq y \leq b$.
Klar, wegen 7.17.

(iii) Kennzeichnung der konstanten Funktionen.
Wenn $f : [a,b] \to \mathbb{R}$ stetig und in $]a,b[$ differenzierbar ist und wenn $\bigwedge\limits_{x \in]a,b[} f'(x) = 0$

Kapitel 7. Differentiation in normierten Räumen, insbesondere im $\mathbb{R}^n$ 117

ist, so ist f konstant.
(Folgt aus (ii). Setze $m = M = 0$!)

(iv) Sei $c \in \mathbb{R}$ und sei $f : \mathbb{R} \to \mathbb{R}$ differenzierbar mit $f'(x) = \alpha f(x)$ für alle $x \in \mathbb{R}$. Dann ist $f(x) = f(0)e^{\alpha x}$ für alle $x \in \mathbb{R}$.
Denn: Setze $F(x) := f(x)e^{-\alpha x}$. Dann ist $F'(x) = f'(x)e^{-\alpha x} - \alpha f(x)e^{-\alpha x} = e^{-\alpha x}(f'(x) - \alpha f(x)) = 0$. Also ist nach (iii) $F(x) = $ const. Da $F(0) = f(0)$ ist, gilt $F(x) = f(0)$ für alle x, also $f(x) = f(0)e^{\alpha x}$ für alle $x \in \mathbb{R}$.

(v) Die Differentialgleichung von (iv) ist ein Modell für gewisse Wachstumsprozesse: Sei z.B. $f(x)$ die Größe einer Population zum Zeitpunkt x. $\frac{f'(x)}{f(x)}$ wird auch als **Wachstumsrate** zum Zeitpunkt x bezeichnet. Man nimmt gern eine konstante Wachstumsrate an (z.B. Wirtschaftswachstum!), z.B. $\alpha\%$ pro Jahr. Also nach (iv) $f(x) = f(0)e^{\frac{\alpha x}{100}}$.
Gesucht ist die sog. **Verdoppelungszeit**. Zur Zeit $x = 0$ sei die Größe der Population $f(0)$. Für welches x ist $f(x) = 2f(0)$?
$2f(0) = f(0)e^{\frac{\alpha x}{100}}$. $\alpha x = 100 \ln 2 \approx 69,31$. Also z.B. bei 7% Wachstum erfolgt eine Verdoppelung in 10 Jahren!

Slogan: Wachstumsrate × Verdopplungszeit = 69

Es kann sich natürlich auch um negatives Wachstum handeln. A. S. Perelson und andere behandeln in «HIV-1 Dynamics in Vivo, Science, 271 (1996), 1582 - 1586»mit einfachen mathematischen Mitteln die Dynamik von HIV nach Einsatz von potenten Protease- und anderen Inhibitoren. Die zugrundegelegten Differentialgleichungen sind wiederum vom Typ der eben besprochenen.

Ebenfalls exponentielles Wachstum regiert den radioaktiven Zerfall (α ist die Zerfallskonstante, hier ist nicht Verdoppelungszeit sondern Halbwertszeit ein wichtiger Parameter), das Newtonsche Abkühlungsgesetz oder das Wachstum von Kristallen.

Wegen des starken Wachstums der Exponentialfunktion kann exponentielles Wachstum in beschränkten Räumen jedoch nur zeitweise auftreten.

(vi) exp ist diejenige Funktion $f : \mathbb{R} \to \mathbb{R}$, für die $f'(x) = f(x)$ und $f(0) = 1$ gilt.

(vii) $f : [a,b] \to \mathbb{R}$ stetig, in $]a,b[$ differenzierbar, $\bigwedge\limits_{x \in]a,b[} f'(x) > 0$ (bzw. ≥ 0 bzw. < 0 bzw. ≤ 0) $\longrightarrow f$ ist in $[a,b]$ streng monoton wachsend (bzw. monoton wachsend bzw. streng monoton fallend bzw. monoton fallend).
Denn: Sei $f'(x) > 0$. Annahme: f **nicht** streng monoton wachsend, d.h. $\exists x_1 < x_2 :$ $f(x_1) \geq f(x_2) \to \exists c \in]a,b[: f'(c) = \frac{f(x_2)-f(x_1)}{x_2-x_1} \leq 0$ (wegen 7.17).

(viii) $f :]a,b[\to \mathbb{R}$ differenzierbar, f zweimal differenzierbar in $x_1 \in]a,b[$, $f'(x_1) = 0$, $f''(x_1) > 0$ (bzw. $f''(x_1) < 0$) $\longrightarrow f$ hat in x_1 ein isoliertes lokales Minimum (bzw. Maximum).

Denn: Sei $f''(x_1) > 0$, $f''(x_1) = \lim\limits_{x \to x_1} \frac{f'(x)-f'(x_1)}{x-x_1} > 0$. Daraus folgt $\exists \delta > 0 : \{0 < |x-x_1| < \delta \to \frac{f'(x)-f'(x_1)}{x-x_1} > 0\}$, also $\frac{f'(x)}{x-x_1} > 0$ für $|x-x_1| < \delta$.

Nach (vii) ist also $f(x)$ streng monoton wachsend in $]x_1, x_1 + \delta[$. Ebenso folgt: f ist streng monoton fallend in $]x_1 - \delta, x_1[$, also hat f in x_1 ein isoliertes lokales Minimum. □

7.19 Satz (Schwarz) : Sei $D \subseteq \mathbb{R}^n$, $f : D \to \mathbb{R}$ eine $C^{(k)}$-Funktion. Dann ist $D_{i_k\ldots i_2 i_1}f = D_{i_{\pi(k)}\ldots i_{\pi(2)} i_{\pi(1)}}f$ für jede Permutation $\pi \in S_k$.

Beweis: Mit Hilfe des Mittelwertsatzes. Siehe O. Forster: Analysis 2, p.41.

7.20 Satz : Sei $D \subseteq \mathbb{R}^n$ und $a \in D$. Dann gelten:

(i) Wenn $f : D \to \mathbb{R}$ differenzierbar bei a ist, so existiert $D_i f(a)$ für alle i; genauer: es ist $D_i f(a) = Df_a(e_i)$ (e_i ist i-ter Standardvektor von $\mathbb{R}^n$).
Beweis: Wenn f differenzierbar bei a ist, so gilt $\lim\limits_{\substack{h \to 0 \\ h \neq 0}} \frac{f(a+h)-f(a)-Df_a(h)}{\|h\|} = 0$, also speziell für $h = \lambda e_i$ $\lim\limits_{\substack{\lambda \to 0 \\ \lambda \neq 0}} \frac{f(\alpha_1,\ldots,\alpha_{i-1},\alpha_i+\lambda,\alpha_{i+1},\ldots,\alpha_n)-f(\alpha_1,\ldots,\alpha_n)}{\lambda\|e_i\|} = \lim\limits_{\substack{\lambda \to 0 \\ \lambda \neq 0}} \frac{\lambda Df_a(e_i)}{\lambda\|e_i\|} = Df_a(e_i)$ und der erste Limes ist doch $D_i f(a)$. Umgekehrt:

(ii) Wenn $f : D \to \mathbb{R}$ von der Klasse $C^{(1)}$ ist. so ist f differenzierbar bei a; genauer: Es gilt $Df_a(x) = \sum\limits_{i=1}^n D_i f(a)\xi_i$, wobei $x = (\xi_1,\ldots,\xi_n)^t$ ist.
Beweis: Beweis mit Hilfe des Mittelwertsatzes. Siehe O. Forster: Analysis 2, p.47f.

7.21 Folgerungen :

(i) $f : D \to \mathbb{R}^m$ differenzierbar bei $a \in D \subseteq \mathbb{R}^n \longrightarrow \bigwedge\limits_{\substack{i=1,\ldots,n \\ j=1,\ldots,m}} D_i f^j(a)$ existiert.

(ii) $\bigwedge\limits_{j=1,\ldots,m} f^j \in C^{(1)}$ in $D \subseteq \mathbb{R}^n \longrightarrow Df_a$ existiert für alle $a \in D$, nach 7.8.

(iii) $f \in C^{(1)}$ in $D \subseteq \mathbb{R}^n \longrightarrow f \in C^{(0)}$ in D.

7.22 Satz : Seien $D \subseteq \mathbb{R}^n$, $f : D \to \mathbb{R}^m$ $C^{(1)}$. Dann ist $Df_a(x) = f'(a)x$ für alle $a \in D$, wobei $f'(a) := \begin{pmatrix} D_1 f^1(a) & \ldots & D_n f^1(a) \\ \vdots & & \vdots \\ D_1 f^m(a) & \ldots & D_n f^m(a) \end{pmatrix} \in M_{m,n}(\mathbb{R})$ die sog. **Jacobi-Matrix** oder auch **Funktionalmatrix** ist.

7.23 Satz (Kettenregel für partielle Ableitungen) : Es seien $D \subseteq \mathbb{R}^n$, $a \in D$; $g_1,\ldots,g_m : D \to \mathbb{R}$ $C^{(1)}$-Funktionen; $U \subseteq \mathbb{R}^m$, $(g_1(a),\ldots,g_m(a)) \in U$; $f : U \to \mathbb{R}$

Kapitel 7. Differentiation in normierten Räumen, insbesondere im $\mathbb{R}^n$ 119

$C^{(1)}$-Funktion, und $F : D \to \mathbb{R}$ sei durch $F(x) := f(g_1(x), \ldots, g_m(x))$ definiert.
Dann ist $D_i F(a) = \sum D_j f(g_1(a), \ldots, g_m(a)) D_i g_j(a)$.

Beweis: Mit $g := (g_1, \ldots, g_m)$ ist $F = f \circ g$, also $DF_a(x) = (Df_{g(a)} \circ Dg_a)(x) = f'(g(a))g'(a)x$ (wegen 7.7 und 7.22)

$$= \begin{pmatrix} D_1 f(g(a)) & \ldots & D_m f(g(a)) \end{pmatrix} \begin{pmatrix} D_1 g_1(a) & \ldots & D_n g_1(a) \\ \vdots & & \vdots \\ D_1 g_m(a) & \ldots & D_n g_m(a) \end{pmatrix} \begin{pmatrix} \xi_1 \\ \vdots \\ \xi_n \end{pmatrix}.$$

Nach 7.20 (ii) gilt $DF_a(x) = \begin{pmatrix} D_1 F(a) & \ldots & D_n F(a) \end{pmatrix} \begin{pmatrix} \xi_1 \\ \vdots \\ \xi_n \end{pmatrix}$ und somit die Behauptung. □

7.24 Anwendungen :

(i) **Umrechnen** der partiellen Ableitung **in andere Koordinaten**, z.B. in Polarkoordinaten: $f(\xi, \eta) = f(\rho \cos \theta, \rho \sin \theta) =: F(\rho, \theta)$.

$$\frac{\partial F}{\partial \rho} = \frac{\partial f}{\partial \xi} \frac{\partial \xi}{\partial \rho} + \frac{\partial f}{\partial \eta} \frac{\partial \eta}{\partial \rho} = \cos \theta \frac{\partial f}{\partial \xi} + \sin \theta \frac{\partial f}{\partial \eta}$$

$$\frac{\partial F}{\partial \theta} = -\rho \sin \theta \frac{\partial f}{\partial \xi} + \rho \cos \theta \frac{\partial f}{\partial \eta}$$

(ii) **Implizites Differenzieren**
Gesucht seien die partiellen Ableitungen von $\zeta = f(\xi, \eta)$.
Sei $g(\xi, \eta, \zeta) = 0$ die implizite Form von $\zeta = f(\xi, \eta)$, also $g(\xi, \eta, f(\xi, \eta)) = F(\xi, \eta) = 0$. Dann gilt

$$0 = \frac{\partial F}{\partial \xi} = \frac{\partial g}{\partial \xi} \frac{\partial \xi}{\partial \xi} + \frac{\partial g}{\partial \eta} \frac{\partial \eta}{\partial \xi} + \frac{\partial g}{\partial \zeta} \frac{\partial \zeta}{\partial \xi} = D_1 g + D_3 g \frac{\partial f}{\partial \xi} \quad ,$$

also $\frac{\partial f}{\partial \xi} = -\frac{D_1 g}{D_3 g}$ (sofern $D_3 g \neq 0$ ist). Entsprechend $\frac{\partial f}{\partial \eta} = -\frac{D_2 g}{D_3 g}$.
Ebenso: Wenn $\eta = f(\xi)$ explizit und $g(\xi, \eta) = 0$ die implizite Form ist, so ist $\eta' = -\frac{D_1 g}{D_2 g}$.
Z.B. $\eta = \sqrt{\frac{c}{\sin \xi}}$, $g(\xi, \eta) = \eta^2 \sin \xi - c = 0$, $\eta' = \frac{-\eta^2 \cos \xi}{2\eta \sin \xi} = \frac{-\eta}{2 \tan \xi}$, $\eta' = \frac{-\sqrt{c}}{2\sqrt{\sin \xi} \tan \xi}$.

(iii) **Fehlerfortpflanzung bei reellwertigen Funktionen**
Seien $D \subset \mathbb{R}^n$, $f : D \to \mathbb{R}$, $x = (\xi_1, \ldots, \xi_n) \in D$ der Vektor der "wahren"Werte und $x_0 = (\xi_{01}, \ldots, \xi_{0n}) \in D$ der der gemessenen Näherungswerte.
Also ist der Messfehler $h = x - x_0$. Seien $|\Delta \xi_i| = |\xi_i - \xi_{i0}| \leq \sigma_i$ die Schranken für die jeweiligen Messfehler ($i = 1, \ldots, n$).
Nach 7.6(iii) und aufgrund der Zuwuchsformel gilt

$|\Delta f| = |f(x) - f(x_0)| = |Df_{x_0}(x - x_0) + o(||x - x_0||)| \leq$
$|\sum D_i f(x_0)(\xi_i - \xi_{0i})| + |o(||x - x_0||)|$, also ist $S \approx \sum |D_i f(x_0)|\sigma_i$ eine ungefähre Fehlerschranke, wenn $|\Delta \xi_i| \leq \sigma_i$ ist.

7.25 Definitionen : Es seien $x, y \in \mathbb{R}^n$.

(i) $\langle x, y \rangle := \sum_{i=1}^{n} \xi_i \eta_i$ heißt **Standardbilinearform** oder **Standardskalarprodukt** auf $\mathbb{R}^n$ (manchmal auch **inneres Produkt**).

(ii) x heißt **orthogonal** zu y, geschrieben $x \perp y$, wenn $\langle x, y \rangle = 0$ ist.

(iii) $\sphericalangle(x, y) := \arccos \frac{\langle x, y \rangle}{||x||_2 ||y||_2}$ heißt der **Winkel** zwischen x und y.

(iv) Der Operator **Nabla**, geschrieben ∇, wird definiert als $\nabla := (D_1, \ldots, D_n)^t$. Nabla ist <u>nicht</u> etwa - wie oft irrtümlich behauptet wird - ein hebräischer Buchstabe, sondern die gräzisierte Form נֵבֶל ($\nu\alpha\beta\lambda\alpha$) des hebräischen Worts נֶבֶל , was ein aus Holz gemachtes Saiteninstrument (Harfe) bezeichnet. Das Wort kommt im Alten Testament an mehreren Stellen vor.[2]

Kupfer von J.S. Müller
London 1749

[3]

J. C. Maxwell
(1831 - 1879)

---

[2]Hier eine Stelle von herrlichem Kolorit (Jesaja 5.11,12): "Wehe denen, die des Morgens früh auf sind, des Saufens sich zu fleißigen, und sitzen bis in die Nacht, dass sie der Wein erhitzt und haben <u>Harfen</u>, Psalter, Pauken, Pfeifen und Wein in ihrem Wohlleben und sehen nicht auf das Wort des Herrn ... "

[3]James Clerk Maxwell, der Schöpfer der Theorie der Elektrodynamik, führte die Bezeichnung 'Nabla' ein.

Kapitel 7. Differentiation in normierten Räumen, insbesondere im $\mathbb{R}^n$ 121

(v) $\nabla f := \begin{pmatrix} D_1 f \\ \vdots \\ D_n f \end{pmatrix} =: \operatorname{grad} f$ heißt der **Gradient** von $f : D \to \mathbb{R}$ $\quad (D \subseteq \mathbb{R}^n)$.

(vi) f heißt eine **Potentialfunktion** des Vektorfeldes $\nabla f : D \to \mathbb{R}^n$.

(vii) Sei $g : D \to \mathbb{R}^n$. $\langle \nabla, g \rangle = \sum_{i=1}^{n} D_i g^i =: \operatorname{div} g$ heißt **Divergenz** von g.

(viii) $\nabla \times g =: \operatorname{rot} g$ heißt **Rotation** von g. Aber das „Kreuzprodukt" $\times$ behandeln wir erst in Teil 3 !

7.26 Bemerkungen :

(i) Wegen 6.5 liegt $\frac{\langle x,y \rangle}{\|x\|_2 \|y\|_2}$ im Definitionsbereich des arccos. Nach Definition 7.25(iv) haben wir also stets zur Verfügung die Relation

$$\boxed{\langle x, y \rangle = \|x\|_2 \|y\|_2 \cos \sphericalangle(x,y)}$$

(ii) Wenn $f \in C^{(1)}$, so ist $Df_a(x) = \langle \nabla f(a), x \rangle$ $\quad\quad$ (**Zuwuchsformel**).

(iii) Es sei $\alpha : D_0 \to D \subseteq \mathbb{R}^n$ differenzierbar in $t_0 \in D_0$, $D_0 \subset \mathbb{R}$ (α repräsentiert eine **Raumkurve**), und es sei $f : D \to \mathbb{R}$ differenzierbar. Dann ist $(f \circ \alpha)'(t_0) = \langle \nabla f(\alpha_0), \alpha'(t_0) \rangle$, wobei $\alpha_0 := \alpha(t_0)$ und $\alpha'(t_0) := (\alpha^{1'}(t_0), \ldots, \alpha^{n'}(t_0))^t$ ist.
Denn:
$(f \circ \alpha)'(t_0) \cdot h = D(f \circ \alpha)_{t_0}(h) = Df_{\alpha(t_0)}(D\alpha_{t_0}(h)) = \langle \nabla f(\alpha_0), D\alpha_{t_0}(h) \rangle$. Nun ist
$D\alpha_{t_0}(h) = \begin{pmatrix} D\alpha_{t_0}^1(h) \\ \vdots \\ D\alpha_{t_0}^n(h) \end{pmatrix} = \begin{pmatrix} \alpha^{1'}(t_0)h \\ \vdots \\ \alpha^{n'}(t_0)h \end{pmatrix}$, also folgt die Behauptung.

(iv) $\alpha'(t_0)$ von (iii) ist doch der Jacobi-Vektor von α. Daher heißt $\alpha'(t_0)$ der **Tangentenvektor an die Kurve** α in t_0.

Denn: $\alpha'(t_0) = \frac{D\alpha_{t_0}(h)}{h} = \begin{pmatrix} \lim_{\substack{h \to 0 \\ h \neq 0}} \frac{\alpha^1(t_0+h)-\alpha^1(t_0)}{h} \\ \vdots \\ \lim_{\substack{h \to 0 \\ h \neq 0}} \frac{\alpha^n(t_0+h)-\alpha^n(t_0)}{h} \end{pmatrix} = \lim_{\substack{h \to 0 \\ h \neq 0}} \frac{\alpha(t_0+h)-\alpha(t_0)}{h}$.

(v) Für $D \subseteq \mathbb{R}^n$ und differenzierbare Funktionen $f : D \to \mathbb{R}$, $\alpha : \mathbb{R} \to D$ gilt $(f \circ \alpha)'(t)h = D(f \circ \alpha)_t(h) = Df_{\alpha(t)}(D\alpha_t(h)) = Df_{\alpha(t)}(\alpha'(t))h$, also $Df_{\alpha(t)}(\alpha'(t)) = (f \circ \alpha)'(t)$. Letzterer Ausdruck gibt doch die Änderung von f in Richtung der durch α beschriebenen Kurve an (, also auch in Richtung von $\alpha'(t)$). Das liefert uns eine „anschauliche"Interpretation der totalen Ableitung der skalarwertigen Funktion f:

$Df_a(h)$ gibt die Änderung der Funktion f im Punkte a in Richtung h an.
Wenn $||h|| = 1$ ist, so heißt $Df_a(h)$ auch manchmal die **Richtungsableitung** von f im Punkte a in Richtung h. Diese wird (in Anlehnung an die Schreibweise für partielle Ableitungen) auch geschrieben als $D_h f(a)$.

(vi) Die Änderung $Df_a(h) = \langle \nabla f(a), h \rangle = ||\nabla f(a)|| \, ||h|| \cos \sphericalangle(\nabla f(a), h)$ ist am größten, wenn $\sphericalangle(\nabla f(a), h) = 0$ ist, d. h., wenn h in Richtung von $\nabla f(a)$ zeigt. Anders gewendet:

> **Slogan:** $\nabla f = \operatorname{grad} f$ zeigt stets in Richtung des größten Anstiegs von f, und $-\nabla f$ zeigt in Richtung der stärksten Abnahme von f.

(vii) Nun ergibt sich nach 7.26(v) $\langle \nabla f(\alpha(t)), \alpha'(t) \rangle = Df_{\alpha(t)}(\alpha'(t)) = (f \circ \alpha)'(t)$, also ist $\nabla f(\alpha(t)) \perp \alpha'(t)$ äquivalent mit $f \circ \alpha = \text{const}$.

> **Slogan:** $\nabla f(a)$ ist ein **Normalenvektor** auf der **Niveauhyperfläche** $f = \text{const}$ im Punkte a.

(viii) Ein Beispiel aus der Physik: Die elektrische Feldstärke $E(x)$ hat in einem elektrostatischen Spannungsfeld $U(x)$ die Richtung des stärksten Spannungsabfalls, da $E(x) = -\operatorname{grad} U(x)$ gilt.

(ix) **Gleichung der Tangentialhyperebene:**
Wir erhalten als Gleichung für die Tangentialhyperebene im Punkte a an die Niveauhyperfläche $f = \text{const}$:

$$\langle \nabla f(a), x - a \rangle = 0$$

Kapitel 8

Das Riemannsche Integral

Motivation:
Sei $I = [\alpha_1, \beta_1] \times \ldots \times [\alpha_n, \beta_n]$ mit $\alpha_i, \beta_i \in \mathbb{R}\ \forall i$, d. h. ein sog. **Intervall** der Dimension n (vgl. Def. 8.1), und sei $f : I \to \mathbb{R}$ stetig.

Gesucht ist der „Flächeninhalt" bzw. das „Volumen" unterhalb des Graphen von f und oberhalb von I. Ausgeführt wird die Abschätzung durch eine untere Rechteck(bzw. Quader-)summe sowie durch eine obere (sog. **Untersumme** bzw. **Obersumme**). Das gesuchte Volumen liegt dazwischen. Die Einteilung wird immer feiner gemacht und das Supremum aller Untersummen und das Infimum aller Obersummen ermittelt. Wenn beide Werte übereinstimmen, hat man das Riemannsche Integral ermittelt.
Die folgenden vier Abbildungen veranschaulichen den Sachverhalt für die Dimensionen 1 und 2.

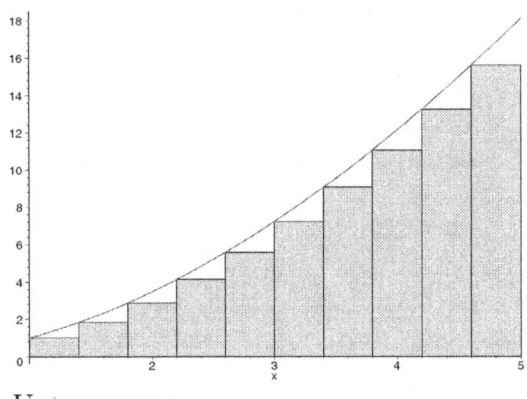

Untersumme

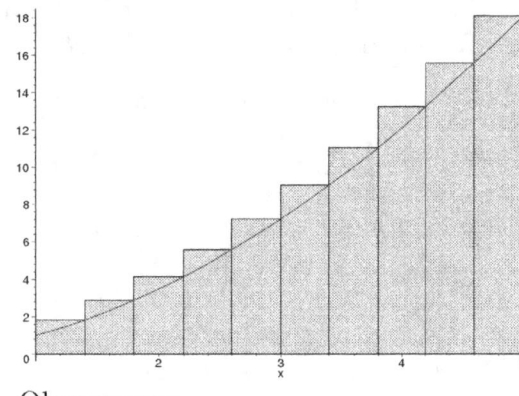

Obersumme

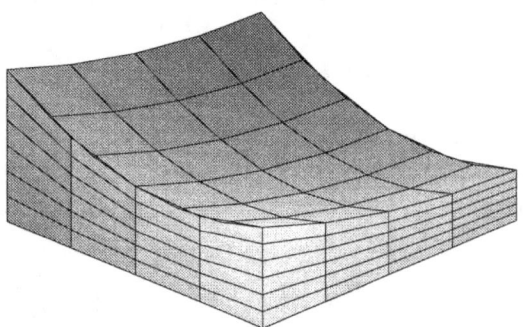

Volumen unter einem Flächenstück

Seine Approximation mittels einer Quadersumme

[1] Ähnliche Zugänge zum Integralbegriff gibt es schon seit der Antike. Die Exhaustionsmethode des Eudoxos wurde von Archimedes virtuos gehandhabt, schön dargelegt in seiner Schrift 'Ad Eratosthenem methodus '. Später präsentierten z. B. Cavalieri und Kepler Integrationsüberlegungen. Die Integralrechnung ist also eine viel ältere Disziplin als die Differentialrechnung.

Dennoch kam mit der Entwicklung letzterer ein neuer Impetus auch für die erstere. Wie bei der Differentiation gehen die beiden großen Protagonisten Leibniz und Newton auch bei der Integration verschiedene Wege: Newton interessiert hauptsächlich die zur Ableitung inverse Operation, also das Auffinden einer Stammfunktion (siehe 8.19ff.), engl. antiderivative, neuerdings bei uns öfter auch **Aufleitung** genannt. Leibniz - mehr in der antiken, atomistischen Tradition beheimatet - arbeitet den verallgemeinerten Summationsprozess heraus. So führt er auch das $\int$-Zeichen ein, ein stilisiertes Summenzeichen.

8.1 Definitionen :

(i) Für $a = (\alpha_1, \dots, \alpha_n) \in \mathbb{R}^n, b = (\beta_1, \dots, \beta_n) \in \mathbb{R}^n$ heißt $[a, b] := \{x = (\xi_1, \dots, \xi_n) \in \mathbb{R}^n : \alpha_i \leq \xi_i \leq \beta_i \forall i = 1, \dots, n\}$ ein **abgeschlossenes Intervall** in $\mathbb{R}^n$; analog: $]a, b[$ **offenes Intervall**, $]a, b]$ oder $[a, b[$ **halboffenes Intervall**.

(ii) Sei I ein Intervall in $\mathbb{R}^n$ (offen oder abgeschlossen).
$v(I) := \prod_{i=1}^{n}(\beta_i - \alpha_i)$ heißt das **Volumen** von I. (Es kann also als „Volumen eines n-dimensionalen Quaders" interpretiert werden). Wir definieren ferner $v(\emptyset) := 0$.

(iii) Eine Menge $E = \{I_1, \dots, I_r\}$ von offenen Intervallen heißt eine **Einteilung** von $[a, b]$, wenn $[a, b] = \bigcup_{i=1}^{r} \overline{I}_i$ und die I_i paarweise disjunkt sind.

(iv) Seien E, E' Einteilungen von $[a, b]$. $E = \{I_1, \dots, I_r\}$ heißt **feiner** als $E' = \{I'_1, \dots, I'_S\}$, geschrieben $E \subset E'$, wenn $\bigwedge_{i=1}^{r} \bigvee_j I_i \subset I'_j$. (Im Falle $n = 1$ bedeutet das: Jeder Teilungspunkt von E' ist auch Teilungspunkt von E).

---

[1] Die Abbildungen wurden mit Maple erstellt, die vierte mittels mvcal von C. K. Cheung.

Kapitel 8. Das Riemannsche Integral 125

(v) $t : [a,b] \to \mathbb{R}$ heißt **Treppenfunktion** auf $[a,b]$, wenn eine Einteilung $E = \{I_1, \ldots, I_r\}$ von $[a,b]$ so existiert, dass $\bigwedge_{i=1}^{r} t|_{I_i} = c_i = \text{const}$ ist.

(vi) $S_{[a,b]_E}(t) := \sum_{i=1}^{r} c_i v(I_i)$ heißt das **Integral** von t über $[a,b]$.

(vii) Jede Treppenfunktion $\tilde{t}$ auf $[a,b]$ wird zu einer auf ganz $\mathbb{R}^n$ definierten Funktion $t : \mathbb{R}^n \to \mathbb{R}$ fortgesetzt:

$$t(x) := \begin{cases} \tilde{t}(x) & \text{für } x \in [a,b] \\ 0 & \text{für } x \notin [a,b] \end{cases}$$

Diese erweiterte Treppenfunktion t hat dann dasselbe Integral wie $\tilde{t}$: $S_E(t) = S_{[a,b]_E}(\tilde{t})$.

8.2 Bemerkungen :

(i) Das Integral einer Treppenfunktion t hängt nicht von $[a,b]$ oder E ab, sondern nur von t.
Denn: Seien $[a,b]$, $[a',b']$ und $E = \{I_1, \ldots, I_r\}$, $E' = \{I'_1, \ldots, I'_s\}$ zu t passend gegeben.
(*) $\{I_i \cap I'_j : i = 1, \ldots, r; j = 1, \ldots, s\}$ bildet dann eine gemeinsame Verfeinerung der Einteilungen E, E'. Wir lassen die leeren Mengen in (*) weg und erhalten eine Einteilung $E'' := \{I''_k : k = 1, \ldots, u\}$ von $[a'', b'']$, wobei $\alpha''_k := \max\{\alpha_i, \alpha'_j\}$, $\beta''_k := \min\{\beta_i, \beta'_j\}$ gewählt ist. Es ist t außerhalb von $[a'', b'']$ Null.

Überlegen Sie sich, dass sich $S(t)$ beim Übergang zu einer Verfeinerung nicht ändert!

(ii) Die Menge $\mathcal{T}$ der Treppenfunktionen des $\mathbb{R}^n$ ist ein $\mathbb{R}$-Vektorraum. Das Integral ist eine lineare Abbildung $S : \mathcal{T} \to \mathbb{R}$ (eine sog. **Linearform** oder ein **lineares Funktional**, d. i. eine lineare Abbildung in den Skalarkörper).

Für $t_1, t_2 \in \mathcal{T}$ sagen wir: $t_1 \leq t_2$, wenn $t_1(x) \leq t_2(x)$ für alle $x \in \mathbb{R}^n$. $(\mathcal{T}, \leq)$ ist im Sinne von 2.30 eine geordnete Menge.

(iii) $t \in \mathcal{T}, t \geq 0 \longrightarrow S(t) \geq 0$
$t_1 \leq t_2 \longrightarrow S(t_1) \leq S(t_2)$

Das Integral ist also nichtnegativ, monoton wachsend.

8.3 Definitionen :
$M \subset \mathbb{R}^n$ heißt eine **Lebesguesche Nullmenge** oder eine **Menge vom Lebesgue-Maß Null**, wenn für jedes $\varepsilon > 0$ eine abzählbare Familie $\{I_\nu\}$ offener Intervalle mit $M \subset \bigcup_{\nu=1}^{\infty} I_\nu$ und $\sum_{\nu=1}^{\infty} v(I_\nu) < \varepsilon$ existiert.

Von einer Eigenschaft, die auf $\mathbb{R}^n$ mit Ausnahme einer Lebesgueschen Nullmenge gilt, sagen wir, dass sie **fast überall** gilt.

8.4 Bemerkungen :

(i) Wenn M abzählbar ist, so ist M vom Maß 0
Denn: Schreibe $M = \{m_1, m_2, \ldots\}$. Wähle $I_i =]a_i, b_i[$ um m_i so, dass $v(I_i) < \frac{\varepsilon}{2^i}$. Dann ist $\sum_{i=1}^{\infty} v(I_i) < \varepsilon \sum_{i=1}^{\infty} (\frac{1}{2})^i = \varepsilon$.

(ii) Jede Vereinigung $\bigcup_{i=1}^{\infty} M_i$ abzählbar vieler Mengen M_i vom Maß 0 ist vom Maß 0.
Denn: Zu vorgegebenem $\varepsilon > 0$ wählen wir zu M_i jeweils $\varepsilon'_i = \frac{\varepsilon}{2^i}$. Da M_i vom Maß 0 ist, existiert $\{I_{i_\nu}\}$ mit $\sum_{\nu} v(I_{i_\nu}) < \frac{\varepsilon}{2^i}$. $\bigcup_{i=1}^{\infty} \{I_{i_\nu}\}$ ist nach 1.33 abzählbar und wie unter (i) ist $\sum_{i,\nu} v(I_{i_\nu}) < \varepsilon$.

(iii) Jede $(n-1)$-dimensionale Randhyperfläche eines n-dimensionalen Intervalls $[a,b]$ ist vom Maß 0.
Denn: Eine $(n-1)$-dimensionale Randhyperfläche erhalten wir durch $\xi_j = \alpha_j$ (oder β_j) für ein j und $\alpha_i \leq \xi_i \leq \beta_i$ für $i \neq j$, also lässt sie sich mit zwei offenen Quadern
$](\alpha_1, \ldots, \alpha_{j-1}, \alpha_j - \varepsilon, \alpha_j, \ldots, \alpha_n), (\beta_1, \ldots, \beta_{j-1}, \alpha_j + \varepsilon, \ldots, \beta_n)[$ oder
$](\alpha_1, \ldots, \alpha_{j-1}, \beta_j - \varepsilon, \alpha_j, \ldots, \alpha_n), (\beta_1, \ldots, \beta_{j-1}, \beta_j + \varepsilon, \ldots, \beta_n)[$
der Volumina $2\varepsilon V_{n-1}$ überdecken.

8.5 Definitionen :
Sei $[a,b] \subset \mathbb{R}^n$, $f : [a,b] \to \mathbb{R}$ beschränkt. $E = \{I_1, \ldots, I_r\}$ sei ein Element aus der Menge $\mathcal{E}$ aller Einteilungen von $[a,b]$. Ferner sei

$$\underline{t}_{f,E}(x) := \begin{cases} \inf\{f(x) : x \in \overline{I}_i\} & \text{für } x \in I_i \\ f(x) & \text{für } x \in \overline{I}_i \setminus I_i \\ 0 & \text{für } x \notin \overline{I}_i \end{cases}$$

und

$$\overline{t}_{f,E}(x) := \begin{cases} \sup\{f(x) : x \in \overline{I}_i\} & \text{für } x \in I_i \\ f(x) & \text{für } x \in \overline{I}_i \setminus I_i \\ 0 & \text{für } x \notin \overline{I}_i \end{cases}$$

(i) $\underline{S}_{[a,b]} f := \sup\{S(\underline{t}_{f,E}) : E \in \mathcal{E}\}$ heißt das **Unterintegral** von f.
$S(\underline{t}_{f,E})$ ist die sogenannte **Untersumme** von f bezüglich E.

(ii) $\overline{S}_{[a,b]} f := \inf\{S(\overline{t}_{f,E})\}$ heißt **Oberintegral**, $S(\overline{t}_{f,E})$ die **Obersumme**.

Kapitel 8. Das Riemannsche Integral

(iii) f heißt **Riemann-integrierbar** über $[a,b]$, wenn $\underline{S}f = \overline{S}f =:$
$\int_{[a,b]} f(\xi_1, \xi_2, \ldots, \xi_n) d\xi_1 d\xi_2 \ldots d\xi_n =: \int_a^b f$ gilt. Letzterer Wert wird das **Riemannsche Integral** genannt.[2]

(iv) Die **Maschenweite** der Einteilung $E = \{I_k : k = 1, \ldots, r\}$ wird definiert als $|E| := max\{d(I_k) : k = 1, \ldots, r\}$, wobei $d(I_k) := sup\{||x-y|| : x, y \in I_k\}$ der sog. **Durchmesser** von I_k ist.

Bernhard Riemann
(1826 - 1866)

Gaston Darboux
(1842 - 1917)

8.6 Bemerkungen :

(i) $\underline{S}_{[a,b]}f$ und $\overline{S}_{[a,b]}f$ existieren. Es gilt $\underline{S}f \leq \overline{S}f$.
   Denn: Nach 8.5 ist f beschränkt, also existieren nach 3.3 $\inf\{f(x) : x \in \overline{I}_i\}$ und somit $\underline{t}_{f,E}(x)$. Ebenso $\underline{S}_{[a,b]}f$ bzw. $\overline{S}_{[a,b]}f$. Da nach Konstruktion $\underline{t}_{f,E} \leq f \leq \overline{t}_{f,E'}$ für alle $E, E' \in \mathcal{E}$ gilt, ist wegen 8.2 (iii) $S(\underline{t}_{f,E}) \leq S(\overline{t}_{f,E'})$, also $\underline{S}f \leq \overline{S}f$.

(ii) Wenn f auf $[a,b]$ beschränkt ist, so existiert eine Folge $\{E_\nu\}$ von Einteilungen von $[a,b]$ so, dass $E_{\nu+1} \subset E_\nu$, $\lim_{\nu \to \infty} |E_\nu| = 0$ und $\lim_{\nu \to \infty} S(\underline{t}_{f,E_\nu}) = \underline{S}_{[a,b]}f$ gelten. Analoge Aussage für $\overline{S}_{[a,b]}f$.

8.7 Satz : Wenn $f : [a,b] \to \mathbb{R}$ stetig ist, so ist f Riemann-integrierbar auf $[a,b]$.

---

[2] Riemann beginnt 1854 in seiner Arbeit "Über trigonometrische Summen" mit der systematischen Untersuchung über die Integrierbarkeit beschränkter Funktionen. Die Definition mittels Ober-und Untersummen wird von Darboux geleistet.

8.8 Satz : Eine beschränkte Funktion $f : [a,b] \to \mathbb{R}$ ist genau dann Riemann-integrierbar auf $[a,b]$, wenn sie auf $[a,b]$ fast überall stetig ist.[3]
Beweis: Z. B. bei T. M. Apostol, Mathematical Analysis. Addison-Wesley, Reading, Mass. 1974, Thm. 7.48.

8.9 Beispiel für eine nicht Riemann-integrierbare Funktion : Die durch

$$f(x) := \begin{cases} 1 & \text{für } x \in \mathbb{Q} \\ 0 & \text{für } x \notin \mathbb{Q} \end{cases}$$

definierte Funktion ist auf $[a,b] \subset \mathbb{R}$ für $a \neq b$ nicht Riemann-integrierbar.
Denn: Für jede Einteilung E gibt es Zwischenpunkte $\xi_i \in I_i$ mit $f(\xi_i) = 1$ und Zwischenpunkte $\xi_i' \in I_i$ mit $f(\xi_i') = 0$. Also ist $\underline{S}f = 0$, $\overline{S}f = v[a,b]$.

8.10 Satz : Das Riemannsche Integral ist ein lineares Funktional auf dem $\mathbb{R}$-Vektorraum der über $[a,b]$ Riemann-integrierbaren Funktionen. Ist $f(x) \geq 0$ auf $[a,b]$, so ist $\int_{[a,b]} f(x)\, dx \geq 0$.
Beweis:

(I) Wenn f, g auf $[a,b]$ Riemann-integrierbar sind, so ist $f+g$ dort Riemann-integrierbar. Da $\underline{S}f$ die kleinste obere Schranke ist, gilt nämlich
$$\bigwedge_{\varepsilon > 0} \bigvee_{\underline{t}_f, \underline{t}_g} S(\underline{t}_f) \geq \underline{S}_f - \tfrac{\varepsilon}{2} \ \wedge \ S(\underline{t}_g) \geq \underline{S}g - \tfrac{\varepsilon}{2}.$$
Also gilt $\underline{S}f + \underline{S}g - \varepsilon \leq S(\underline{t}_f + \underline{t}_g) \leq \underline{S}(f+g) \leq \overline{S}(f+g) \leq \overline{S}f + \overline{S}g$.

(II) Entsprechend I wird $\int \lambda f = \lambda \int f$ bewiesen.

(III) Die letzte Behauptung ist unmittelbar klar. □

8.11 Folgerung : Seien f, g integrierbar auf $[a,b]$ mit $f(x) \leq g(x)$ für alle $x \in [a,b]$. Dann ist $\int_a^b f \leq \int_a^b g$.

8.12 Folgerung : Seien f Riemann-integrierbar auf $[a,b]$ und $m, M \in \mathbb{R}$ mit $m \leq f(x) \leq M$ für alle $x \in [a,b]$. Dann gilt $mv[a,b] \leq \int_a^b f\, dx \leq Mv([a,b])$.
Denn: 8.11 impliziert $\int_a^b m\, dx \leq \int_a^b f(x)\, dx \leq \int_a^b M\, dx$.

Die folgenden Sätze zeigen die Eigenschaft der Integration als Mittelwertbildung. Diese Eigenschaft wird in den Anwendungen, z.B. in der Stochastik, vielfach genutzt.
8.13 Satz (1. Mittelwertsatz der Integralrechnung) : Sei $[a,b] \subset \mathbb{R}$ und sei $f : [a,b] \to \mathbb{R}$ stetig. Dann existiert $x_0 \in [a,b]$ mit $\int_a^b f(x)\, dx = f(x_0)v([a,b])$.

---
[3] 1875 von Darboux bewiesen.

Kapitel 8. Das Riemannsche Integral

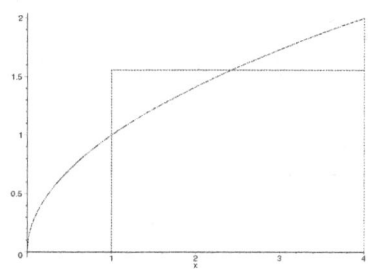

Beweis: Es gilt $\inf\{f(x) : x \in [a,b]\} := m \leq \frac{1}{v([a,b])}\int_a^b f(x)\,dx \leq \sup\{f(x) : x \in [a,b]\} =: M$ nach 8.12. Da f stetig auf $[a,b]$ ist, gilt nach 6.20: $m, M \in f([a,b])$. Also existiert nach 6.33 $x_0 \in [a,b]$ so, dass $\frac{1}{v([a,b])}\int_a^b f(x)\,dx = f(x_0)$ ist. □

$\frac{1}{v([a,b])}\int_a^b f(x)\,dx$ ist der Mittelwert der Funktion f über $[a,b]$. Dies kann auch genutzt werden, um eine Funktion zu glätten. Das folgende Maple-Arbeitsblatt ist nach W. Werner, Mathematik lernen mit Maple, gestaltet. Durch die Funktion f seien Messfehler simuliert:
> f := x -> sin(x) + 1/10 * sin(500 * x) + 1/10 * cos(100 * x)

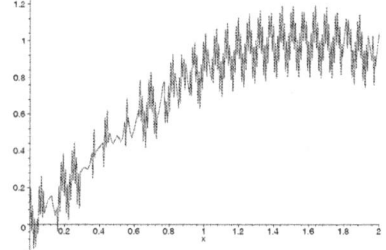

Die Glättung erfolgt nun mit Hilfe des Mittelwertsatzes:
g := (x,t) -> Int(f(y), y = x - t .. x + t)/(2 * t) :
plot(g(u, 0.2), u = 0..2);

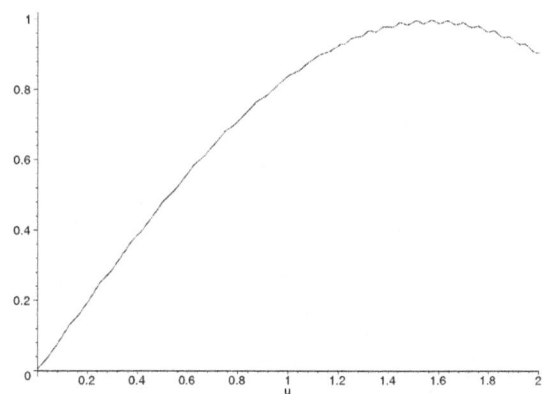

Meist werden jedoch in der Praxis noch etwas kompliziertere Methoden angewandt, wie zum Beispiel die Filterung verrauschter Signale mittels des Faltungsintegrals (siehe Teil 3).

8.14 Satz (2. Mittelwertsatz der Integralrechnung) : Es seien f, g stetig auf $[a,b]$ und es sei $g(x) \geq 0$ für alle $x \in [a,b]$. Dann existiert $x_0 \in [a,b]$ mit $\int_a^b f(x)g(x)\,dx = f(x_0)\int_a^b g(x)\,dx$.

Beweis: Wieder seien m, M die Extremalwerte von f auf $[a,b]$. Wegen $mg(x) \leq f(x)g(x) \leq Mg(x)$ gilt $m\int_a^b g(x)\,dx \leq \int_a^b f(x)g(x)\,dx \leq M\int_a^b g(x)\,dx$. Nach 8.10 gilt $\int_a^b g(x)\,dx \geq 0$. Wenn $= 0$, so kann x_0 beliebig gewählt werden. Andernfalls dividieren wir die Ungleichung durch $\int_a^b g(x)\,dx > 0$. Der Zwischenwertsatz 6.33 ergibt dann

$$f(x_0) = \frac{\int_a^b f(x)g(x)\,dx}{\int_a^b g(x)\,dx} \;.$$ □

8.15 Satz : Wenn f auf $[a,b]$ integrierbar ist, so gilt $|\int_a^b f(x)\,dx| \leq \int_a^b |f(x)|\,dx \leq v([a,b])\|f\|_{[a,b]}$, wobei $\|f\|_{[a,b]} := \sup\{f(x) : x \in [a,b]\}$ ist.
$\|\;\|_{[a,b]}$ ist die sogenannte **Supremumsnorm**.

Beweis:

(I) Zeige: $|f|$ ist integrierbar.
Betrachte:
$$f_-(x) := \begin{cases} -f(x) & \text{für } f(x) < 0 \\ 0 & \text{sonst} \end{cases}$$

$$f_+(x) := \begin{cases} f(x) & \text{für } f(x) > 0 \\ 0 & \text{sonst} \end{cases}$$

Wenn f integrierbar ist, so gilt $\exists \underline{t}, \overline{t} : S(\overline{t} - \underline{t}) < \varepsilon$. Es ist $\underline{t}_+ \leq f_+ \leq \overline{t}_+$, $S(\overline{t}_+ - \underline{t}_+) \leq S(\overline{t} - \underline{t}) < \varepsilon$ also ist f_+ und ebenso f_- integrierbar. Mithin ist $|f| = f_+ + f_-$ integrierbar.

(II) Wegen $-f(x) \leq |f(x)|$ gilt $-\int_a^b f(x)\,dx \leq \int_a^b |f(x)|\,dx$
und ebenso $\int_a^b f(x)\,dx \leq \int_a^b |f(x)|\,dx$, also $|\int_a^b f(x)\,dx| \leq \int_a^b |f(x)|\,dx$. □

Kapitel 8. Das Riemannsche Integral

Im Rest dieses Kapitels seien alle Integrationsintervalle Teilmengen von $\mathbb{R}$. Wir betrachten also nur eindimensionale Integrale.

8.16 Bemerkung : Seien $a < b < c$, $f : [a, c] \to \mathbb{R}$. Dann gilt: f ist genau dann auf $[a, c]$ integrierbar, wenn f es auf $[a, b]$ und auf $[b, c]$ ist. Und in diesem Fall gilt:
$$\int_a^b f(x)\, dx + \int_b^c f(x)\, dx = \int_a^c f(x)\, dx$$
Denn: Wenn f integrierbar auf $[a, c]$ ist, so gilt: $\exists \underline{t}_f, \overline{t}_f : \int_a^c \overline{t} - \underline{t} < \varepsilon$.

Wegen $\int_a^c \overline{t} - \underline{t} = \int_a^b + \int_b^c$ sind $\int_a^b \overline{t} - \underline{t} < \varepsilon$, $\int_b^c \overline{t} - \underline{t} < \varepsilon$. Also ist f integrierbar auf $[a, b]$ und $[b, c]$.

8.17 Definition : Sei f integrierbar auf $[b, a]$. Wir setzen $\int_a^b f(x)\, dx := -\int_b^a f(x)\, dx$. Also folgt daraus insbesondere: $\int_a^a f(x)\, dx = 0$.

8.18 Satz : Sei $I \subseteq \mathbb{R}$ zusammenhängend, und sei $f : I \to \mathbb{R}$ stetig. Dann ist für festes $a \in I$ die Funktion $F(x) := \int_a^x f(t)\, dt$ auf I differenzierbar, und es gilt $F'(x) = f(x)$.

Beweis: $\frac{F(x+h) - F(x)}{h} = \frac{1}{h}(\int_a^{x+h} f(t)\, dt - \int_a^x f(t)\, dt) = \frac{1}{h} \int_x^{x+h} f(t)\, dt$. Nach 8.13 existiert $x_h \in [x, x+h]$ (bzw. für $h < 0$ $\in [x+h, x]$) so, dass $\int_x^{x+h} f(t)\, dt = f(x_h) h$ ist.

Also gilt $F'(x) = \lim_{\substack{h \to 0 \\ h \neq 0}} \frac{F(x+h)-F(x)}{h} = \lim_{\substack{h \to 0 \\ h \neq 0}} \frac{1}{h} \int_x^{x+h} f(t)\, dt = \lim_{\substack{h \to 0 \\ h \neq 0}} f(x_h) = f(x)$. $\square$

8.19 Definition : Eine differenzierbare Funktion $F : I \to \mathbb{R}$ heißt eine **Stammfunktion** von $f : I \to \mathbb{R}$, wenn $F'(x) = f(x)$ für alle $x \in I$ gilt. $\int_a^x f(t)\, dt +$ const heißt ein **unbestimmtes Integral** von f, oft auch einfach als $\int f(x)\, dx$ geschrieben. (Die Begründung für die Schreibweise „$\ldots$ + const" erfolgt in der nächsten Bemerkung, Teil (ii)).

8.20 Bemerkungen :

(i) 8.18 besagt: Jede auf I stetige Funktion besitzt dort eine Stammfunktion.

(ii) Sei F Stammfunktion von $f : I \to \mathbb{R}$. $G : I \to \mathbb{R}$ ist genau dann ebenfalls eine Stammfunktion von f, wenn $G - F =$ const ist. Das unbestimmte Integral von f ist also die Klasse der Stammfunktionen von f.
Denn: Wenn G eine Stammfunktion von f ist, so ist $G' = F' = f$, also $(G-F)' = 0$ auf I, also nach 7.18 (iii) $G - F =$ const. Wenn umgekehrt $G - F =$ const ist, so gilt $G' = F' = f$. Also ist G auch eine Stammfunktion von f.

8.21 Satz (Hauptsatz der Differential- und Integralrechnung) :
Sei $f : I \to \mathbb{R}$ eine stetige Funktion und F eine Stammfunktion von f.
Dann gilt für $a, b \in I$: $\int_a^b f(x) = F(b) - F(a) =: F(x)|_a^b$.

Beweis: Für die spezielle Stammfunktion $F_0(x) := \int_a^x f(t)\, dt$ aus 8.18 gilt: $\int_a^b f(x)\, dx = F_0(b) - 0 = F_0(b) - F_0(a)$. Für jede andere Stammfunktion F von f gilt nach 8.20 (ii): $F(x) - F_0(x) = $ const, also gilt die Behauptung. □

8.22 Bemerkungen :

(i) Sei $x > 0$ und sei $F(x) := \int_1^x \frac{dt}{t}$. Dann ist $F(x) = \ln x$.
Denn: Sei $f(t) := \frac{1}{t}$. f ist auf $[1, x]$ stetig. Nach 8.18, 8.19 ist also F eine Stammfunktion von f, und es gilt $F'(x) = \frac{1}{x}$. Also gilt
$(F \circ \exp)'(x) = \frac{1}{\exp x} \exp x = 1$, mithin $(F \circ \exp)(x) = x + $ const. Wegen $(F \circ \exp)(0) = F(1) = 0$ gilt const $= 0$. Also gilt $F(x) = \ln x$.

(ii) Erst mit (i) ist das Vorgehen in 7.10 gerechtfertigt. Aus der Punktsymmetrie von $\frac{1}{x}$ folgt:
$$\boxed{\int \frac{dx}{x} = \ln |x| \quad (x \neq 0)}$$

(iii) Einige Grundintegrale:
$$\boxed{\int \frac{dx}{1 + x^2} = \arctan x}$$

Denn: Wir setzen $y = \arctan x$. Dann ist $x = \tan y = \frac{\sin y}{\cos y}$. Differentiation dieser Gleichung nach x liefert $1 = \frac{\cos^2 y + \sin^2 y}{\cos^2 y} y'$. Also gilt $y' = \frac{\cos^2 y}{\cos^2 y + \sin^2 y} = \frac{1}{1 + \tan^2 y} = \frac{1}{1+x^2}$.

$$\boxed{\int \frac{dx}{\sqrt{1 - x^2}} = \arcsin x} \qquad \textbf{Denn: } 7.10$$

$$\boxed{\int \frac{dx}{\sin^2 x} = -\cot x} \qquad \boxed{\int \frac{dx}{\cos^2 x} = \tan x}$$

$$\boxed{\int \frac{dx}{\sinh^2 x} = -\coth x} \qquad \boxed{\int \frac{dx}{\cosh^2 x} = \tanh x}$$

$$\boxed{\int \frac{dx}{\sqrt{1 + x^2}} = \operatorname{arsinh} x = \ln |x + \sqrt{x^2 + 1}|}$$

Denn: Differentiation von $x = \sinh(\operatorname{arsinh} x)$ ergibt
$1 = \cosh(\operatorname{arsinh} x)(\operatorname{arsinh} x)'$, also $(\operatorname{arsinh} x)' = \frac{1}{\sqrt{1+\sinh^2(\operatorname{arsinh} x)}} = \frac{1}{\sqrt{1+x^2}}$.

Kapitel 8. Das Riemannsche Integral

Für $z = \ln|x + \sqrt{x^2+1}|$ und $y = \operatorname{arsinh} x$ gilt $e^z = |x + \sqrt{x^2+1}| = |\sinh y + \sqrt{\sinh^2 y + 1}| = |\sinh y + \cosh y| = e^y$,
also $z = \ln|x + \sqrt{x^2+1}| = y = \operatorname{arsinh} x$.

$$\int \frac{dx}{1-x^2} = \begin{cases} \operatorname{artanh} x & \text{für } |x| < 1, \\ \operatorname{arcoth} x & \text{für } |x| > 1 \end{cases}$$

8.23 Satz (Substitution) : Es seien I, J offene Intervalle in $\mathbb{R}$, $f: I \to \mathbb{R}$ und $g: J \to \mathbb{R}$ stetig bzw. stetig differenzierbar, $g(J) \subset I$ sowie $a, b \in J$. Dann gilt $\int_a^b f(g(t))g'(t)dt = \int_{g(a)}^{g(b)} f(x)dx$.

Beweis: Da f stetig ist, besitzt f eine Stammfunktion $F: I \to \mathbb{R}$, und es gilt $\int_{g(a)}^{g(b)} f(x)dx$
$= F|_{g(a)}^{g(b)} = F \circ g|_a^b = \int_a^b (F \circ g)'(t)dt = \int_a^b F'(g(t))g'(t)dt = \int_a^b f(g(t))g'(t)dt.$ □

8.24 Beispiele :

(i) Mit $f(x) := \frac{1}{x}$, $g(t) := \cosh t$ und $g'(t) = \sinh t$ liefert 8.23:
$$\int_a^b \tanh t \, dt = \int_a^b \frac{\sinh t}{\cosh t} = \int_a^b f(g(t))g'(t)dt = \int_{\cosh a}^{\cosh b} \frac{dx}{x} = \ln \cosh t|_a^b,$$

$$\int \tanh x \, dx = \ln \cosh x + \text{const}$$

Hieraus lässt sich die folgende allgemeine Regel destillieren:

Slogan: Bildet der Zähler des Integranden die Ableitung des Nenners, so ist der natürliche Logarithmus des Nenners eine Stammfunktion.

Rezeptmäßig wird Satz 8.23 angewendet, indem $x := g(t)$ und $dx = g'(t)dt$ substituiert werden und die Integralgrenzen gemäß der Substitution geändert werden, also statt der Grenze $t = a$ die neue Grenze $x = g(a)$ gesetzt wird. In unserem Beispiel:
$x = \cosh t$, $dx = \sinh t \, dt$
$$\int_a^b \frac{\sinh t \, dt}{\cosh t} = \int_{\cosh a}^{\cosh b} \frac{dx}{x} = \ln|_{\cosh a}^{\cosh b} \quad .$$

(ii) Die Substitution $x := \sin z$ und die Relation $\cos^2 z = \frac{1}{2}(\cos 2z + 1)$ liefern
$\int \sqrt{1-x^2} \, dx = \int \cos^2 z \, dz = \frac{1}{2} \int (1 + \cos 2z) dz = \frac{1}{2}(z + \frac{1}{2}\sin 2z) + \text{const} \quad =$
$\frac{1}{2}(z + \sin z \cos z) + \text{const} = \frac{1}{2}(\arcsin x + x\sqrt{1-x^2}) + \text{const}.$

8.25 Satz (Partielle Integration) : Es seien I ein offenes Intervall in $\mathbb{R}$, $f,g: I \to \mathbb{R}$ stetig differenzierbare Funktionen und $a,b \in I$. Dann gilt:
$$\int_a^b f'(t)g(t)dt = f(t)g(t)|_a^b - \int_a^b f(t)g'(t)dt.$$
Beweis: $f(t)g(t)|_a^b = \int_a^b (f(t)g(t))'dt = \int_a^b f'(t)g(t)dt + \int_a^b f(t)g'(t)dt$ □

8.26 Beispiele :

(i) $\int \ln x\, dx = \int 1 \cdot \ln x\, dx = x\ln x - \int x\frac{1}{x}dx = x\ln x - x + \text{const}$

(ii) $\int \arcsin x\, dx = \int 1 \cdot \arcsin x\, dx = x\arcsin x - \int x\frac{1}{\sqrt{1-x^2}}dx$
$= x\arcsin x + \sqrt{1-x^2} + \text{const}$

(iii) $\int e^x \sin x\, dx = -e^x \cos x + \int e^x \cos x\, dx = -e^x\cos x + e^x\sin x - \int e^x \sin x\, dx$, also
$\int e^x \sin x\, dx = \frac{1}{2}e^x(\sin x - \cos x) + \text{const.}$

(iv) $\int \sqrt{t^2+1}\, dt = t\sqrt{t^2+1} - \int \frac{t^2}{\sqrt{t^2+1}}dt =$
$t\sqrt{t^2+1} - \int \sqrt{t^2+1}\, dt + \int \frac{dt}{\sqrt{t^2+1}} = \frac{1}{2}(t\sqrt{t^2+1} + \ln|t+\sqrt{t^2+1}|).$
Letzteres gilt nach 8.22(iii).

(v) $\int \sqrt{x^2+x+1}\, dx = \int \sqrt{(x+\frac{1}{2})^2 + \frac{3}{4}}\, dx = \frac{\sqrt{3}}{2}\int \sqrt{(\frac{2}{\sqrt{3}})^2(x+\frac{1}{2})^2 + 1}\, dx.$

Die Substitution $\frac{2}{\sqrt{3}}(x+\frac{1}{2}) = t$ ergibt $\int \sqrt{t^2+1}\frac{\sqrt{3}}{2}dt = \frac{3}{4}\int \sqrt{t^2+1}\, dt$ und der Rest folgt mit (iv). Insgesamt also:
$\int \sqrt{x^2+x+1}\, dx = \frac{1}{2}(x+\frac{1}{2})\sqrt{x^2+x+1} + \frac{3}{8}\ln|x+\frac{1}{2}+\sqrt{x^2+x+1}|.$

> **Rezept:** Wenn der Integrand die Quadratwurzel aus einer quadratischen Polynomfunktion ist, so bilde man bei letzterer die quadratische Ergänzung und mache das Absolutglied zu 1.

8.27 Satz von der Partialbruchzerlegung : Sei K ein Körper und sei $g(x) = \prod_{i=1}^{n} p_i(x)^{\alpha_i} \in K[x]$ die Zerlegung des Polynoms $g(x)$ in irreduzible Elemente gemäß 2.20 (iii). Ferner sei $r(x) \in K[x]$ mit Grad $r(x) <$ Grad $g(x)$. Dann lässt sich $\frac{r(x)}{g(x)}$ als Summe

Kapitel 8. Das Riemannsche Integral   135

von Partialbrüchen darstellen, deren Nenner vom Typ $p_i(x)^{\beta_i}$ mit $\beta_i \leq \alpha_i$ sind und deren
Zähler einen kleineren Grad als das jeweilige $p_i(x)$ des Nenners haben.
Beweis: B.L. van der Waerden, Algebra I, § 36.

8.28 Bemerkungen :

(i) Der kleinste Körper, der den Polynomring $K[x]$ umfasst, heißt **Körper $K(x)$ der rationalen Funktionen** über K. Seine Elemente sind vom Typ $\frac{f(x)}{g(x)}$ mit $f(x), g(x) \in K[x]$, $g(x) \neq 0$ und heißen **rationale Funktionen** in x.

(ii) Jede rationale Funktion $\frac{f(x)}{g(x)} \in K(x)$ lässt sich durch Anwendung des Divisionsalgorithmus 2.19 (iii) in die Gestalt $\frac{f(x)}{g(x)} = q(x) + \frac{r(x)}{g(x)}$ mit $q(x), r(x) \in K[x]$ und Grad $r <$ Grad g oder $r = 0$ überführen.

(iii) Über $\mathbb{R}$ lässt sich also jede rationale Funktion aus $\mathbb{R}(x)$ in eine Summe aus einem Polynom plus einer Summe aus Partialbrüchen der Typen $\frac{\gamma_i x + \delta_i}{(x^2 + \eta_i x + \zeta_i)^{\beta_i}}$, $\frac{\rho_j}{(x + \sigma_j)^{\beta_j}}$ überführen (zu den irreduziblen Elementen von $\mathbb{R}[x]$ vergleiche 2.20 (ii)).

(iv) Ausführung der Partialbruchzerlegung von $\frac{r(x)}{g(x)}$ über $\mathbb{R}$: Zunächst werden die Nullstellen von $g(x)$ ermittelt und mit ihnen wird die Zerlegung von $g(x)$ in irreduzible Faktoren hergestellt. Dann werden die Partialbruch-Ansätze gemäß 8.27, 8.28 (iii) mit unbestimmten Zählern hingeschrieben und die Zähler z.B. durch **Koeffizientenvergleich** bestimmt.
Beispiel 1: $\frac{1}{x^6 - x^5 - 8x^4 + 12x^3} = \frac{1}{x^3(x-2)^2(x+3)} = \frac{\alpha}{x^3} + \frac{\beta}{x^2} + \frac{\gamma}{x} + \frac{\delta}{(x-2)^2} + \frac{\varepsilon}{x-2} + \frac{\zeta}{x+3}$

Die Bestimmung der Koeffizienten erfolgt durch Koeffizientenvergleich, nachdem alle Summanden auf den Hauptnenner gebracht wurden, sowie anschließende Lösung des linearen Gleichungssystems:
$1 = \alpha(x-2)^2(x+3) + \beta x(x-2)^2(x+3) + \gamma x^2(x-2)^2(x+3) + \delta x^3(x+3)$
$+ \varepsilon x^3(x-2)(x+3) + \zeta x^3(x-2)^2$
Koeffizientenvergleich für x^5 | $0 = \gamma + \varepsilon + \zeta$
Koeffizientenvergleich für x^4 | $0 = \beta - \gamma + \delta + \epsilon - 4\zeta$ etc.
Bisweilen geht es bequemer mit der **Grenzwertmethode** :
$\alpha = \lim_{x \to 0} x^3 \cdot \frac{1}{x^3(x-2)^2(x+3)} = \frac{1}{12}$
$\beta = \lim_{x \to 0} x^2 [\frac{1}{x^3(x-2)^2(x+3)} - \frac{1}{12x^3}] = \lim_{x \to 0} \frac{12 - (x-2)^2(x+3)}{12x(x-2)^2(x+3)} =$
$\lim_{x \to 0} \frac{-x^2 + x + 8}{12(x-2)^2(x+3)} = \frac{8}{12 \cdot 4 \cdot 3} = \frac{1}{18}$ etc.

Wenn auch nichtreelle Nullstellen des Nennerpolynoms auftreten, so müssen die Paare $\alpha, \overline{\alpha}$ konjugiert komplexer Nullstellen durch Multiplikation der zugehörigen beiden linearen Polynome $x - \alpha$, $x - \overline{\alpha}$ zu einem quadratischen Polynom zusammengefasst werden.

Beispiel 2: $\frac{1}{x^3(x+2)(x+i)(x-i)(x+\frac{1}{2}+\frac{\sqrt{3}}{2}i)^2(x+\frac{1}{2}-\frac{\sqrt{3}}{2}i)^2} = \frac{\alpha}{x^3} + \frac{\beta}{x^2} + \frac{\gamma}{x} + \frac{\delta}{x+2} + \frac{\varepsilon x+\zeta}{x^2+1} + \frac{\eta x+\theta}{(x^2+x+1)^2} + \frac{\kappa x+\lambda}{x^2+x+1}$ etc.

8.29 Die Integration der rationalen Funktionen :
Sie kann also mittels Partialbruchzerlegung auf folgende Probleme zurückgeführt werden:

I) Integration einer ganzrationalen Funktion

II) $\int \frac{dx}{x-\beta} = \ln|x-\beta|$

III) $\int \frac{dx}{(x-\beta)^n} = \frac{1}{1-n}(x-\beta)^{1-n} \quad (n>1)$

IV) $\int \frac{\gamma x + \delta}{(x^2+\alpha x+\beta)^n} dx \quad (n \geq 1)$

a) $\int \frac{dx}{(x^2+\alpha x+\beta)^n}$ Durch quadratische Ergänzung wie in 8.26 (iv) in $\gamma \int \frac{dt}{(t^2+1)^n}$ überführen. Dann:

- Wenn $n=1$ ist: $\int \frac{dt}{t^2+1} = \arctan t$ (siehe 8.22 (iii)).
- Wenn $n>1$ ist: $\mathcal{I}_n := \int \frac{dt}{(t^2+1)^n} = t \cdot \frac{1}{(t^2+1)^n} + 2n \int \frac{t^2}{(t^2+1)^{n+1}} dt$.
  Wegen $\frac{t^2}{(t^2+1)^{n+1}} = \frac{1}{(t^2+1)^n} - \frac{1}{(t^2+1)^{n+1}}$ ist $\mathcal{I}_n = \frac{t}{(t^2+1)^n} + 2n\mathcal{I}_n - 2\mathcal{I}_{n+1}$. Also gilt $\mathcal{I}_{n+1} = \frac{2n-1}{2n}\mathcal{I}_n + \frac{1}{2n}\frac{t}{(t^2+1)^n}$.

b) $\int \frac{x}{(x^2+\alpha x+\beta)^n} dx = \frac{1}{2} \int \frac{2x+\alpha}{(x^2+\alpha x+\beta)^n} dx - \frac{1}{2}\alpha \int \frac{dx}{(x^2+\alpha x+\beta)^n}$ siehe a)

$\int \frac{2x+\alpha}{(x^2+\alpha x+\beta)^n} dx = \int \frac{dt}{t^n} \quad$ mit $t = x^2 + \alpha x + \beta$, $dt = (2x+\alpha)dx$

8.30 Integration weiterer Funktionenklassen :
Bezeichne $R(t)$ eine rationale Funktion über $\mathbb{R}$ bzw. $R(x,y)$ eine solche in zwei Variablen x, y.[4]

(i) $\int R(e^{\alpha x}) dx$.

Die Substitution $t = e^{\alpha x}$ überführt das Integral in $\int \frac{R(t)}{\alpha t} dx$.

---

[4] Wir haben bisher rigide $f(x)$ als Bezeichnung für den Funktionswert von f an der Stelle x gebraucht, und f als Bezeichnung für die Funktion. Jedoch ist es - insbesondere in den Naturwissenschaften - auch usus, $f(x)$ als Bezeichnung für eine Funktion zu verwenden, um damit zum Ausdruck zu bringen, dass f eine Funktion der einen Variablen x ist. Da diese Praxis alt und weit verbreitet ist, halten wir es für eine Don-Quixoterie, sie verbieten zu wollen. Der geneigte Leser ist inzwischen ganz sicher mathematisch so gereift, dass er im konkreten Fall erkennen kann, ob z.B. $f(x,y)$ den Funktionswert von f an der Stelle (x,y) meint oder die Funktion selbst.

(ii) $\displaystyle\int R(x, \sqrt[k]{\frac{\alpha x + \beta}{\gamma x + \delta}})dx \qquad (\alpha\delta - \beta\gamma \neq 0).$

Die Substitution $t = \sqrt[k]{\frac{[}{\alpha}x + \beta\gamma x + \delta}$ überführt das Integral in $\displaystyle\int \tilde{R}(t)dt$.

(iii) $\displaystyle\int R(x, \sqrt{\alpha x^2 + \beta x + \gamma})dx \qquad (\alpha \neq 0).$ Die Substitution $u = \varepsilon x + \delta$ überführt das Integral in $\displaystyle\int \tilde{R}(u, \sqrt{u^2 + 1})du$ oder $\displaystyle\int \tilde{R}(u, \sqrt{u^2 - 1})du$ oder $\displaystyle\int \tilde{R}(u, \sqrt{1 - u^2})du$.
Diese Integrale werden weiter behandelt mittels der Substitution $u = \sinh t$ bzw. $u = \cosh t$ bzw. $u = \sin t$.

(iv) $\displaystyle\int R(\sin x, \cos x)dx.$

Die Substitution $\boxed{t = \tan \frac{x}{2}}$ überführt das Integral in $\displaystyle\int \tilde{R}(t)dt$.

Nützlich für die Rechnung sind die Beziehungen $\boxed{dx = \frac{2}{1 + t^2}dt}$

sowie $\boxed{\sin x = \frac{2t}{1 + t^2}}$ $\boxed{\cos x = \frac{1 - t^2}{1 + t^2}}$.

8.31 Bemerkung : Viele elementare Funktionen sind nicht geschlossen integrierbar, d. h., es lassen sich für solche Integranden die Stammfunktionen nicht als geschlossene Ausdrücke elementarer Funktionen darstellen, zum Beispiel in den Fällen e^{-x^2}, $\frac{e^x}{x}$, $\frac{1}{\ln x}$, $\frac{\sin x}{x}$, $\frac{1}{\sqrt{1+x^4}}$. Jedoch ist es keinesfalls einfach, diesen Tatbestand präzise zu formulieren, geschweige denn zu beweisen.
Oft führt man dann die unbestimmten Integrale als neue Funktionen ein:

(i) $\displaystyle\text{Si}(x) := \int_0^x \frac{\sin t}{t}dt$ **Integralsinus**

Es gilt für die Ableitung $\text{Si}(\pi x)' = \frac{\sin \pi x}{x} =:$ $\operatorname{sinc} x$. sinc liefert mittels Faltung ein ideales Tiefpassfilter (vgl. unsere Ausführungen im kommenden Band 3).

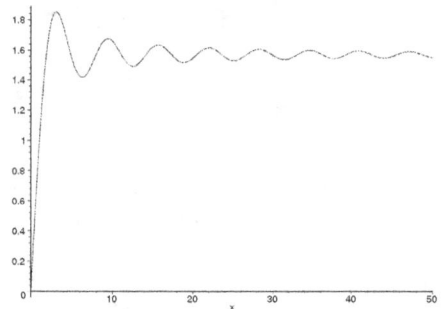

(ii) In der Stochastik spielt das **Fehlerintegral** $\phi(x) := \frac{2}{\sqrt{\pi}}\displaystyle\int_0^x e^{-t^2}dt$ eine wichtige Rolle. Dazu und zu seiner Tabellierung und weiterer Literatur siehe ebenfalls Band 3, Band 4 sowie E. Jahnke, F. Emde, pp. 24, 40.

(iii) $\mathrm{li}(x) := \int_0^x \frac{dt}{\ln t}$ **Integrallogarithmus** Die Funktion approximiert die Anzahl $\pi(x)$ der Primzahlen $\leq x$. Das Integral ist ein uneigentliches Integral, da der Integrand bei $t = 1$ nicht endlich ist. Solche Integrale behandeln wir erst in Kapitel 12. Jedoch approximiert ebenfalls das Gaußsche $Li(x) := \int_2^x \frac{dt}{\ln t}$. So erhält man $Li(10^{10}) = 455055614$, während $\pi(10^{10}) = 455052511$ beträgt. $Li(x)$ approximiert $\pi(x)$ besser als der Primzahlsatz mit $\frac{x}{\ln x}$.

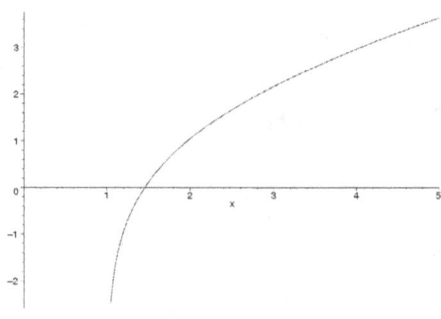

(iv) Zur Ermittlung der Stammfunktionen geschlossen integrierbarer Funktionen helfen neuerdings natürlich kräftig die Computeralgebra-Systeme, wie MAPLE etc. Aber diese versagen noch bisweilen: 1996 konnte die "potenteste Integrations-Webseite, die die Welt je gesehen hat" (Eigenwerbung von www.integrator.com, die mit MATHEMATICA arbeitet) nicht einmal $\int 2^x \sqrt{1+x^4}^{-1} dx = (\ln 2)^{-1} \operatorname{arsinh}(2^x)$ ermitteln (im wesentlichen unser Grundintegral von S. 132). 1998 fiel der Maschine zu $\int x^n \exp(x) dx$ überhaupt nichts ein (siehe Abb.).

Im März 2002 gab es eine zwar richtige, aber unzulängliche Antwort.

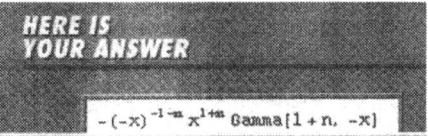

(Selbst Schüler sehen, dass gekürzt werden kann, und die Reduktion auf die unvollständige Gammafunktion, ein Integral von gleicher Bauart wie das vorgelegte, ist auch nicht gerade erhellend. Man wünscht sich doch eine Darstellung der Stammfunktion als Produkt von e^x und einem Polynom vom Grad n.)

Kapitel 9

Lineare Gleichungssysteme

9.1 Definitionen : Seien $l \in \text{Hom}_K(V, V')$, $A \in M_{m,n}$. $\text{Rg}\, l := \text{Dim}\, l(V)$ heißt der **Rang** von l. Die Maximalzahl linear unabhängiger Spalten von A heißt der **Spaltenrang** von A. Analog wird der **Zeilenrang** definiert.

9.2 Bemerkungen : Es seien V, V' endlich-dimensionale K-Vektorräume und B, B' Basen von V bzw. V'.

(i) Es ist $\text{Rg}\, l =$ Spaltenrang von $M_{B,B'}(l)$.
Denn: Die Spalten von $M_{B,B'}(l)$ sind die Koordinatenvektoren der $l(b_j)$, $b_j \in B$, bezogen auf die Basis B' (5.10, Slogan). l bildet ein Erzeugendensystem von V stets auf ein Erzeugendensystem von $l(V)$ ab. Nach dem Hilfssatz der nächsten Seite ist also jede maximal linear unabhängige Teilmenge von $\{l(b_j)\}$ eine Basis von $l(V)$. Also gilt die behauptete Gleichheit.

(ii) Es gilt genau dann $\text{Rg}\, l = \text{Dim}\, V$, wenn l injektiv ist. (klar)

(iii) Sei $A \in M_{n,n}(K)$. Dann gilt: A Einheit in $M_{n,n}(K) \longleftrightarrow$ Spaltenrang $A = n$.
Denn: Betrachte die durch A bezogen auf die Standardbasis definierte lineare Abbildung $l : K^n \to K^n$. Es gilt: A Einheit $\leftrightarrow l$ Automorphismus $\underset{(ii)}{\longleftrightarrow} \text{Rg}\, l = n \underset{(i)}{\longleftrightarrow}$ Spaltenrang $A = n$.

> **Slogan:** Eine quadratische Matrix ist genau dann invertierbar, wenn sie Höchstrang hat.

(iv) Der Zeilenrang einer Matrix A wird durch sog. **elementare Umformungen** der folgenden Typen (a) bis (d) nicht geändert:
(a) das Vertauschen zweier Zeilen, (b) das Vertauschen zweier Spalten,
(c) das Ersetzen der Zeile $A_{(s)}$ durch $A'_{(s)} = A_{(s)} + \lambda A_{(t)}$ ($t \neq s; \lambda \in K$), also das Hinzufügen eines skalaren Vielfachen einer Zeile **zu einer anderen**,

(d) das Analogon zu (c) für Spalten, also das Ersetzen der Spalte $A^{(s)}$ durch $A^{(s)'} = A^{(s)} + \lambda A^{(t)}$ ($t \neq s; \lambda \in K$).

Denn: Für (a), (b) ist die Aussage klar, da die Operation nur eine Umnumerierung der Zeilen bzw. der Koordinaten der Zeilenvektoren bewirkt.

Zu (c): Betrachte $U := \langle A_{(1)}, \ldots, A_{(m)} \rangle$, den von den Zeilenvektoren von A erzeugten linearen Teilraum des K^n.

Dann gilt auch $U = \langle A_{(1)}, \ldots, A_{(s-1)}, A_{(s)} + \lambda A_{(t)}, A_{(s+1)}, \ldots, A_{(m)} \rangle$. Die Behauptung für (c) folgt dann unmittelbar aus dem folgenden Hilfssatz.

Hilfssatz: Eine maximal linear unabhängige Teilmenge eines **Erzeugendensystems** eines Vektorraums U ist stets eine Basis von U.

Beweis: Sei $M = \{m_1, \ldots, m_r\}$ eine maximal linear unabhängige Teilmenge eines Erzeugendensystems W von U. Dann gilt $\bigwedge_{w \in W} w = \sum_{i=1}^{r} \alpha_i m_i$ mit geeigneten $\alpha_i \in K$. Also ist M ein Erzeugendensystem von U und somit eine Basis. □

9.3 Satz : Wenn $A \in M_{m,n}(K)$ mit $A \neq 0$ ist, so kann A durch endlich viele elementare Umformungen der Typen (a), (b), (c) auf die Gestalt
$$\begin{pmatrix} \beta_{11} & \cdots & \cdots & \cdots & \cdots & \beta_{1n} \\ 0 & \beta_{22} & \cdots & \cdots & \cdots & \beta_{2n} \\ \vdots & & \ddots & \ddots & & \vdots \\ 0 & \cdots & 0 & \beta_{rr} & \cdots & \beta_{rn} \\ 0 & \cdots & 0 & 0 & \cdots & 0 \\ \vdots & & & & & \vdots \\ 0 & \cdots & 0 & 0 & \cdots & 0 \end{pmatrix}$$
gebracht werden mit $\beta_{ii} \neq 0$ für alle $i = 1, \ldots, r$.

Beweis: Sei nach endlich vielen Schritten eine Form
$$B_i = \begin{pmatrix} \beta_{11} & \cdots & \cdots & \cdots & \cdots & \beta_{1n} \\ \vdots & \ddots & \ddots & & & \vdots \\ 0 & \cdots & 0 & \beta_{ii} & \cdots & \beta_{in} \\ 0 & \cdots & 0 & * & \cdots & * \\ \vdots & & & \vdots & & \vdots \\ 0 & \cdots & 0 & * & \cdots & * \end{pmatrix}$$
erreicht mit $\beta_{jj} \neq 0$ für alle $j = 1, \ldots, i$. Wenn die letzten Zeilen nur Nullen enthalten, so sind wir fertig. Wenn nicht, so nimm ein von Null verschiedenes Element aus den letzten Zeilen und bringe es durch Operationen vom Typ (a), (b) an die Stelle $(i+1, i+1)$. Dieses Element heißt wegen seiner folgenden Rolle **Pivotelement**:[1] Durch geeignete Operationen vom Typ (c) stelle man in der $(i+1)$-ten Spalte unterhalb des Pivotelementes lauter Nullen her, man **pivotisiert**. So erhält man B_{i+1}. Spätestens B_m hat die gesuchte Form. □

---
[1] pivot frz. Angelpunkt, also der Punkt um den sich alles dreht

Kapitel 9. Lineare Gleichungssysteme

9.4 Satz : Sei $A \in M_{m,n}(K)$. Dann gilt: Zeilenrang $A =$ Spaltenrang A, und diese Zahl definieren wir als **Rang** A.
Beweis: In 9.2 (iv) wurde gezeigt, dass der Zeilenrang von A durch elementare Umformungen nicht geändert wird. Wenn also A gemäß 9.3 auf die Gestalt B gebracht wird, ändert sich der Zeilenrang nicht: Zeilenrang $A =$ Zeilenrang B. Analoges gilt für den Spaltenrang. Zu zeigen bleibt also: Zeilenrang $B =$ Spaltenrang $B = r$ (r wie in 9.3).
I) Wir zeigen zunächst: Zeilenrang $B = r$. Mehr als r Zeilenvektoren von B sind stets linear abhängig, da sie eine Nullzeile enthalten. Andererseits sind die Zeilen $B_{(1)}, \ldots, B_{(r)}$ linear unabhängig. Denn, wenn $\sum_{i=1}^{r} \lambda_i B_{(i)} = 0$ ist, so gilt

$\lambda_1 \beta_{11} = 0$
$\lambda_1 \beta_{12} + \lambda_2 \beta_{22} = 0$
$\vdots$
$\lambda_1 \beta_{1r} + \lambda_2 \beta_{2r} + \ldots + \lambda_r \beta_{rr} = 0$.

Da $\beta_{11} \neq 0$ ist, ist $\lambda_1 = 0$, also $\lambda_2 \beta_{22} = 0$, also $\lambda_2 = 0$, also $\ldots$, also $\lambda_r = 0$.
II) Wir zeigen nun: Spaltenrang $B = r$. Zunächst überlege man analog zu I), dass die Spalten $B^{(1)}, \ldots, B^{(r)}$ linear unabhängig sind. Also ist Spaltenrang $B \geq r$. Andererseits sind die Koordinaten aller Spaltenvektoren ab Koordinatenindex $r + 1$ sämtlich Null, also liegen $B^{(1)}, \ldots, B^{(n)}$ in einem r-dimensionalen Raum, also gilt wegen 9.2 (i): Spaltenrang $B \leq r$.
Damit ist der Satz bewiesen. $\square$

9.5 Bemerkungen :

(i) 9.2 (iv) gilt auch über Ringen, 9.3 gilt auch über euklidischen Ringen, 9.4 gilt auch über nullteilerfreien Ringen. Also insgesamt: 9.2 (iv), 9.3 und 9.4 gelten auch über euklidischen Ringen.

(ii) Beispiel für die Durchführung des Algorithmus 9.3
$$A = \begin{pmatrix} 1 & 2 & 3 & 4 \\ 3 & 4 & 7 & 10 \\ 2 & 1 & 3 & 5 \end{pmatrix} \xrightarrow[(c)]{} \begin{pmatrix} 1 & 2 & 3 & 4 \\ 0 & -2 & -2 & -2 \\ 0 & -3 & -3 & -3 \end{pmatrix}$$

und weiter über $\mathbb{R}$:
$$\longrightarrow \begin{pmatrix} 1 & 2 & 3 & 4 \\ 0 & -2 & -2 & -2 \\ 0 & 0 & 0 & 0 \end{pmatrix}.$$

Über $\mathbb{Z}$ hingegen :
$$\longrightarrow \begin{pmatrix} 1 & 2 & 3 & 4 \\ 0 & -2 & -2 & -2 \\ 0 & -1 & -1 & -1 \end{pmatrix} \xrightarrow[(a)]{} \begin{pmatrix} 1 & 2 & 3 & 4 \\ 0 & -1 & -1 & -1 \\ 0 & -2 & -2 & -2 \end{pmatrix}$$

$$\longrightarrow \begin{pmatrix} 1 & 2 & 3 & 4 \\ 0 & -1 & -1 & -1 \\ 0 & 0 & 0 & 0 \end{pmatrix}.$$

Also Rg $A = 2$.

9.6 Definitionen : Es seien $A \in M_{m,n}(K)$, $x \in K^n$, $b \in K^m$.
$Ax = b$ heißt ein **lineares Gleichungssystem** ,

auch $\sum_{\nu=1}^{n} \alpha_{\kappa\nu}\xi_\nu = \beta_\kappa$ ($\kappa = 1, \ldots, m$) geschrieben. Ist $b = 0$, so heißt das System **homogen**, andernfalls **inhomogen**. A heißt die **Koeffizientenmatrix**. $(A|b)$ heißt die **erweiterte Matrix** des Systems. $\xi_1, \ldots, \xi_n$ heißen die **Unbekannten**.

9.7 Satz : Sei $A \in M_{m,n}(K)$. Die Lösungen des homogenen Gleichungssystems $Ax = 0$ bilden einen linearen Teilraum von K^n der Dimension $n - \operatorname{Rg} A$, nämlich Kern A.
Beweis: Die Lösungsvektoren von $Ax = 0$ bilden einen K-Vektorraum, denn der Lösungsraum ist Kern A, und das ist nach 5.2 (v) ein K-Vektorraum. Nach 5.7 ist Dim Kern $A =$ Dim $K^n -$ Dim Bild $A = n - \operatorname{Rg} A$. □

9.8 Satz : Ist das inhomogene Gleichungssystem $Ax = b$ lösbar, so ist die Lösungsmenge eine Nebenklasse $x_0 +$ Kern $A \subset (K^n, +)$, wobei x_0 eine spezielle Lösung des inhomogenen Systems ist.
Beweis: Sei x_0 Lösung von $Ax = b$, d.h. $Ax_0 = b$. Dann gilt: $Ax_1 = b \longleftrightarrow Ax_0 = Ax_1 \longleftrightarrow A(x_1 - x_0) = 0 \longleftrightarrow x_1 - x_0 \in$ Kern $A \longleftrightarrow x_1 \in x_0 +$ Kern A. □

9.9 Bemerkung : Eine Nebenklasse eines linearen Teilraums wird ein **affiner Teilraum** des Vektorraums genannt.
Anschauliche Erläuterung des Begriffes affiner Teilraum: Ein linearer 2-dimensionaler Teilraum von $\mathbb{R}^3$ kann geometrisch als eine Ebene durch $(0,0,0)$ veranschaulicht werden, ein affiner 2-dimensionaler Teilraum des $\mathbb{R}^3$ durch eine parallel verschobene solche Ebene.

9.10 Satz : $Ax = b$, $b \neq 0$, ist genau dann lösbar, wenn $\operatorname{Rg} A = \operatorname{Rg}(A|b)$ ist.
Beweis: Wenn $\operatorname{Rg} A = \operatorname{Rg}(A|b)$ ist, so ist die Spalte b von den Spalten von A linear abhängig. Also gilt $b = \sum_{i=1}^{n} \xi_i A^{(i)}$ für gewisse $\xi_i \in K$, und somit ist $x = (\xi_1, \ldots, \xi_n)^t$ eine Lösung von $Ax = b$. Ebenso überlegt man sich die andere Richtung. □

9.11 Gaußscher Algorithmus (Lösung von $Ax = b$) : Er besteht aus zwei Schritten:

I) **Vorwärtselimination:** Stelle mit Hilfe von Transformationen der beiden Typen (a) und (c) eine sogenannte **Zeilenstufenform** her: (Im folgenden Schema symbolisieren • von Null verschiedene und * beliebige Elemente).

$$\left.\begin{array}{ccccccccccc}
\bullet & * & * & * & \ldots & * & * & & \ldots & * \\
0 & 0 & 0 & \bullet & * & \ldots & \vdots & \vdots & & \vdots \\
0 & 0 & 0 & 0 & \bullet & \ldots & * & * & & \\
0 & 0 & 0 & 0 & 0 & \ldots & 0 & \bullet & * & \ldots & * \\
0 & 0 & 0 & 0 & 0 & \ldots & 0 & 0 & 0 & \ldots & 0 \\
\vdots & & & & & \ldots & & & \ldots & \vdots \\
0 & 0 & 0 & 0 & 0 & \ldots & 0 & 0 & 0 & \ldots & 0
\end{array}\right| \begin{array}{c} \tilde{b} \\ \tilde{\beta}_1 \\ \vdots \\ \\ \\ \\ \tilde{\beta}_m \end{array}$$

Die „Länge" (horizontale Ausdehnung) der Stufen kann natürlich unterschiedlich zu der in der Skizze sein, „Stufenhöhe" ist aber stets eine Einheit. Unterhalb der

Treppe befinden sich nur Nullen, oberhalb nur Punkte und Sterne, und zwar die Punkte genau nächst den Scheiteln der rechten Winkel der Treppe.

Die beschriebene Gestalt erzielt man mit dem in 9.3 beschriebenen Algorithmus. Nur wird auf die Spaltenvertauschungen (b) verzichtet. Die Vorwärtselimination überführt $Ax = b$ in ein System $\tilde{A}x = \tilde{b}$ mit derselben Lösungsmenge. Im zweiten Teil des Gaußschen Algorithmus wird daher das auf Zeilenstufenform gebrachte System gelöst, und zwar durch

II) **Rücksubstitution:** Die Unbekannten ξ_i, die zu den Spalten ohne einen Punkt gehören, liefern die **freien Parameter** $\lambda_1, \ldots, \lambda_{n-\mathrm{Rg}\,A}$ der Lösung. Die Rücksubstitution von unten nach oben durchführen!

Wir illustrieren das am folgenden Beispiel:
$\xi_1 - 2\xi_2 + 3\xi_3 + 4\xi_4 = \beta_1$
$2\xi_3 + \xi_4 = \beta_2$
$\xi_4 = \lambda_1$, $\xi_2 = \lambda_2$, $\xi_3 = \frac{1}{2}\beta_2 - \frac{1}{2}\lambda_1$, $\xi_1 = \beta_1 + 2\lambda_2 - 3(\frac{1}{2}\beta_2 - \frac{1}{2}\lambda_1) - 4\lambda_1 = \beta_1 - \frac{3}{2}\beta_2 - \frac{5}{2}\lambda_1 + 2\lambda_2$, also

$$\begin{pmatrix} \xi_1 \\ \xi_2 \\ \xi_3 \\ \xi_4 \end{pmatrix} = \lambda_1 \begin{pmatrix} \frac{-5}{2} \\ 0 \\ \frac{-1}{2} \\ 1 \end{pmatrix} + \lambda_2 \begin{pmatrix} 2 \\ 1 \\ 0 \\ 0 \end{pmatrix} + \begin{pmatrix} \beta_1 - \frac{3}{2}\beta_2 \\ 0 \\ \frac{1}{2}\beta_2 \\ 0 \end{pmatrix}.$$

9.12 Bemerkungen:

(i) Wenn eine Matrix $A \in M_{n,n}(K)$ eine Einheit des Matrizenringes ist, so besitzt sie nach 2.18 (vi) eine eindeutig bestimmte **Inverse** A^{-1}. Der Gaußsche Algorithmus liefert uns mit einer kleinen Modifikation ein Verfahren zur Ermittlung der inversen Matrix.

Invertieren durch „Mitführen der Einheitsmatrix":

Wir lösen die Gleichungssysteme $Ax_1 = e_1, \ldots, Ax_n = e_n$ gleichzeitig, indem wir mittels elementarer Umformungen vom Typ (a), (c) und neuerdings (c)*: Multiplikation einer Zeile mit einem von Null verschiedenen Körperelement die Matrix A in die Einheitsmatrix überführen. Da $x_i = A^{-1}e_i = (A^{-1})^{(i)}$ ist, ist die neue rechte Seite $\tilde{e}_i$ jeweils die i-te Spalte von A^{-1}.

Beispiel: Zu invertieren sei $A = \begin{pmatrix} -1 & 0 & 1 \\ 1 & 1 & -1 \\ 1 & 0 & -2 \end{pmatrix}$. Wir schreiben im folgenden Schema rechts simultan sämtliche Standardvektoren auf (daher der Name „Mitführen der Einheitsmatrix").

$$\begin{array}{rrr|rrr} -1 & 0 & 1 & 1 & 0 & 0 \\ 1 & 1 & -1 & 0 & 1 & 0 \\ 1 & 0 & -2 & 0 & 0 & 1 \end{array}$$

$$\begin{array}{rrr|rrr} -1 & 0 & 1 & 1 & 0 & 0 \\ 0 & 1 & 0 & 1 & 1 & 0 \\ 0 & 0 & -1 & 1 & 0 & 1 \end{array}$$

$$\begin{array}{ccc|ccc} 1 & 0 & 0 & -2 & 0 & -1 \\ 0 & 1 & 0 & 1 & 1 & 0 \\ 0 & 0 & 1 & -1 & 0 & -1 \end{array}$$

Also $A^{-1} = \begin{pmatrix} -2 & 0 & -1 \\ 1 & 1 & 0 \\ -1 & 0 & -1 \end{pmatrix}$.

(ii) Die Einheiten des Matrizenrings $M_{n,n}(K)$ bilden eine multiplikative Gruppe, die sogenannte **allgemeine lineare Gruppe** $GL(n, K)$.
(Abkürzung aus dem Englischen: **g**eneral **l**inear group).

9.13 Definitionen : Sei $A = (\alpha_{ij}) \in M_{n,n}(K)$.

(i) Wir definieren A_{ij}^* als die Untermatrix von A, die durch Streichen der i-ten Zeile und der j-ten Spalte von A entsteht.

(ii) Die **Determinante** von A, geschrieben $|A|$ oder $\mathrm{Det}\,A$, definieren wir rekursiv durch:

(a) $\mathrm{Det}(\alpha) = \alpha$ für $n = 1$

(b) $\mathrm{Det}\,A = \sum_{\nu=1}^{n} \alpha_{i\nu}(-1)^{i+\nu} \mathrm{Det}\,A_{i\nu}^*$ für $n > 1$, sogenannte **Entwicklung nach der i-ten Zeile**.

(iii) Dabei heißt $\mathrm{Det}\,A_{i\nu}^*$ der **Minor** von A für die Stelle (i, ν) und $(-1)^{i+\nu}\mathrm{Det}\,A_{i\nu}^* =:$ $\mathrm{Adj}\,\alpha_{i\nu}$ die **Adjunkte** von A für die Stelle (i, ν).

(iv) $A^t := B = (\beta_{ij})$ mit $\beta_{ij} := \alpha_{ji}$ für alle i, j heißt die zu A **transponierte Matrix** oder die an der **Hauptdiagonale** gespiegelte Matrix.

(v) Sei $P \in S_n$ (Def. von S_n in 2.3) in elementfremder Zyklendarstellung gegeben, und sei g die Anzahl der Zyklen gerader Länge dieser Darstellung. Dann heißt $\mathrm{sgn}\,P := (-1)^g$ das **Signum** von P.

(vi) P heißt **gerade**, wenn $\mathrm{sgn}\,P = 1$ ist; andernfalls **ungerade**.

(vii) Die geraden Permutationen aus S_n bilden die sogenannte **alternierende Gruppe** A_n.

Es gelten die folgenden Isomorphien:
$A_3 \simeq C_3$, $A_4 \simeq T$, $S_4 \simeq O$, $A_5 \simeq I$, wobei T die Tetraedergruppe und I die Ikosaedergruppe bezeichnen (vgl. 2.3(vii)). Letztere ist auch isomorph zur Drehgruppe vom regulären **Dodekaeder** . Figur rechts: **Tetraeder**

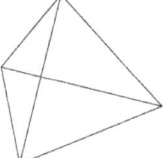

Kapitel 9. Lineare Gleichungssysteme

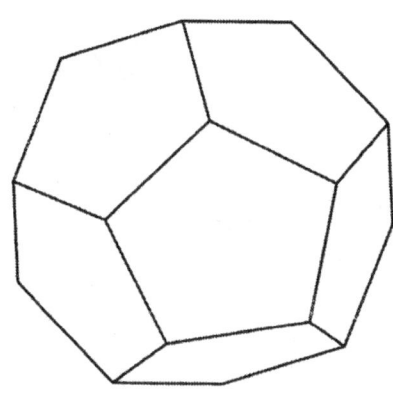

Dodekaeder

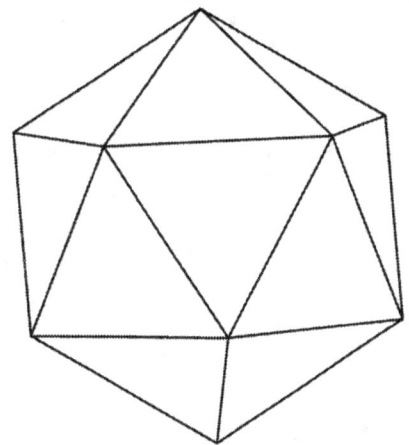

Ikosaeder

9.14 Rechenregeln für Determinanten :

(i) $\operatorname{Det}\begin{pmatrix} \alpha_{11} & \alpha_{12} \\ \alpha_{21} & \alpha_{22} \end{pmatrix} = \alpha_{11}\alpha_{22} - \alpha_{12}\alpha_{21}$

(ii) $\operatorname{Det}\begin{pmatrix} \alpha_{11} & \alpha_{12} & \alpha_{13} \\ \alpha_{21} & \alpha_{22} & \alpha_{23} \\ \alpha_{31} & \alpha_{32} & \alpha_{33} \end{pmatrix} = \alpha_{11}\alpha_{22}\alpha_{33} + \alpha_{21}\alpha_{32}\alpha_{13} + \alpha_{12}\alpha_{23}\alpha_{31} - \alpha_{13}\alpha_{22}\alpha_{31} - \alpha_{12}\alpha_{21}\alpha_{33} - \alpha_{11}\alpha_{23}\alpha_{32}$

(iii) $\operatorname{Det} A^t = \operatorname{Det} A$

(iv) $\operatorname{Det}(\ldots, A^{(i)} + A'^{(i)}, \ldots) = \operatorname{Det}(\ldots, A^{(i)}, \ldots) + \operatorname{Det}(\ldots, A'^{(i)}, \ldots)$

(v) $\operatorname{Det}(\ldots, \lambda A^{(i)}, \ldots) = \lambda \operatorname{Det}(\ldots, A^{(i)}, \ldots)$ für $\lambda \in K$

(vi) $\operatorname{Det}(\ldots, A^{(i)}, \ldots, A^{(j)} = A^{(i)}, \ldots) = 0$
$\operatorname{Det}(\ldots, A^{(i)}, \ldots, A^{(j)}, \ldots) = -\operatorname{Det}(\ldots, A^{(j)}, \ldots, A^{(i)}, \ldots)$

In (iv), (v), (vi) bedeutet das Ellipsen-Token ... die Identität entsprechender Spalten links und rechts vom Gleichheitszeichen.

(vii) Die Eigenschaften (iv) und (v) drückt man aus durch die Sprechweise: Die Determinante ist eine **Multilinearform**.

Eine Multilinearform mit der Eigenschaft (vi) wird **alternierende** Multilinearform genannt.

(viii) $\operatorname{Det}(\ldots, A^{(i)}, \ldots, A^{(j)}, \ldots) = \operatorname{Det}(\ldots, A^{(i)} + \lambda A^{(j)}, \ldots, A^{(j)}, \ldots)$

(ix) $\operatorname{Det}\begin{pmatrix} \alpha_{11} & * & \ldots & \ldots & * \\ 0 & \ddots & \ldots & & \vdots \\ \vdots & & & & * \\ 0 & \ldots & \ldots & 0 & \alpha_{nn} \end{pmatrix} = \alpha_{11} \cdots \alpha_{nn}$

(x) $\text{Det } A = \sum_{P \in S_n} (\text{sgn } P) \alpha_{1P(1)} \ldots \alpha_{nP(n)}$ (**Leibnizsche Definition**)

(xi) Statt der Entwicklung der Determinante nach der i-ten Zeile wie in 9.13(ii)(b) ist ebenso die Entwicklung nach der j-ten Spalte möglich: $\text{Det } A = \sum_{i=1}^{n} \alpha_{ij} \text{ Adj } \alpha_{ij}$.

Ferner gelten $\sum_{i=1}^{n} \alpha_{ij} \text{ Adj } \alpha_{ik} = 0$ für $j \neq k$ sowie $\sum_{j=1}^{n} \alpha_{ij} \text{ Adj } \alpha_{kj} = 0$ für $i \neq k$.

(xii) $\text{Det}(AB) = \text{Det } A \text{ Det } B$.

Die Eigenschaften (i) bis (xii) sind hier ohne Beweis mitgeteilt. Einige lassen sich leicht nachrechnen. Ansonsten sei auf die Literatur zur Linearen Algebra verwiesen. Dagegen wollen wir die folgenden Aussagen wieder beweisen:

(xiii) Es ist $\text{Det } A \neq 0$ genau dann, wenn $\text{Rg } A = n$ gilt.
Denn: Wenn $\text{Rg } A = n$ gilt, so ist A nach 9.2 (iii) eine Einheit, also gilt nach (xii) $1 = \text{Det } E = \text{Det } A \text{ Det } A^{-1}$, mithin ist $\text{Det } A \neq 0$.
Wenn $\text{Rg } A < n$ gilt, so ist eine Spalte von A eine Linearkombination der anderen Spalten, so dass nach (viii) eine Nullspalte erzeugt werden kann. Somit ist in diesem Fall $\text{Det } A = 0$.

9.15 Satz (Cramersche Regel) : Sei $A = (\alpha_{ij}) \in M_{n,n}(K)$ mit $\text{Det } A \neq 0$. Dann hat das System $Ax = b$ genau eine Lösung, nämlich $\xi_i = \frac{1}{\text{Det } A} \sum_{\nu=1}^{n} \beta_\nu \text{ Adj } \alpha_{\nu i}$.

Beweis: Wegen $\text{Det } A \neq 0$ gilt $n = \text{Rg } A$, also hat der affine Lösungsraum des vorgelegten Systems die Dimension 0. Die folgende Rechnung zeigt, dass die angegebenen ξ_i die Lösung bilden:

$(Ax)_{(i)} = \sum_{j=1}^{n} \alpha_{ij} \frac{1}{\text{Det } A} \sum_{j=1}^{n} \beta_\nu \text{ Adj } \alpha_{\nu j} = \frac{1}{\text{Det } A} \sum_{\nu=1}^{n} \beta_\nu \sum_{j=1}^{n} \alpha_{ij} \text{ Adj } \alpha_{\nu j} =$

$\frac{1}{\text{Det } A} \beta_i \text{ Det } A$ (letzteres nach 9.14 (xi)) . □

9.16 Folgerung : Sei $A \in GL(n, K)$. Dann ist $A^{-1} = \frac{1}{\text{Det } A} (\text{Adj } \alpha_{ji})$.

Denn: Wir fassen $AA^{-1} = E$ als Gleichungssystem auf: $\sum_{k=1}^{n} \alpha_{ik} \alpha'_{kj} = \delta_{ij}$.

(δ_{ij} ist das sogenannte **Kronecker-Delta**, das durch $\delta_{ij} = \begin{cases} 1 : i = j \\ 0 : i \neq j \end{cases}$ definiert wird.)

Nach 9.15 gilt für die gesuchten Koeffizienten α'_{kj} der inversen Matrix A^{-1} :

$\alpha'_{kj} = \frac{1}{\text{Det } A} \sum_{\nu=1}^{n} \delta_{\nu j} \text{ Adj } \alpha_{\nu k} = \frac{\text{Adj } \alpha_{jk}}{\text{Det } A}$.

Kapitel 9. Lineare Gleichungssysteme

Hier noch ein kurzer Überblick über die geschichtliche Entwicklung:
Schon die Babylonier (2000 v. u. Z.) konnten lineare Gleichungssysteme sehr elegant lösen (siehe Otto Neugebauer: Vorgriechische Mathematik, S. 175ff.)

Bereits im alten China wurde dafür ein allgemeiner Algorithmus namens Fang-cheng entwickelt. Er ist zu finden im 8. Buch der mathematischen Enzyklopädie "Mathematik in 9 Büchern", die zurückreicht bis ins 2. Jh. v. u. Z., dann im 1. Jh. v. u. Z. durch Chin Chang Suan Shu überarbeitet wurde und in der Fassung von Liu Hui aus dem Jahre 263 erhalten ist. Der Fang-cheng-Algorithmus arbeitet im Grunde mit Spaltenoperationen.
Diese Herangehensweise hatte also im Fernen Osten eine lange Tradition und so ist erklärlich, dass der Japaner Takakazu Seki 1683 zum Determinantenbegriff gelangte, noch bevor Leibniz 1693 in einem Brief an l'Hospital den Gedanken äußerte, die Bedingung für die Lösbarkeit von gewissen linearen Gleichungssystemen mittels eines Determinantenkriteriums zu fassen.

Takakazu Seki (1642-1708)

Colin Mac Laurin begann 1748 mit diesbezüglichen Studien, die Gabriel Cramer 1750 zu einer entsprechenden Theorie entwickelte. Alexandre Vandermonde präsentierte 1771 eine systematische Theorie der Determinanten.
Carl Friedrich Gauß setzte dann im Gegensatz zur Determinantenmethode in seiner Theoria motus coelestium 1809 durch Schilderung der Eliminationsmethode neue Akzente. Soweit seine Verdienste, jedoch rechtfertigt das eigentlich nicht, diesem seit dem Altertum praktizierten Verfahren den Namen „Gaußsches Verfahren" zu geben.
Die Bezeichnung „Rang" wurde 1879 von Ferdinand Georg Frobenius eingeführt.

Ferdinand Georg Frobenius (1849 - 1917)

Antikes Dodekaeder aus Bronze (2. Jh)
Herzog Anton Ulrich-Museum, Braunschweig

---

[2] Das Pentagondodekaeder ist seit vorgeschichtlichen Zeiten bekannt, wahrscheinlich aus dem Osten (China, Ägypten) stammend. In Schottland gefundene Steinskulpturen der Megalithkultur können letztlich auch ein Beleg dafür sein, wie weit ägyptische Einflüsse gelangten (siehe auch die Pyramiden der Maya-Kultur). Im Museo prehistorico zu Rom befindet sich ein Dodekaeder aus Speckstein mit auf den Orient deutenden Schriftzeichen. Die ältesten Schriftquellen, die das Dodekaeder erwähnen, schreiben es den Pythagoreern zu (aber Pythagoras hielt sich auch eine Zeit lang in Ägypten auf!). Jamblich schreibt in "de vita Pythagorica" von dem Pythagoreer Hippasos von Metapont, "der , weil er sich rühmte, er zuerst habe die dem Dodekaeder zugehörige Kugel beschrieben, als ein Gottloser im Meere umkam". Jedenfalls hat man in der Antike sogar einen Bronzegegenstand in Dodekaedergestalt gefertigt, wie den oben abgebildeten (H 7.5cm, Dm 9.5cm), von dem bisher fast 100 Exemplare im Mittelmeerraum gefunden wurden. Die Archäologen wissen seine Funktion nicht zu deuten (Spielzeug?, Würfel?, Eichmaß?, Instrument zum Messen von Zylinderdurchmessern?, Kerzenhalter?).

Kapitel 10

Formen auf Vektorräumen

10.1 Definitionen : Sei V ein K-Vektorraum und α ein Automorphismus von K. Eine α**-Sesquilinearform** auf V ist eine Abbildung $f : V \times V \longrightarrow \mathbb{K}$ mit folgenden Eigenschaften: [1]

$f(x_1 + x_2, y) = f(x_1, y) + f(x_2, y)$,
$f(x, y_1 + y_2) = f(x, y_1) + f(x, y_2)$,
$f(\lambda x, y) = \lambda f(x, y)$,
$f(x, \lambda y) = f(x, y)\lambda^\alpha$ für alle $x_i, y_i, x, y \in V$ und alle $\lambda \in \mathbb{K}$.
x heißt **orthogonal** zu y, geschrieben $x \perp y$, wenn $f(x, y) = 0$ gilt. (Wir betrachten nur Formen, für die $x \perp y \longleftrightarrow y \perp x$ gilt, sogenannte **reflexive** Formen.) f heißt **nichtausgeartet**, wenn $f(a, V) = 0$ stets $a = 0$ impliziert. f heißt ε**-hermitesch**[1] , wenn $f(x, y) = \varepsilon f(y, x)^\alpha \; \forall x, y \in V$ gilt ($\varepsilon = +1$ oder -1). Im Falle von $\varepsilon = 1$ sagen wir statt ε-hermitesch auch schlicht **hermitesch**, im Falle $\varepsilon = -1$ **schiefhermitesch**.

Charles Hermite
(1822 - 1901)

Gilt $f(x, x) = 0 \; \forall x \in V$, so heißt f **alternierend**. Gilt $f(x, y) = f(y, x)$, so heißt f **symmetrische Bilinearform** ; gilt $f(x, y) = -f(y, x) \; \forall x, y \in V$, so heißt f **schiefsymmetrisch**.
Wenn $B = \{b_1, \ldots, b_n\}$ eine Basis von V ist, so heißt $M_B(f) := (f(b_i, b_j)) \in M_{n,n}(\mathbb{K})$ die **Matrix der Form**. f heißt **positiv definit**, wenn $f(x, x) > 0 \forall x \in V \setminus \{0\}$ gilt, und **positiv semidefinit** , wenn $f(x, x) \geq 0$ gilt; wenn dagegen f positive und negative Formenwerte annimmt, so **indefinit** . (Entsprechend werden die Begriffe **negativ definit** , ... definiert.)

---

[1] Benannt nach C. Hermite, der Bedeutendes in Analysis, Algebra und Zahlentheorie leistete. Er bewies z. B. die Transzendenz von e.

Positiv definite hermitesche Formen ($\varepsilon = 1$) nennen wir ein **Skalarprodukt** auf V. V heißt dann auch ein **Prä-Hilbert-Raum** oder genauer: für $\mathbb{K} = \mathbb{R}$ ein **euklidischer** Vektorraum bzw. für $\mathbb{K} = \mathbb{C}$ ein **unitärer** Vektorraum (In Prä-Hilbert-Räumen wird $f(x,y)$ oft als $\langle x, y \rangle$ geschrieben). $\|x\| := \sqrt{\langle x, x \rangle}$ macht den Prä-Hilbert-Raum zu einem normierten Vektorraum. (Siehe 10.2(iii)). Wenn dieser Cauchy-vollständig ist, so wird er ein **Hilbert-Raum** genannt.

David Hilbert
(1863 - 1943)

> **Slogan:** Zwei Vektoren sind orthogonal, wenn der Formenwert für sie Null ergibt. Nichtausgeartetsein bedeutet: Nur der Nullvektor steht auf allen Vektoren senkrecht.

10.2 Bemerkungen :

(i) Sesquilinear bedeutet eineinhalbfach-linear (lat.), nämlich linear in der ersten und semilinear (halblinear) in der zweiten Komponente.

(ii) In einer endlichen Basis B lässt sich f ausdrücken als $f(x,y) = \varphi_B(x)^t M_B(f) \varphi_B(y)^\alpha$ ($\varphi_B(y)^\alpha := (\eta_1^\alpha, \ldots, \eta_n^\alpha)^t$, wenn η_i die Koord. von y sind). Z.B. erhalten wir für $M_B(f) = E$ das **Standardskalarprodukt** $\langle x, y \rangle = \sum_{i=1}^n \xi_i \eta_i^\alpha$.
Denn: $f(x,y) = f(\sum \xi_i b_i, \sum \eta_j b_j) = \sum_{i,j} \xi_i f(b_i, b_j) \eta_j^\alpha$ mit $B = \{b_1, b_2, \cdots, b_n\}$.

(iii) Jeder Prä-Hilbert-Raum wird vermittels $\|x\| := \sqrt{\langle x, x \rangle}$ zu einem normierten Vektorraum. Die Gültigkeit der Dreiecksungleichung folgt zum Beispiel mit 10.4(iii); denn es gilt $\|x+y\|^2 \leq \langle x+y, x+y \rangle = \langle x, x \rangle + \langle x, y \rangle + \langle y, x \rangle + \langle y, y \rangle = \langle x, x \rangle + \langle y, y \rangle + 2\operatorname{Re}\langle x, y \rangle \leq \langle x, x \rangle + \langle y, y \rangle + 2|\langle x, y \rangle| \leq \|x\|^2 + \|y\|^2 + 2\|x\|\|y\| = (\|x\| + \|y\|)^2$. Die Standardbilinearform liefert die in 6.2 (ii) eingeführte euklidische Norm.

Die Standardbilinearform wird auch bisweilen als Produkt geschrieben: $\langle x, y \rangle = x \cdot y$, sog. **Skalarprodukt oder inneres Produkt** . Erinnere 7.25, 7.26 (i): $x \cdot y = \|x\|\|y\| \cos(x, y)$. Anwendung in der Physik: Bei konstanter Kraft $\mathfrak{K}$ wird die Arbeit längs des geradlinigen Weges $\mathfrak{S}$ zu $\mathfrak{A} = \langle \mathfrak{K}, \mathfrak{S} \rangle$.

(iv) Jetzt geben wir ein wichtiges Beispiel eines Prä-Hilbert-Raumes an, wo die Form **nicht** die Standardbilinearform ist. Wenn $[a,b] \subset \mathbb{R}$ ist, so ist das Integral über eine Funktion $f : [a,b] \to \mathbb{C}$ mittels $(\operatorname{Re} f)(x) := \operatorname{Re} f(x)$, $(\operatorname{Im} f)(x) := \operatorname{Im} f(x)$ als

Kapitel 10. Formen auf Vektorräumen

$$\int_a^b f\,dx := \int_a^b \mathrm{Re} f\,dx + i\int_a^b \mathrm{Im} f\,dx \text{ definiert.}$$

Sei V der Raum der auf $[0, 2\pi]$ stetigen, komplexwertigen Funktionen.

$\langle f,g\rangle := (2\pi)^{-1}\int_0^{2\pi} f\overline{g}\,dx$ macht V zu einem unitären Raum,
da $\langle f,f\rangle = (2\pi)^{-1}\int |f|^2\,dx > 0$ für $f \neq 0$ gilt. Für $k \neq l$ gilt $e^{ikx} \perp e^{ilx}$,
da für $k,l \in \mathbb{Z}$ $\quad (2\pi)^{-1}\int_0^{2\pi} e^{ikx}e^{-ilx}\,dx = \begin{cases} 1 & \text{für } k = l \\ 0 & \text{für } k \neq l \end{cases}$ ist.

(v)

Ein anderes wichtiges Beispiel ist die **Minkowski-Form**, auch **Lorentz-Form** genannt, die das Raum-Zeit-Kontinuum der speziellen Relativitätstheorie prägt: $\xi_1\eta_1 + \xi_2\eta_2 + \xi_3\eta_3 - \xi_4\eta_4$ (ξ_1, ξ_2, ξ_3 sind die räumlichen Koordinaten, ξ_4 ist die Zeitkoordinate). Der **Minkowski-Raum** ist ein sehr nützliches, einfaches Modell für unsere physikalische Welt.

Hermann Minkowski
(1864 - 1909)

(vi) Im Endlichdimensionalen gilt für die Matrix $M_B(f)$ einer hermiteschen Form: $M_B(f) = \overline{M_B(f)^t}$. Daher heißen Matrizen A mit $A = \overline{A^t}$ **hermitesch**, solche mit $A = A^t$ **symmetrisch**, mit $A = -A^t$ **schiefsymmetrisch**, mit $A = -\overline{A^t}$ **schiefhermitesch**.
Denn: Wegen $f(x,y) = \overline{f(y,x)}$ gilt $\varphi_B(x)^t M_B(f)\overline{\varphi_B(y)} = \overline{\varphi_B(y)^t M_B(f)\overline{\varphi_B(x)}} = \overline{(\varphi_B(y)^t M_B(f)\overline{\varphi_B(x)})^t} = \overline{\varphi_B(x)^t M_B(f)^t \varphi_B(y)} = \varphi_B(x)^t \overline{M_B(f)}^t \overline{\varphi_B(y)}$.

(vii) Eine endlich-dimensionale Sesquilinearform f ist genau dann nichtausgeartet, wenn $\mathrm{Det}\, M_B(f) \neq 0$ ist.
Denn: $\varphi_B(x)^t M_B(f) V = 0$ gilt genau dann, wenn $\varphi_B(x)^t M_B(f)$ der Null(Zeilen)-Vektor ist. Also ist f genau dann nichtausgeartet, wenn das homogene System $\varphi_B(x)^t M_B(f) = 0$ nur trivial lösbar ist.

(viii) Jeder endlich-dimensionale Prä-Hilbert-Raum ist sogar Hilbert-Raum. Jeder endlich-dimensionale Teilraum eines Hilbert-Raumes ist abgeschlossen.
Denn: Die erste Aussage folgt aus 6.26.

10.3 Definitionen : Sei $\{U_1,\ldots,U_m\}$ eine Menge von Untervektorräumen des K-Vektorraumes V. V heißt **direkte Summe** von $U_1,\ldots,U_m$, geschrieben $V = \bigoplus_{i=1}^{m} U_i$, wenn $V = \sum_{i=1}^{m} U_i$ und $U_i \cap (\sum_{j=1}^{i-1} U_j + \sum_{j=i+1}^{m} U_j) = \{0\}$ $\forall i = 1,\ldots,m$ gilt.
Ein Vektorraum V mit Sesquilinearform f heißt **orthogonale direkte Summe** von $U_1,\ldots,U_m$, geschrieben $\perp_{i=1}^{m} U_i$, wenn er direkte Summe der U_i ist und überdies für alle $u_i \in U_i, u_j \in U_j$ mit $i \neq j$ stets $u_i \perp u_j$ gilt. Eine Menge $M = \{m_i : i \in I\}$ heißt eine **Orthogonalmenge (OG-Menge)**, wenn $f(m_i, m_j) = 0$ für alle $i,j \in I, i \neq j$ ist, und sie heißt **Orthonormalmenge (ON-Menge)**, wenn sogar $f(m_i, m_j) = \delta_{ij}$ [2] ist.
Ist die Menge M überdies eine Basis, so sprechen wir von einer **Orthogonal-** bzw. **Orthonormalbasis**. Wenn $M \subset V$, so heißt $M^\perp := \{x \in V : \bigwedge_{m \in M} x \perp m\}$ der zu M **orthogonale Raum**. Wenn $x \in \{x\}^\perp$, so heißt der Vektor x **isotrop**.
Wenn $\{b_1,\ldots,b_m\}$ eine OG-Basis eines linearen Teilraumes U ist mit $b_1,\ldots,b_m$ nicht isotrop und $v \in V$, so heißt $\pi_U v := \sum_{i=1}^{m} \frac{f(v,b_i)}{f(b_i,b_i)} b_i$ die **Orthogonalprojektion** von v auf U.

10.4 Bemerkungen :

(i) $M^\perp$ ist linearer Teilraum von V.

(ii) $v - \pi_U v \in U^\perp$, daher ist der Name Orthogonalprojektion gerechtfertigt.
Denn: Es gilt $f(v - \pi_U v, b_j) = f(v, b_j) - \sum_{i=1}^{m} \frac{f(v,b_i)}{f(b_i,b_i)} f(b_i, b_j) = f(v,b_j) - f(v,b_j) = 0$.

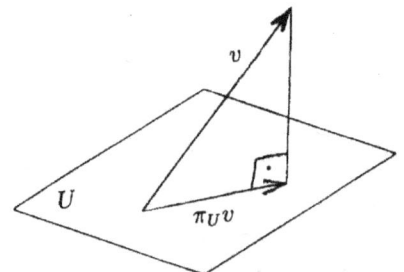

(iii) In Prä-Hilbert-Räumen gilt die CSB-Ungleichung : $|\langle x,y\rangle| \leq \|x\|\|y\|$.
Denn: Es gilt $0 \leq \langle x - \pi_{Ky}x, x - \pi_{Ky}x\rangle = \langle x,x\rangle - \langle \pi_{Ky}x, x\rangle - \langle x - \pi_{Ky}x, \pi_{Ky}x\rangle$. Da nach (ii) $x - \pi_{Ky}x \perp y$ und $\pi_{Ky}x \in Ky$ gilt, ist der dritte Summand der letzten Gleichung 0, und wir erhalten: $0 \leq \langle x,x\rangle - \frac{\langle x,y\rangle\langle y,x\rangle}{\langle y,y\rangle}$. Mithin gilt $|\langle x,y\rangle|^2 \leq \langle x,x\rangle\langle y,y\rangle$.

(iv) Isotrope Vektoren existieren z. B. im **Minkowski-Raum** (, d. h., im $\mathbb{R}^4$ mit Minkowski-Form). In der Relativitätstheorie werden diese Vektoren **lichtartige Vektoren** genannt.

---

[2]Kronecker-Delta : $\delta_{kl} := \begin{cases} 1 & \text{für } k = l \\ 0 & \text{für } k \neq l \end{cases}$

Kapitel 10. Formen auf Vektorräumen

10.5 Orthogonalisierungsverfahren nach Gram-Schmidt : [3] Sei $b_1, \ldots, b_n$ eine Basis von V aus nichtisotropen Vektoren. Dann bilden
$b_1^* := b_1, \ldots, b_i^* := b_i - \pi_{\langle b_1^*, \ldots, b_{i-1}^* \rangle} b_i, \ldots, b_n^*$ eine Orthogonalbasis für V.

10.6 Beispiel (zum Orthogonalisierungsverfahren) : Sei $\mathbb{R}[\xi]^3$ der Raum der ganzrationalen Funktionen vom Grad ≤ 3 über $\mathbb{R}$ und definiere $\langle p, q \rangle := \int_{-1}^{1} p(\xi) q(\xi) d\xi$ eine symmetrische Bilinearform auf $\mathbb{R}[\xi]^3$. Wir orthogonalisieren die Basis $1, \xi, \xi^2, \xi^3$:
$b_1' = b_1 = 1$, $b_2' = b_2 - \frac{\langle b_2, b_1' \rangle}{\langle b_1', b_1' \rangle} b_1' = \xi - \frac{\int_{-1}^{1} \xi d\xi}{\int_{-1}^{1} d\xi} = \xi$,
$b_3' = \xi^2 - \frac{1}{2} \int_{-1}^{1} \xi^2 d\xi - \frac{3}{2} \int_{-1}^{1} \xi^3 d\xi = \xi^2 - \frac{1}{3}$, $b_4' = \ldots = \xi^3 - \frac{3}{5} \xi$.

Die Rechnung lässt sich natürlich auch weiter für höhere Dimensionen (≥ 4) durchführen. Die sich ergebenden Funktionen $b_n' =: L_n(\xi)$ sind bis auf konstante Faktoren die sogenannten **Legendre- oder Kugelpolynome**. Sie gehören zu den klassischen **orthogonalen Polynomen** $P_n(\xi)$ vom Grad n ($n \in \mathbb{N} \cup \{0\}$). Sie lassen sich auch aus der verallgemeinerten **Rodrigues-Formel**

$$P_n(\xi) = \frac{1}{c_n w(\xi)} [w(\xi) Q^n(\xi)]^{(n)}$$

gewinnen, wobei $^{(n)}$ die n-te Ableitung bedeute, c_n Konstanten, w eine Funktion $[a, b] \to \mathbb{R}^+ \cup \{0\}$ und $Q(\xi)$ eine ganzrationale Funktion seien. Die Rodrigues-Formel liefert die folgenden, bezüglich der symmetrischen Bilinearform $\langle f, g \rangle := \int_a^b w(\xi) f(\xi) g(\xi) d\xi$ orthogonalen Polynome.

a	b	$w(\xi)$	$Q(\xi)$	Polynom-Name
-1	1	1	$1 - \xi^2$	Legendre- (oder Kugel-) Polynom
-1	1	$(1-\xi^2)^{\lambda - \frac{1}{2}}$	$1 - \xi^2$	Gegenbauer- (oder ultrasphärisches) Polynom
-1	1	$(1-\xi)^\alpha (1+x)^\beta$	$1 - \xi^2$	Jacobi- (oder hypergeometrisches) Polynom
-1	1	$(1-\xi^2)^{-\frac{1}{2}}$	$1 - \xi^2$	Tschebyscheff 1. Art
-1	1	$(1-\xi^2)^{\frac{1}{2}}$	$1 - \xi^2$	Tschebyscheff 2. Art
0	∞	$e^{-\xi} \xi^\alpha$	ξ	Laguerre
$-\infty$	∞	$e^{-\xi^2}$	1	Hermite

Reichhaltiges Material über orthogonale Polynome bei Szegö oder Bateman, vol. 2.

Der folgende Satz gibt eine qualitative Klassifikation der reflexiven Formen, die auf Birkhoff und v. Neumann zurückgeht.[4] Dieses Ergebnis erklärt, warum in der Geometrie der Formen und ihrer Isometriegruppen ausgerechnet die orthogonalen, unitären und symplektischen Gruppen betrachtet werden. (vgl. Definitionen 11.11, Bemerkung 11.12)

---

[3] Jorgen Pedersen Gram (1850 - 1916), Erhard Schmidt (1876 -1959)
[4] Georg David Birkhoff(1884-1944), Johann von Neumann(1903-1957)

10.7 Satz : Sei V ein K-Vektorraum mit $2 \leq \mathrm{Dim}_K V < \infty$, und sei f eine nichtausgeartete α-Sesquilinearform auf V.
Dann gilt: f ist genau dann reflexiv, wenn
(i) f eine alternierende Form mit $\alpha = \mathrm{id}$ ist   oder
(ii) es $\lambda \in K \setminus \{0\}$ so gibt, dass $g := f\lambda^{-1}$ eine hermitesche α-Sesquilinearform mit $\alpha^2 = \mathrm{id}$ ist.
Beweis: Eine Richtung gilt trivialerweise. Zu beweisen ist jedoch die Notwendigkeit der Bedingungen. Sei also f eine nichtausgeartete, reflexive α-Sesquilinearform. Zu zeigen ist die Gültigkeit von (i) oder (ii).
Wenn f alternierend ist, so existieren $\tilde{x}, \tilde{y} \in V$ mit $f(x,y) \neq 0$. Also existieren $x, y \in V$ mit $f(x,y) = 1$. Dann gilt aber $\lambda = f(\lambda x, y) = -f(y, \lambda x) = -f(y,x)\lambda^\alpha = f(x,y)\lambda^\alpha = \lambda^\alpha$, und somit ist $\alpha = \mathrm{id}$.
Sei nun f nicht alternierend. Es existiert also $w \in V$ mit $0 \neq f(w,w) =: \lambda$. $g(x,y) := f(x,y)\lambda^{-1}$ ist eine nichtausgeartete reflexive α-Sesquilinearform mit $g(w,w) = 1$. Da $l(x) := g(x,w)$ eine nichtausgeartete Linearform auf V ist, gilt $\dim w^\perp = \mathrm{Dim\,Kern}\,l = \mathrm{Dim}\,V - \mathrm{Dim}\,lV = \mathrm{Dim}\,V - 1$, also $V = Kw + w^\perp$. Es ist $Kw \cap w^\perp = \{0\}$; denn, wenn $g(\lambda w, w) = 0$ ist, so gilt $\lambda = 0$. Also ist $V = Kw \perp w^\perp$. ($w^\perp$ ist der gleiche Raum bezüglich g wie bezüglich f wie auch bezüglich l.)
1. Zwischenbehauptung: g ist eine hermitesche α-Sesquilinearform auf $w^\perp$.
Denn: Seien $u, v \in w^\perp$. Wähle $\mu \in K$ so, dass $g(w + u, -\mu w + v) = -\mu^\alpha + g(u,v) = 0$ gilt. Wegen der Reflexivität von g gilt dann
$0 = g(-\mu w + v, w + u) = -\mu + g(v,u)$. Also ist g hermitesch auf $w^\perp$.
2. Zwischenbehauptung: Es existieren (nicht notwendig verschiedene) $u, v \in w^\perp$ mit $g(u,v) = 1$.
Denn: Es ist $\mathrm{Dim}\,w^\perp \geq 1$, also existiert $u \in w^\perp \setminus \{0\}$. Wenn $g(u,u) =: \lambda \neq 0$ gilt, so leisten $v := \lambda^{-1}$, u das Gewünschte. Wenn $g(u,u) = 0$ ist, dann muss wegen der Nichtausgeartetheit von g $\mathrm{Dim}\,w^\perp \geq 2$ gelten. Wenn nun für alle $v \in w^\perp \setminus \langle u \rangle$ die Gleichung $g(u,v) = 0$ gelten würde, so hätten wir einen Widerspruch zur Nichtausgeartetheit von g.
Da für alle $\mu \in K$ wegen der 1. Zwischenbehauptung $\mu = g(\mu u, v) = g(v, \mu u)^\alpha = [g(v,u)\mu^\alpha]^\alpha = [g(v,u)\mu^\alpha]^\alpha = g(v,u)^\alpha \mu^{\alpha^2} = g(u,v)\mu^{\alpha^2} = \mu^{\alpha^2}$ gilt, ist $\alpha^2 = \mathrm{id}$.
Wir schließen den Beweis ab, indem wir zeigen, dass g auch auf V hermitesch ist: Seien $x, y \in V$, etwa $x = \mu_1 w + x'$, $y = \mu_2 w + y'$ mit $x', y' \in w^\perp$. Dann gilt
$$g(x,y) = g(\mu_1 w + x', \mu_2 w + y') = \mu_1 \mu_2^\alpha + g(x',y')$$ sowie
$$g(y,x) = \mu_2 \mu_1^\alpha + g(y',x') = [\mu_1 \mu_2^\alpha + g(x',y')]^\alpha.$$ □

10.8 Bemerkungen :

(i) Es ist genau dann $V = \bigoplus_{i=1}^m U_i$, wenn

$$\forall v \in V \exists_1 (u_1, \ldots, u_m) \in U_1 \times \cdots \times U_m : v = \sum_{i=1}^m u_i.$$

Denn: Wenn jedes $v \in V$ wie beschrieben eindeutig darstellbar ist, so gilt natürlich $v = \sum_{i=1}^m U_i$. Wenn $0 \neq v \in U_i \cap (\sum_{j=1}^{i-1} U_j + \sum_{j=i+1}^m U_j)$ wäre, so gälte nach Voraussetzung

$v = u_i = \sum_{j \neq i} u_j$, also ergäbe sich ein Widerspruch zur vorausgesetzten Eindeutigkeit. Mithin gilt also $U_i \cap (\sum_{j=1}^{i-1} + \sum_{j=i+1}^{m}) = \{0\}$, also $V = \bigoplus_{i=1}^{m} U_i$.

Sei umgekehrt $V = \bigoplus_{i=1}^{m} U_i$ vorausgesetzt. Wegen $V = \sum_i U_i$ ist v als $\sum_{i=1}^{m} u_i$ mit $u_i \in U_i$ darstellbar. Angenommen es gälte $v = \sum_{i=1}^{m} u_i = \sum_{i=1}^{m} u_i'$ mit $u_i, u_i' \in U_i$. Dann wäre $u_i - u_i' = -\sum_{j \neq i}(u_j - u_j') \in U_i \cap \sum_{j \neq i} U_j = \{0\}$, also $u_i = u_i'$, und zwar für jedes $i = 1, \ldots, m$. □

(ii) Wenn $b_1, \ldots, b_n$ eine Basis von V ist, so gilt $V = \bigoplus_{i=1}^{n} \mathbb{K} b_i$.

Wenn $b_1, \ldots, b_n$ eine Orthogonalbasis von V ist, so gilt $V = \perp_{i=1}^{n} \mathbb{K} b_i$.

(iii) Es gilt $\langle M \rangle < M^{\perp\perp}$. In endlich-dimensionalen Vektorräumen gilt sogar Gleichheit (vgl. (xi)).
Denn: Wenn $m \in M$ und $m' \in M^\perp$ ist, so gilt $m \perp m'$ und mithin $m \in (M^\perp)^\perp$, also $\langle M \rangle \subset M^{\perp\perp}$. Da $M^\perp$ und ebenso $M^{\perp\perp}$ ein Vektorraum ist, gilt $\langle M \rangle < M^{\perp\perp}$.

(iv) Es gilt $\operatorname{Dim} \bigoplus_{i=1}^{m} U_i = \sum_{i=1}^{m} \operatorname{Dim} U_i$.
Denn: Wähle für $i = 1, \ldots, m$ jeweils eine Basis B_i von U_i. Überlege, dass dann $\bigcup_{i=1}^{m} B_i$ eine Basis von $\bigoplus_{i=1}^{m} U_i$ ist.

(v) Koordinatentransformation einer Basis $b_1, \ldots, b_n$ in eine vorgegebene Orthonormalbasis $b_1', \ldots, b_n'$: Wenn $x = \sum \xi_i b_i = \sum \xi_i' b_i'$ ist, so gilt $\xi_k' = \sum \xi_i f(b_i, b_k')$, wobei im Falle der Standardbilinearform die $f(b_i, b_k')$ die sogenannten **Richtungscosinus** sind.

(vi) Jede Orthogonalmenge aus nichtisotropen Vektoren ist linear unabhängig.
Denn: Sei $\{b_1, \ldots, b_m\}$ eine Orthogonalmenge, und sei $\sum_{i=1}^{m} \alpha_i b_i = 0$. Dann gilt $\alpha_j f(b_j, b_j) = f(0, b_j) = 0$, also $\alpha_j = 0 \quad \forall j$.

(vii) Wenn $b_1, \ldots, b_m$ eine Orthogonalmenge aus nichtisotropen Vektoren ist, so lässt sich jedes $x \in \bigoplus \mathbb{K} b_i$ eindeutig als Linearkombination $x = \sum \lambda_i b_i$ schreiben, wobei die $\lambda_i = \frac{f(x, b_i)}{f(b_i, b_i)}$ sind und **verallgemeinerte Fourierkoeffizienten** heißen.

(viii) Es seien $U < V$, $b_1, \ldots, b_m$ eine Orthogonalbasis von U aus nichtisotropen Vektoren, $f|_U$ nicht ausgeartet. Dann hat jedes $x \in V$ eine eindeutige Darstellung $x = x_U + x_{U^\perp}$ mit $x_U \in U, x_{U^\perp} \in U^\perp$. Es gilt also $V = U \perp U^\perp$.
Denn: Setze $x_U := \pi_U x$, $x_{U^\perp} := x - \pi_U x$ und erhalte eine solche Darstellung (der zweite Vektor ist nach 10.4(ii) $\in U^\perp$). Sei nun $x = x_U + x_{U^\perp} = x_U' + x_{U^\perp}'$, also $U \ni x_U - x_U' = x_{U^\perp}' - x_{U^\perp} \in U^\perp$. Da $f|_U$ nichtausgeartet ist, ist $x_{U^\perp} = x_{U^\perp}'$ und somit auch $x_U = x_U'$.

(ix) Die Voraussetzungen seien wie in (viii). Dann gilt: Die eindeutig bestimmte U-Komponente von x in der Zerlegung $V = U \perp U^\perp$ ist die Orthogonalprojektion $\pi_U x$.

(x) Sei f eine reflexive Sesquilinearform auf einem endlichdimensionalen Vektorraum V und sei $U < V$. Dann gelten die folgenden Äquivalenzen:
$f|_U$ nichtausgeartet $\longleftrightarrow U \cap U^\perp = \{0\} \longleftrightarrow U \perp U^\perp = V$
$\longleftrightarrow \exists_1 W < V : V = U \perp W$.
Im letzten Fall heißt W ein **orthogonales Komplement** von U in V.
Denn:

> (I) Genau wenn $f|_U$ ausgeartet ist, existiert $v \in U \setminus \{0\}$ so, dass $v \in U^\perp$. Das beweist den ersten Doppelpfeil.
>
> (II) Wir führen hier den Beweis für den zweiten Doppelpfeil nur für den Spezialfall eines Prä-Hilbertraumes V: Für nichtausgeartetes $f|_U$ gilt nach (viii) $V = U \perp U^\perp$. Umgekehrt impliziert $V = U \perp U^\perp$ natürlich $U \cap U^\perp = \{0\}$. Zu zeigen bleibt die Eindeutigkeit von $U^\perp$ (Aufgabe).
> **Beachte:** Direkte Komplemente linearer Teilräume sind **nicht** eindeutig!!

(xi) Es seien $f|_U$ nichtausgeartet und $U < V$, $M \subset V$. Dann gelten die Beziehungen $\text{Dim}\, U + \text{Dim}\, U^\perp = \text{Dim}\, V$, $U = U^{\perp\perp}$ sowie $\langle M \rangle = M^{\perp\perp}$. **Denn:** Nach (x) und (iv) gilt $\text{Dim}\, U + \text{Dim}\, U^\perp = \text{Dim}\, V = \text{Dim}\, U^\perp + \text{Dim}\, U^{\perp\perp}$ und somit $\text{Dim}\, U = \text{Dim}\, U^{\perp\perp}$, also wegen (iii) $U = U^{\perp\perp}$. Mithin gilt auch $\langle M \rangle = M^{\perp\perp}$.

(xii) Für $x \in V = U \perp U^\perp$ gilt in Prä-Hilberträumen der
Satz des Pythagoras: $\|x\|^2 = \|x_U\|^2 + \|x_{U^\perp}\|^2$.
Denn: Es gilt $\|x\|^2 = \langle x_U + x_{U^\perp}, x_U + x_{U^\perp} \rangle = \langle x_U, x_U \rangle + \langle x_{U^\perp}, x_{U^\perp} \rangle = \|x_U\|^2 + \|x_{U^\perp}\|^2$.

10.9 Definition : Sei U linearer Teilraum eines normierten Vektorraumes V und es sei $x \in V$. $u \in U$ mit $\|x - u\| = \inf_{y \in U} \|x - y\|$ heißt ein **Proximum** von x in U.

10.10 Satz (Approximation in Prä-Hilberträumen) : Sei V endlichdimensionaler Prä-Hilbertraum, und sei $U < V$ sowie $x \in V$. Dann existiert genau ein Proximum von x in U, nämlich $\pi_U x$.
Beweis: Existenz eines Proximums: Seien $x \in V$, $y \in U$. Dann gilt nach 10.8(viii),(xii)
$\|x - y\|^2 = \|\pi_U x + x_{U^\perp} - y\|^2 = \|\pi_U x - y\|^2 + \|x_{U^\perp}\|^2 = \|\pi_U x - y\|^2 + \|x - \pi_U x\|^2 \geq \|x - \pi_U x\|^2$. Also ist $\pi_U x$ ein Proximum von x in U.
Eindeutigkeit des Proximums: Für $y \in U$ mit $y \neq \pi_U x$ gilt $\pi_U x - y \neq 0$, also $\|\pi_U x - y\|^2 > 0$, also wegen der obigen Ungleichung $\|x - y\|^2 > \|x - \pi_U x\|^2$. $\square$

10.11 Bemerkungen :

(i) Die Aussage von 10.10 wird auch das **Minimalprinzip der Orthogonalprojektion** genannt.

(ii) Die Aussage von 10.10 gilt auch für unendlich-dimensionale Hilbert-Räume, wenn U ein abgeschlossener Teilraum ist. Dieser Satz wird oft als **Projektionssatz** bezeichnet.

Kapitel 10. Formen auf Vektorräumen 157

(iii) 10.10 ist sehr nützlich für die Behandlung des sogenannten **Linearen Ausgleichsproblems**, auch **Methode der kleinsten Quadrate** genannt:
Wir stellen uns b als Vektor aus gewissen Messgrößen $\beta_1, \beta_2, \ldots, \beta_m$ und $x \in \mathbb{C}^n$ als Vektor gewisser zu bestimmender Werte $\xi_1, \xi_2, \ldots, \xi_n$ vor. Dabei sei ein linearer Zusammenhang $Ax = b$, $A \in M_{m,n}(\mathbb{C})$ angenommen. Da jeder Beobachtung ein Messfehler zugrundeliegt, werden mehr Messungen als nötig durchgeführt, wird also $m > n$ angenommen. Das System ist **überbestimmt**. Gilt $\operatorname{Rg} A = \operatorname{Rg}(A|b)$, so ist das lineare Gleichungssystem lösbar, und man nennt es **konsistent**. Ist das System inkonsistent, so nennt man ein x, für welches Ax das Proximum von b in Bild A ist, eine **Lösung des Ausgleichsproblems**. (Als Form des Prä-Hilbert-Raumes nehmen wir die hermitesche Standardform $<x,y> = \overline{x}^t y$.)

(iv) Für $A \in M_{m,n}(\mathbb{C})$ gilt $\operatorname{Kern} A = \operatorname{Kern} \overline{A}^t A$ sowie $\operatorname{Rg} A = \operatorname{Rg} \overline{A}^t A$.
Denn: Wenn $Ax = 0$ ist, so gilt $\overline{A}^t Ax = 0$, also $\operatorname{Kern} A \subset \operatorname{Kern} \overline{A}^t A$.
Wenn $\overline{A}^t Ax = 0$ ist, so gilt $\overline{Ax}^t Ax = 0$, also $\|Ax\|^2 = 0$, d. h. $Ax = 0$, und mithin $\operatorname{Kern} \overline{A}^t A \subset \operatorname{Kern} A$.
Daher gilt $n - \operatorname{Rg} \overline{A}^t A = \operatorname{Dim} \operatorname{Kern} \overline{A}^t A = \operatorname{Dim} \operatorname{Kern} A = n - \operatorname{Rg} A$.

10.12 Satz : Die Lösungsmenge des linearen Ausgleichsproblems $Ax = b$, $A \in M_{m,n}(\mathbb{C})$, $m > n$ stimmt mit der Lösungsmenge des **Gaußschen Normalsystems** $\overline{A}^t A x = \overline{A}^t b$ überein. Letzteres hat immer eine Lösung. Zwei Lösungen x, x' erfüllen stets $Ax = Ax'$. Die Dimension des affinen Lösungsraumes beträgt $n - \operatorname{Rg} A$.

Beweis: I $Ax = b$ sei konsistent, und es sei x_0 eine Lösung des Normalsystems. Es gilt $\overline{A}^t A x = \overline{A}^t b = \overline{A}^t A x$, also $x_0 - x \in \operatorname{Kern} \overline{A}^t A = \operatorname{Kern} A$ und mithin $Ax_0 = Ax = b$.
Trivialerweise ist auch jede Lösung von $Ax = b$ eine Lösung des Normalsystems.
II $Ax = b$ sei nicht konsistent. Nach 10.10 ist das Proximum von b in $A\mathbb{C}^n$ die Orthogonalprojektion. Also gilt $\overline{Ay}^t(Ax - b) = 0$, d. h. $\overline{y}^t(\overline{A}^t Ax - \overline{A}^t b) = 0 \quad \forall y \in \mathbb{C}^n$. Umgekehrt liefert jede Lösung x des Normalsystems mittels Ax das Proximum von b in $A\mathbb{C}^n$.
III Wegen der Eindeutigkeit des Proximums erfüllen zwei Lösungen x, x' des Ausgleichsproblems stets $Ax = Ax'$. Das Gaußsche Normalsystem ist konsistent, da $x \in \mathbb{C}^n$ mit $Ax = \pi_{A\mathbb{C}^n} b$ das Normalsystem löst. Die restliche Behauptung folgt mit 10.11(iv). □

10.13 Bemerkungen :

(i) Zur Lösung des linearen Ausgleichsproblems können zwei Wege eingeschlagen werden:
a) Über die Gaußsche Normalgleichung. Berechne $B = \overline{A}^t A$, $c = \overline{A}^t b$, und löse das lineare System $Bx = c$.
b) Mittels Orthogonalprojektion. Löse das lineare System $Ax = \pi_{A\mathbb{C}^n} b$.

(ii) Eine Anwendung: Ein Chemie-Konzern will an einem bestimmten Standort seine Fabrik schließen. Aus den sehr giftigen Ausgangsstoffen S_1, S_2, S_3, S_4 und weiteren kaum giftigen können in dieser Fabrik in 3 Produktionslinien jeweils die Produkte P_1, P_2 und P_3 produziert werden.

Die nebenstehende Matrix A zeigt, wieviele kg des jeweiligen Stoffes zur Produktion von 100 kg des Endproduktes benötigt werden:

	P_1	P_2	P_3
S_1	65	48	41
S_2	25	30	17
S_3	0	20	4
S_4	0	0	1

Welche Produktionsmengen müssen für die 3 Produkte angestrebt werden, damit nur noch möglichst wenig von den giftigen Rohstoffen insgesamt - sei es zum Standort hin oder, bei Nichtverbrauch, vom Standort weg - transportiert werden muss? Auf dem Gelände lagern 900 Tonnen von S_1, 444 Tonnen von S_2, 95 Tonnen von S_3 und 40 Tonnen von S_4.

Lösung: Produziert werden müssen 671,5 Tonnen von P_1, 434,5 Tonnen von P_2 und 651 Tonnen von P_3. Die noch nötigen Transporte umfassen einen Bezug von 1,1961 Tonnen von S_1 und 1,7941 Tonnen von S_3 sowie den Abtransport von 3,1098 Tonnen von S_2 und 3,349 Tonnen von S_4.
Die angegebenen Werte nachzurechnen, sei als Aufgabe gelassen.

(iii) Mit MAPLE lässt sich ein lineares Ausgleichsproblem mittels
>with(linalg):
> $A := \text{matrix}(\ldots)$:
> $b := \text{vector}(\ldots)$:
> leastsqr(A, b);
lösen.

(iv)

Die Methode der kleinsten Quadrate wurde von Carl Friedrich Gauß entwickelt, und brachte dem gerade mal 23 Jahre alten Gauß Weltruhm, als er aufgrund von Beobachtungsdaten des neuentdeckten Planetoiden Ceres, die sein Entdecker Guiseppe Piazzi zu Beginn des Jahres 1801 einen Monat lang gesammelt hatte, die genaue Bahn der Ceres berechnete. Das ermöglichte nämlich den Astronomen Zach und Olbers, den Kleinplaneten, den man inzwischen verloren hatte und den man vergeblich wiederaufzufinden gesucht hatte, genau ein Jahr nach seiner Entdeckung, in der Sylvesternacht 1801, an der Stelle zu beobachten, die Gauß vorhergesagt hatte.

C. F. Gauß
(1777 - 1855)

(v) Die Methode der kleinsten Quadrate hat viele Anwendungsmöglichkeiten, z. B. besteht eine enge Verbindung zur Maximum-Likelihood-Methode der Statistik. In Teil 4 werden wir ihre Bedeutung für die Kalman-Bucy-Filter kennenlernen.

Für das praktische Arbeiten ist auch das Werk von F. A. Willers: Methoden der praktischen Analysis, de Gruyter, Berlin 1967 nützlich, das die Ausgleichsrechnung ausführlich behandelt.

10.14 Definitionen : Sei $A \in M_{m,n}(\mathbb{C})$. $A^- \in M_{n,m}(\mathbb{C})$ heißt **(Moore-Penrose-) Pseudoinverse**, wenn folgende Relationen gelten:
(i) $AA^-A = A$ (ii) $A^-AA^- = A^-$
(iii) $\overline{AA^-}^t = AA^-$ (iv) $\overline{A^-A}^t = A^-A$.

10.15 Satz : Zu jedem $A \in M_{m,n}(\mathbb{C})$ existiert A^- eindeutig. Für nichtsinguläres A gilt $A^- = A^{-1}$.
Beweis: Bei Herstein-Winter, pp. 96ff.

10.16 Satz : Sei $A \in M_{m,n}(\mathbb{C})$. Wenn $Ax = b$ lösbar ist, so ist A^-b eine Lösung des Gleichungssystems; andernfalls ist A^-b eine Lösung des linearen Ausgleichsproblems. In beiden Fällen ist A^-b die Lösung kleinster Norm.

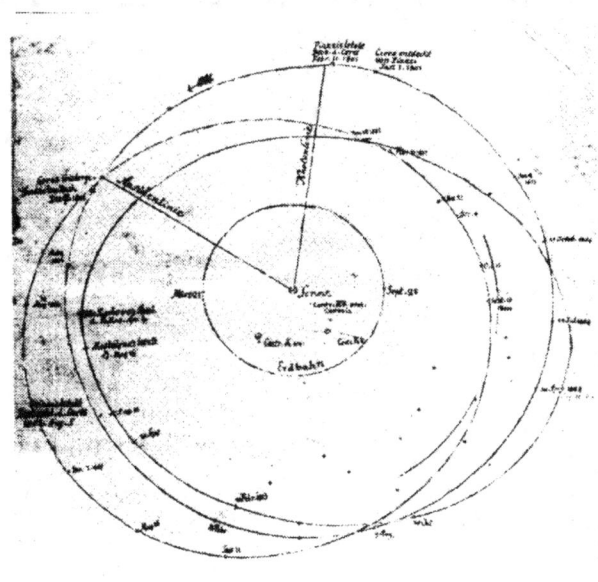

Zeichnung von Gauß
Bahnen von Ceres, Pallas und Juno

*Illustration aus dem Buch von Piazzi
über die Entdeckung des Planetoiden Ceres*

---

[5] Auf dem Fernrohr steht:"Ceres addita coelo", das heißt wörtlich übersetzt "Ceres wurde dem Himmel hinzugefügt".

Kapitel 11

Eigenwerte, Normalformen von Matrizen

Bei Vektorraum-Endomorphismen interessieren oft diejenigen Vektoren, die unter der Abbildung ihre Richtung nicht ändern oder allenfalls die entgegengesetzte Richtung annehmen, also 0 und die sogenannten Eigenvektoren:

11.1 Definitionen : Sei $l \in \operatorname{Hom}_K(V,V) =: \operatorname{End}_K V$. $\lambda \in K$ heißt ein **Eigenwert** von l, wenn $x \in V \setminus \{0\}$ so existiert, dass $l(x) = \lambda x$ gilt. x heißt dann ein **Eigenvektor** von l. $E(l;\lambda) := \{x \in V : l(x) = \lambda x\}$ heißt der **Eigenraum** von l zum Eigenwert λ. Die Menge $\mathcal{S}$ aller Eigenwerte von l heißt das **Spektrum** von l.

11.2 Bemerkungen :

(i) Wenn λ ein Eigenwert von l ist, so ist $l - \lambda \operatorname{id} \in \operatorname{End}_K V$ und $\operatorname{E}(l;\lambda) = \operatorname{Kern}(l - \lambda \operatorname{id})$.

(ii) Wenn $\operatorname{Dim} V < \infty$ ist, so gilt: λ Eigenwert von $l \longleftrightarrow \operatorname{Det}(l - \lambda \operatorname{id}) = 0$.
Denn: Seien A, B Basen von V. Dann gilt $\operatorname{Det} M_{B,B}(l) = \operatorname{Det}(T M_{A,A}(l) T^{-1}) = (\operatorname{Det} T)^{-1} \operatorname{Det} M_{A,A}(l) \operatorname{Det} T = \operatorname{Det} M_{A,A}(l)$. Also macht es Sinn, von der Determinante eines linearen Endomorphismus zu sprechen. Nun hat l genau dann einen Eigenvektor (mit Eigenwert λ), wenn $(M_{B,B}(l) - \lambda E)x = 0$ nichttrivial lösbar ist, d.h. genau dann, wenn $\operatorname{Det}(l - \lambda \operatorname{id}) = 0$ ist. □

(iii) Beispiel: Drehung um den Ursprung von $\mathbb{R}^2$ mit Winkel α: $M = \begin{bmatrix} \cos \alpha & -\sin \alpha \\ \sin \alpha & \cos \alpha \end{bmatrix}$.
Ermittlung der Eigenwerte:
$\operatorname{Det} \begin{bmatrix} \cos \alpha - \lambda & -\sin \alpha \\ \sin \alpha & \cos \alpha - \lambda \end{bmatrix} = \lambda^2 - 2\lambda \cos \alpha + 1 = 0$, also $\lambda = e^{\pm i\alpha}$. Also sind mit Ausnahme von $\alpha = 0$ oder π keine reellen Eigenwerte vorhanden. Das deckt sich mit der geometrischen Anschauung. In den beiden Ausnahmefällen ist jeder Vektor von $\mathbb{R}^2 \setminus \{0\}$ ein Eigenvektor.

11.3 Definitionen : Es sei $\text{Dim}_K V = n < \infty$.

$$f_l(\lambda) := \text{Det}(l - \lambda \text{id}) = (-1)^n \lambda^n + \sum_{j=1}^{n} (-1)^{n-j} \beta_{n-j} \lambda^{n-j} \in K[\lambda]$$

heißt das **charakteristische Polynom** von l. β_{n-1} heißt die **Spur** von l. Entsprechend werden diese Begriffe für Matrizen gebraucht. Wenn $R, S, T \in M_{n,n}(K)$ mit $R = TST^{-1}$ gilt, so heißt R ein **Konjugiertes** von S oder zu S **ähnlich**, geschrieben $R \sim S$.

11.4 Bemerkungen :

(i) Wenn A, B Basen des endlich-dimensionalen Vektorraumes V sind, so gilt $M_{A,A}(l) \sim M_{B,B}(l)$ (Satz 5.14).

(ii) Wenn $M = (\alpha_{ij}), M^* = (\alpha_{ij}^*)$ und $M \sim M^*$ gilt, so gilt $\text{Spur } M = \text{Spur } M^* = \sum \alpha_{ii} = \sum \alpha_{ii}^*$.
Denn: Das charakteristische Polynom von M ist nach dem ersten Teil des Beweises von 11.2(ii) gleich dem charakteristischen Polynom von M^*. Der Koeffizient β_{n-1} ist aber jeweils gleich der Spur.

(iii) Eigenwerte eines linearen Endomorphismus endlicher Dimension sind genau die Nullstellen seines charakteristischen Polynoms (vgl. 11.2 (ii)).

(iv) Wenn $l \in \text{End}_K V$ und $\text{Dim}_K V = n$ gilt, so hat l höchstens n verschiedene Eigenwerte.
Denn: Der Grad von $f_l(x)$ ist n. Die Aussage folgt nun aus 11.5 (ii).

11.5 Satz : Für jedes $f(x) \in K[x]$ gelten folgende Aussagen:

(i) $f(\lambda) = 0 \longleftrightarrow \exists g(x) \in K[x] : f(x) = (x - \lambda)g(x)$,

(ii) $\text{Grad } f = n \longrightarrow f$ hat höchstens n Nullstellen (Vielfachheiten mitgerechnet!)

Beweis: Da $K[x]$ ein euklidischer Ring ist, gilt der Divisionsalgorithmus $f(x) = (x - \lambda)g(x) + r$ mit $r = 0$ oder $Nr = 0$. Daher ist λ genau dann Nullstelle von f, wenn $r = 0$ ist. Also gilt (i) und somit auch (ii). □

11.6 Satz (Fundamentalsatz der Algebra) : [1] In $\mathbb{C}$ hat jedes Polynom vom Grad n $(n > 0)$ wenigstens eine Nullstelle (und damit genau n Nullstellen - Vielfachheiten mitgerechnet!).
Beweis: Siehe den funktionentheoretischen Beweis in Teil 3 mit Hilfe des Satzes von Liouville.

---

[1] Nach unvollständigen Versuchen durch Newton, d'Alembert , Euler und Lagrange gab C. F. Gauß in seiner Dissertation 1799 an der Universität Helmstedt den ersten richtigen Beweis dieses Theorems. Gauß lieferte später noch drei weitere Beweise dieses Theorems!!

Eigenwerte, Normalformen von Matrizen 163

11.7 Bemerkungen :

(i) Es sei jeweils $x_j \in E(l; \lambda_j)$ für $j = 1, \ldots, m$ und für paarweise verschiedene $\lambda_1, \ldots, \lambda_m$. Dann sind $x_1, \ldots, x_m$ linear unabhängig.
Denn: Sei $\sum_{i=1}^{m} \mu_i x_i = 0$. Wir zeigen durch vollständige Induktion, dass dann $\mu_i = 0 \quad \forall i = 1, \ldots, m$ gilt: Es ist $0 = l(0) = l(\sum_{i=1}^{m} \mu_i x_i) = \sum_{i=1}^{m} \mu_i \lambda_i x_i$ und andererseits $0 = \lambda_m 0 = \sum_{i=1}^{m} \mu_i \lambda_m x_i$, also
$0 = \sum_{i=1}^{m-1} \mu_i (\lambda_i - \lambda_m) x_i$. Nach Induktionsannahme gilt also
$\mu_i (\lambda_i - \lambda_m) = 0 \quad \forall i = 1, \ldots, m-1$, mithin $\mu_i = 0 \quad \forall i = 1, \ldots, m$.

(ii) Es seien l ein Endomorphismus und $\lambda_1, \ldots, \lambda_m$ paarweise verschiedene Eigenwerte von l. Dann gilt $\sum_{j=1}^{m} E(l; \lambda_j) = \bigoplus_{j=1}^{m} E(l; \lambda_j)$.
Denn: Nach (i) ist jedes r-tupel $x_1, \ldots, x_r$ mit $x_i \in E(l; \lambda_i) \setminus 0$ linear unabhängig, also gilt $E(l; \lambda_i) \cap \sum_{\kappa \neq i} E(l; \lambda_\kappa) = 0$, und somit gilt nach 10.3 die Behauptung.

11.8 Definitionen : Eine Matrix $M = (\alpha_{ij}) \in M_{n,n}(K)$ heißt **Diagonalmatrix**, wenn $\alpha_{ij} = 0$ für alle $i \neq j$ gilt, geschrieben auch als $M = \text{Diag}[\alpha_{11}, \ldots, \alpha_{nn}]$. M heißt **untere Dreiecksmatrix**, wenn $\alpha_{ij} = 0$ für alle $i < j$ ist. Analog: **obere Dreiecksmatrix**. $l \in \text{End}_K V$ heißt **diagonalisierbar**, wenn V eine Basis B besitzt, so dass $M_{B,B}(l)$ eine Diagonalmatrix ist. Analog: **trigonalisierbar**.

11.9 Bemerkungen : Sei durchgehend $l \in \text{End}_K V$, $\text{Dim}_K V = n < \infty$.

(i) l ist genau dann diagonalisierbar, wenn es eine Basis B von V aus Eigenvektoren von l gibt. In diesem Fall gilt: $M_B(l) = \text{Diag}[\lambda_1, \ldots, \lambda_n]$ mit $\lambda_j \in S \quad \forall j = 1, \ldots, n$.

(ii) l ist diagonalisierbar, wenn es n paarweise verschiedene Eigenwerte besitzt.

(iii) l ist genau dann diagonalisierbar, wenn $V = \bigoplus_{\lambda \in S} E(l; \lambda)$ gilt.

(iv) Es sei $V = U_1 \oplus U_2$ mit $lU_1 \subset U_1$ und einer Basis $B = \{b_1, \ldots, b_r, \ldots, b_n\}$ von V so, dass $b_1, \ldots, b_r \in U_1$ und $b_{r+1}, \ldots, b_n \in U_2$ sind. Dann ist $M_B(l) = \begin{bmatrix} * & * \\ 0 & * \end{bmatrix}$.
Wenn überdies $lU_2 \subset U_2$ gilt, so ist sogar $M_B(l) = \begin{bmatrix} * & 0 \\ 0 & * \end{bmatrix}$.

(v) 11.2(iii) ist ein Beispiel dafür, dass $f_l(\lambda)$ in $K[\lambda]$ nicht immer vollständig zerfällt. (Quadratische Polynome können über $\mathbb{R}$ irreduzibel sein, über $\mathbb{C}$ zerfallen sie in Linearfaktoren.)

Es kann aber auch sein, dass $f_l(\lambda)$ zwar über K in Linearfaktoren zerfällt, aber l dennoch nicht diagonalisierbar ist, weil die Eigenräume „zu klein" sind. Werden statt ihrer die sogenannten **iterierten Kerne** $\text{Kern}(l - \lambda \, \text{id})^\nu$ genommen, so lässt sich beweisen:

11.10 Satz (Jordansche Normalform) : Sei $l \in \text{End}_K V$, und es zerfalle $f_l(\lambda)$ über K vollständig. Dann existiert eine Basis B von V derart, dass $M_B(l) = \text{Diag}[J_1, \ldots, J_r]$ ist, wobei die J_i sogenannte **Jordanblöcke** vom Typ $J_i = \begin{bmatrix} \lambda & & & 0 \\ 1 & \cdot & & \\ & \cdot & \cdot & \\ 0 & & 1 & \lambda \end{bmatrix}$ sind (λ Eigenwert von l). Jeder Eigenwert von l tritt in wenigstens einem Block auf. Die Blöcke können auch die triviale Form $J_i = [\lambda]$ haben. Die Darstellung ist bis auf die Reihenfolge der Blöcke eindeutig.

11.11 Definitionen : Sei f eine Sesquilinearform auf V. $l \in \text{End}_K V$ heißt ein **metrischer Endomorphismus**, wenn $f \circ l = f$ ist. Ist überdies l ein Automorphismus, so heißt l eine **Isometrie**.
Wenn f symmetrische Bilinearform ist, so heißen die Isometrien **orthogonale** Abbildungen. Wenn f hermitesch ist, so heißen die Isometrien **unitäre** Abbildungen. Wenn f alternierend ist, so heißen die Isometrien **symplektische** Abbildungen.
Entsprechend bildet die Menge der Isometrien die **orthogonale Gruppe** $O_n(V, f)$ bzw. die **unitäre Gruppe** $U_n(V, f)$ bzw. die **symplektische Gruppe** $Sp_n(V, f)$.
Die Isometriegruppen bezüglich der Standardformen (hermitesch in $\mathbb{C}^n$, bilinear in $\mathbb{R}^n$) werden einfach mit U_n oder $U(n)$ bzw. O_n oder $O(n)$ bezeichnet.
$O_n^+ := O(n)^+ := SO(n) := \{A \in O(n) : \text{Det}\, A = 1\}$ bzw. $U_n^+ := U(n)^+ := SU(n) := \{A \in U_n : \text{Det}\, A = 1\}$ heißen die **spezielle orthogonale** bzw. **spezielle unitäre Gruppe**. $A \in M_{n,n}(\mathbb{C})$ (bzw. $M_{n,n}(\mathbb{R})$) heißt eine **unitäre** (bzw. **orthogonale**) Matrix, wenn $\overline{A}^t A = E$ (bzw. $A^t A = E$) gilt.

11.12 Bemerkungen :

(i) $O(n) = \{A \in M_{n,n}(\mathbb{R}) : A^t A = E\}$, $\quad U(n) = \{A \in M_{n,n}(\mathbb{C}) : \overline{A}^t A = E\}$
Denn: $<Ax, Ay> = <x, y> \leftrightarrow \sum_{j,k} \sum_{i=1}^n \alpha_{ij} \alpha_{ik} \xi_j \eta_k = \sum_{j,k} \xi_j \eta_k \leftrightarrow \sum_{i=1}^n \alpha_{ij} \alpha_{ik} = \delta_{ij}$
$\longleftrightarrow A^t A = E$

(ii) $A \in O(n) \longrightarrow \text{Det}\, A = \pm 1$
Denn: Wegen $A^t A = E$ erhalten wir $1 = \text{Det}\, A^t \text{Det}\, A = (\text{Det}\, A)^2$.

(iii) Wenn $A \in O(2)$ ist, so bewirkt A eine Drehung der Ebene um den Ursprung oder eine Drehspiegelung, je nachdem, ob $\text{Det}\, A = 1$ oder $\text{Det}\, A = -1$ ist.
Denn: A ist durch seine Wirkung auf der Standardbasis vollkommen bestimmt. Sei $Ae_1 = \begin{bmatrix} \alpha \\ \gamma \end{bmatrix}$, $Ae_2 = \begin{bmatrix} \beta \\ \delta \end{bmatrix}$. Die Invarianz der Standardbilinearform unter A liefert $\alpha^2 + \gamma^2 = \beta^2 + \delta^2 = 1$ sowie $\alpha\beta + \gamma\delta = 0$. Diese Gleichungen liefern $\delta = \pm \alpha$ und $\gamma = \mp \beta$ und ferner, dass die Beträge von $\alpha, \beta, \gamma, \delta$ in $[0, 1]$ liegen. Also können wir etwa $\beta = -\sin\varphi$ setzen, und mithin ist $A = \begin{bmatrix} \cos\varphi & -\sin\varphi \\ \sin\varphi & \cos\varphi \end{bmatrix}$ oder $A = \begin{bmatrix} \cos\varphi & -\sin\varphi \\ -\sin\varphi & -\cos\varphi \end{bmatrix} = \begin{bmatrix} 1 & 0 \\ 0 & -1 \end{bmatrix} \begin{bmatrix} \cos\varphi & -\sin\varphi \\ \sin\varphi & \cos\varphi \end{bmatrix}$. Also ist A eine Drehung

Eigenwerte, Normalformen von Matrizen 165

um den Ursprung um den Winkel φ oder eine solche Drehung mit nachfolgender Spiegelung an der e_1-Achse. □

(iv) Wenn $A \in SO(3)$ ist, so bewirkt A eine Drehung von $\mathbb{R}^3$ um eine feste Achse durch den Ursprung.
Denn: Es ist $f_A(\lambda) \in \mathbb{R}[\lambda]$ mit $\text{grad } f_A = 3$. Also besitzt A entweder drei reelle Eigenwerte oder einen reellen und zwei konjugiert-komplexe Eigenwerte. In jedem Fall gibt es einen Eigenvektor a mit einem reellen Eigenwert λ_3. Wenn $U := \mathbb{R}a$ gesetzt wird, so gilt $\dim U^\perp = \dim \mathbb{R}^3 - \dim U = 2$. Da die Standardbilinearform keine isotropen Vektoren gestattet, ist $\mathbb{R}^3 = U^\perp \oplus U$. Wegen $AU = U$ ist $AU^\perp = U^\perp$. Denn, wenn $v \in U^\perp$ ist, gilt $<v, U> = 0$ und mithin $<Av, U> = 0$, also $Av \in U^\perp$. Also lässt sich eine Orthogonalbasis B finden mit $M_{B,B}(A) = \begin{bmatrix} C & 0 \\ 0 & \lambda_3 \end{bmatrix} \in O_3^+$, d.h. $\lambda_3^2 = 1$. Im Fall $\lambda_3 = 1$ liefert $\text{Det } M = 1$ nach 11.12(iii) $C = \begin{bmatrix} \cos\varphi & -\sin\varphi \\ \sin\varphi & \cos\varphi \end{bmatrix}$. Also ist M eine Drehung um φ um die b_3-Achse. Im Fall $\lambda_3 = -1$ ist $M_{B,B}(A) = \begin{bmatrix} \cos\varphi & \sin\varphi & 0 \\ -\sin\varphi & -\cos\varphi & 0 \\ 0 & 0 & 1 \end{bmatrix} \begin{bmatrix} 1 & 0 & 0 \\ 0 & 1 & 0 \\ 0 & 0 & -1 \end{bmatrix}$,
mithin eine Drehung in der b_1-b_2-Ebene um den Ursprung um den Winkel φ mit anschließender 180°-Drehung um die b_1-Achse, insgesamt also eine 180°-Drehung um die Achse $\mathbb{R}(\cos\varphi/2, -\sin\varphi/2, 0)^t$. □

(v) Die unitären Gruppen spielen für Quanten-Computer und in der Theorie der Elementarteilchen eine wichtige Rolle: Logische n-Q-Bit-Gatter sind Elemente von $U(2^n)$, die Isospin-Symmetriegruppe ist $SU(2)$, das Quark-Modell arbeitet mit $SU(6)$.

(vi) $Sp_{2n}(\mathbb{R})$ ist Gruppe der linearen Transformationen der Hamiltonschen Mechanik.

11.13 Satz : Es sei G eine endliche Untergruppe von $SO(3)$. Dann ist G isomorph zu einer der folgenden Gruppen:
C_n, d. h. einer **zyklische Gruppe** der Ordnung n ,
D_n, d. h. einer **Diedergruppe** der Ordnung n ,
T, der **Tetraedergruppe**, d. h. der Drehgruppe eines regulären Tetraeders ,
$O \simeq S_4$, der **Oktaedergruppe**, Drehgruppe eines regulären Oktaeders ,
$I \simeq A_5$, der **Ikosaedergruppe**, Drehgruppe eines regulären Ikosaeders .[2] [3] [4]

---
[2] Dieses Resultat hat natürlich für Symmetriebetrachtungen im E^3 große Bedeutung. So ist es nicht verwunderlich, dass der Satz 1885 von dem Physiker Pierre Curie (Gatte von Madame Curie) bewiesen wurde (Sur les repetitions et la symmetrie. Comptes rendues 100, 1393-1396). Curie starb, als er 1906 gedankenverloren in eine Droschke lief. In der klassischen Kristallographie kommt die Ikosaedergruppe nicht vor, da 5-zählige Symmetrie ausgeschlossen ist. Jedoch ist das in der Welt des Lebendigen als auch bei den Quasikristallen der Fall.
[3] Beachte, dass Oktaeder- und Hexaedergruppe (Würfelgruppe) zueinander isomorph sind, ebenso Ikosaeder- und Dodekaedergruppe !
[4] Tetraeder, Würfel, Oktaeder, Dodekaeder und Ikosaeder sind die sogenannten Platonischen Körper. Plato (427 - 347 v.u.Z.) lässt in seinem Dialog 'Timaios ' den Pythagoreer gleichen Namens die Lehre

Castel del Monte

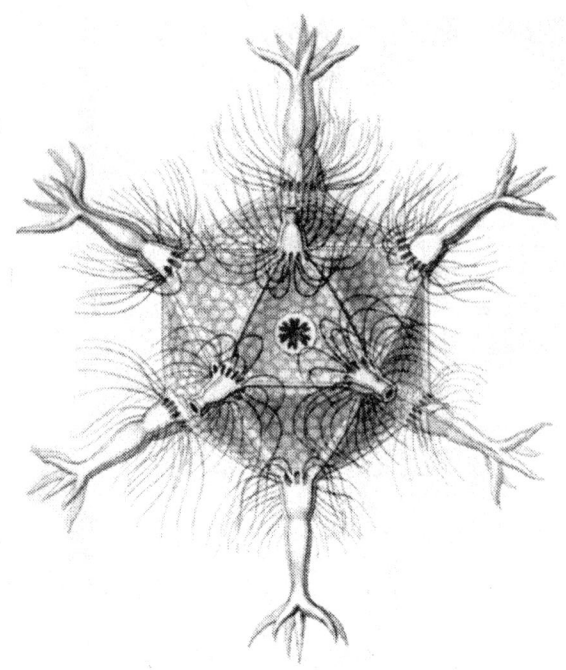
Radiolarie

⁵ ⁶

Beweis: Sei $G < |O_3^+|$, $|G| < \infty$. Jedes $g \in G$ mit $g \neq e$ bewirkt nach 11.12(iv) eine Drehung um einen Winkel φ, $(0 < \varphi < 2\pi)$. Seine Drehachse durchstößt die Einheitssphäre an genau zwei Punkten $p, -p$, den sogenannten **Polen**. Die Anzahl der Pole in G beträgt also $2(|G| - 1)$, wobei gleiche Pole jeweils auch entsprechend mehrfach gezählt sind.
Für einen Pol p ist die Menge $\text{Stab}_G(p) := \{g \in G : gp = p\}$, der sogenannte **Stabilisator** von p, eine endliche zyklische Untergruppe von G. Denn zu jedem $g \in \text{Stab}_G(p)$ gehört ein eindeutig bestimmter Drehwinkel φ_g mit $0 \leq \varphi_g < 2\pi$. Sei m ein Element aus $\text{Stab}_G(p) \setminus \{e\}$ mit minimalem Drehwinkel und sei $h \in G \setminus \{e\}$. Dann haben $m^{-1}h, m^{-2}h, \ldots$

---

vortragen, wie den regulären Polyedern die Elemente Feuer, Wasser, Erde, Luft (des Empedokles) zugeordnet werden können, und legt zum ersten Mal eine konsequent mathematisierte Kosmologie vor. Die Klassifikation der 5 regulären Polyeder erfolgte in der Platonischen Akademie durch Theaetet so, wie im Buch XIII des Euklid erhalten. Die Polyeder tragen daher Platons Namen.

⁵Jagdschloss des letzten Stauferkaisers Friedrich II in Apulien mit D_8-Symmetriegruppe. Baubeginn 1240.

⁶Von Ernst Haeckel entdeckte Art Circogonia icosahedra . Schon während seines Studiums in Würzburg entwickelte sich bei Haeckel, angeregt durch eine Vorlesung 'Vergleichende Anatomie 'von Albert v. Koelliker 1853, das Interesse an Meeresbiologie im mikroskopischen Bereich, das durch Johannes Peter Müller in Berlin verstärkt wurde. Auf Expeditionen in Italien, insbesondere in Messina 1859, entdeckte Haeckel zu den etwa 50 Einzellern, die J. Müller beschrieben und unter dem Namen 'Radiolarien'zusammengefasst hatte, weitere 120 neue Radiolarienarten. Die Ergebnisse wurden von ihm in der Monographie 'Die Radiolarien. Berlin 1862' publiziert. 1872 bis 1876 sammelte die britische Tiefsee-Expedition 'Challenger 'an 354 Stellen der Weltmeere Proben des Grundschlammes (Radiolarienschlamm). Haeckel wurde die Auswertung der Radiolarienfunde übertragen. Die Ergebnisse wurden sowohl separat publiziert als auch als zweiter Teil der Radiolarienmonographie (Berlin 1887 , 340 erstmalig beschriebene Arten). Ernst Haeckel wurde über seine Disziplin hinaus bekannt durch seinen Kampf für Darwins Evolutionstheorie gegen den mainstream im reaktionären Deutschland sowie durch seine monistische Philosophie (Populärdarstellung: 'Die Welträtsel').

Eigenwerte, Normalformen von Matrizen

die Drehwinkel $\varphi_h - \varphi_m, \varphi_h - 2\varphi_m, \ldots$, die eine absteigende Kette $\varphi_h > \varphi_h - \varphi_m > \varphi_h - 2\varphi_m > \ldots \geq 0$ nichtnegativer reeller Zahlen (wg. der Minimalität von φ_m) bilden. Wegen der Endlichkeit von G muss die Kette aber nach endlich vielen Schritten abbrechen. Also: $\exists n \in \mathbb{N}: \varphi_h - n\varphi_m = 0$, d. h. $h = m^n$. Also ist $\operatorname{Stab}_G(p) = <m> \simeq C_{m_p}$ eine endliche zyklische Gruppe der Ordnung m_p. Da $gp = hp$ äquivalent mit der Aussage $\operatorname{Stab}_G(p)g = \operatorname{Stab}_G(p)h$ ist, gilt für die Länge der Bahn von p in G: $|\{gp : g \in G\}| = |G : \operatorname{Stab}_G(p)| = \frac{|G|}{m_p}$, also $\sum_{\text{Polbahnen}} \frac{|G|}{m_p}(m_p - 1) = 2(|G| - 1)$. Somit erhalten wir die folgende fundamentale Relation

$$\sum_{\text{Polbahnen}} (1 - \frac{1}{m_p}) = 2(1 - \frac{1}{|G|}) \qquad (*) \quad ,$$

die wir nun diskutieren:

Wegen $G, m_p \geq 2$ liegt der Wert der rechten Seite von $(*)$ in $[1, 2)$, während jeder Summand der linken Seite in $[\frac{1}{2}, 1)$ liegt. Also weist die linke Seite entweder genau 2 oder genau 3 Summanden auf.

Im ersten Fall lautet die Gleichung also $\frac{2}{|G|} = \frac{1}{m_1} + \frac{1}{m_2}$. Wenn $m_1 \leq \frac{|G|}{2}$ wäre, so müsste m_2 unendlich oder negativ sein, was nicht geht. Also ist $m_1 > \frac{|G|}{2}$. Da aber m_1 nach 2.12 ein Teiler von $|G|$ ist, gilt $m_1 = m_2 = |G|$. In jeder der beiden Bahnen liegt also genau ein Pol. Die beiden Pole bilden natürlich ein zusammengehöriges Paar $p, -p$, und es ist $G \simeq C_{m_p}$. Im Falle von 3 Summanden lautet die Gleichung : $\frac{2}{|G|} = \frac{1}{m_1} + \frac{1}{m_2} + \frac{1}{m_3} - 1$.

Wenn alle m_i die Ungleichung $m_i \geq 3$ erfüllen, wäre $|G|$ nicht positiv. Also sei etwa $m_3 = 2$ angenommen, also $\frac{2}{|G|} = \frac{1}{m_1} + \frac{1}{m_2} - \frac{1}{2}$. Wenn auch $m_2 = 2$ gilt, so ergibt sich die Möglichkeit I der unten stehenden Tabelle. Wenn aber m_1 und m_2 von 2 verschieden sind, so können sie wegen $|G| > 0$ nicht beide ≥ 4 sein. Sei etwa $m_2 = 3$. Dann erzwingt die Gleichung $m_1 < 6$. Mithin ergeben sich im Falle von 3 Bahnen höchstens die folgen-

den Möglichkeiten:

	m_1	m_2	m_3	$|G|$	$\frac{|G|}{m_1}$	$\frac{|G|}{m_2}$	$\frac{|G|}{m_3}$
I	m_1	2	2	$2m_1$	2	m_1	m_1
II	3	3	2	12	4	4	6
III	4	3	2	24	6	8	12
IV	5	3	2	6	12	20	30

$\frac{|G|}{m_i}$ gibt die Länge der i-ten Polbahn an.

Fall I: Es gilt $\operatorname{Stab}_G(p_2) = <S> \simeq C_2$, wobei S eine 180°-Drehung mit Drehachse durch p_2 ist. Die Bahn von p_1 besteht aus zwei Punkten, etwa $\{p_1, p_1'\}$. Für $A \in G \setminus \operatorname{Stab}_G(p_1)$ gilt also $Ap_1 = p_1'$ sowie $Ap_1' = p_1$. Das gilt also insbesondere für die Klappungen S und S', wobei $<S'> = \operatorname{Stab}_G(p_3)$ ist. Also ist p_1 etwa der Nordpol, p_2, p_3 liegen in der Äquatorialebene und $p_1' = -p_1$ ist der Südpol.
Sei R die erzeugende Drehung von $\operatorname{Stab}_G(p_1)$.
Die $R^i(p_2)$ sind für $i = 0, 1, \ldots, m_1 - 1$ paarweise verschiedene Punkte, bilden also die Bahn von p_2 und bestimmen in der Äquatorebene ein Dieder aus m_1 Ecken. p_3 liegt auf der Mittelsenkrechten einer seiner Kanten, und R, S, S' sind Elemente seiner Symmetriegruppe. Also gilt $<R, S, S'> = G \simeq D_{m_1}$. Alle Untergruppen von D_{m_1} sind zyklisch.

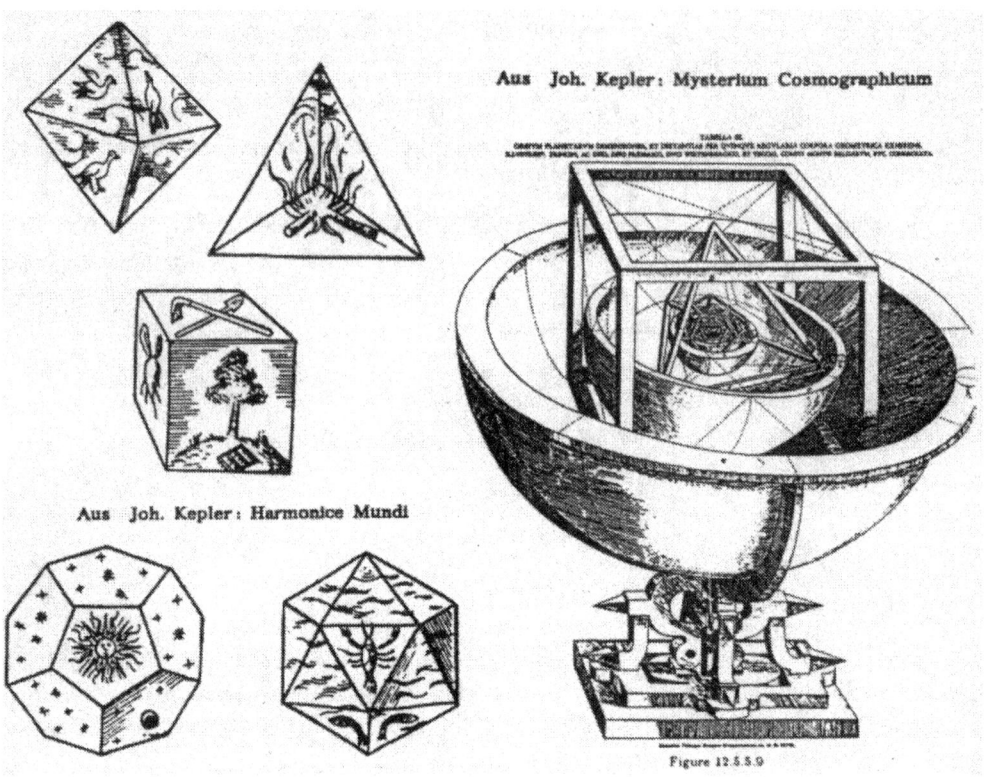

Fall II: Sei $\{p_1 = p_{11}, p_{12}, p_{13}, p_{14}\}$ die Bahn von p_1. Die dreizählige Drehung mit Pol p_{11} muss also notwendigerweise p_{12}, p_{13}, p_{14} zyklisch permutieren. Diese Punkte bilden also ein gleichseitiges Dreieck mit p_{11} auf der Senkrechten durch die Dreiecksmitte. Das gilt

---

[7] Im Spätwerk 'Harmonices Mundi' von 1619 zeigt sich das ganze Genie des Johannes Kepler (1571 - 1630) - eine Synthese von tiefgründigem, philosophischem Denken in der Tradition der Pythagoreer, des Plato und der Neuplatoniker mit sachlicher, unvoreingenommener mathematisch-physikalischer Betrachtungsweise: Im 3. Kapitel des 5. Buches formuliert er das berühmte Gesetz über die Umlaufzeiten der Planeten unseres Sonnensystems, das nun drittes Keplersches Gesetz heißt. Im 2. Buch referiert er die platonische Kosmologie des Timaios: ‚Das sind jene 5 Körper, die die Pythagoreer, Plato und Proklus, der Kommentator des Euklid, die Weltfiguren zu nennen pflegen . . . Wenn jedoch auch die Analogie im allgemeinen plausibel ist, so ist sie doch in dieser speziellen Form keineswegs notwendig bedingt und lässt andere Auffassungen zu . . . Nun ist es eine wesentliche Eigenschaft jener 5 Figuren, dass sie mit ihren Ecken in eine Kugelfläche umbeschrieben und mit den Mittelpunkten ihrer Seitenflächen um ein solche umbeschrieben werden können . . . Was konnte daher plausibler erscheinen, als dass der Schöpfer die 5 Abstände zwischen jenen 6 himmlischen Sphären den 5 Figuren entnommen hat, und zwar in der Reihenfolge, dass zwischen den Sphären von Saturn und Jupiter der Würfel zu denken, zwischen Jupiter und Mars das Tetraeder, zwischen Mars und Erde das Dodekaeder, zwischen Erde und Venus das Ikosaeder und zwischen Venus und Merkur das Oktaeder! '
Kepler nimmt damit einen Gedanken wieder auf, den er bereits 23 Jahre zuvor im 'Mysterium Cosmographicum' geäußert hatte.
Die Pythagoreer, Platon und Kepler hatten also ein feines Gespür für die Tatsache, dass die regulären Polyeder Grundstrukturen unserer Welt repräsentieren, was seit den v.Laueschen Beugungsversuchen mit Röntgenstrahlen an Festkörpern klar ist.
Die Abbildungen sind jeweils der Holzschnitt der Originalausgabe von 1619 bzw. ein Kupferstich von 1597.

Eigenwerte, Normalformen von Matrizen 169

aber für die Drehungen mit Pol p_{12}, p_{13} bzw. p_{14} analog. Aus Symmetriegründen bilden die vier Punkte also ein Tetraeder. Wie im Fall I gilt wegen der Ordnung (hier: $|T| = 12$) die Isomorphie $G \simeq T$.

Fall III: Die Gruppe $\text{Stab}_G\, p_1$ besteht aus Drehungen um die Achse $(p_1, -p_1)$ und ist somit zyklisch von der Ordnung 4, etwa erzeugt von R. Sei q ein zu p_1 nächstgelegener Pol ($\neq p_1$) aus der Bahn B von p_1, q kann also nicht der Antipode $-p_1$ sein. In B liegen überdies die Pole $q_1 := Rq, q_2 := R^2q, q_3 := R^3q$. Sei $g \in G$ so gewählt, dass $gp_1 = q$ gilt. $gRg^{-1}p_1 = p_1$ ist nicht möglich, also muss die Drehung gRg^{-1} p_1, p'_1 und zwei der q_i zyklisch permutieren. Das geht nur, wenn $gR^2g^{-1}p_1 = -p_1$ gilt und q, q_1, q_2, q_3 in der Äquatorebene (bezogen auf p_1 als Nordpol) liegen. Also ist $B = p_1, -p_1, q, q_1, q_2, q_3$, und diese 6 Punkte bilden die Ecken eines regulären Oktaeders. Also ist $G < O$. Da $|O| = 24$ gilt (Aufgabe: Zeige $O \simeq S_4$.), erhalten wir $G \simeq O$.

Fall IV: Wie in III zeigt man jetzt, dass die Bahn von p_1 aus den Eckpunkten eines regulären Ikosaeders besteht. □

11.14 Lemma: Es seien V, V' endlich-dimensionale (Prä-)Hilberträume über $\mathbb{K}$, und sei $l \in \text{Hom}_\mathbb{K}(V, V')$. Dann gilt:

(i) l ist genau dann unitär (bzw. orthogonal), wenn es jede ON-Basis von V in eine ON-Basis von V' überführt.
Denn: Wenn $b_1, \ldots, b_n$ und $lb_1, \ldots, lb_n$ ON-Basen von V sind, so gilt
$$< lx, ly > = < l(\sum_{i=1}^n \lambda_i b_i), l(\sum_{j=1}^n \mu_j b_j) > = \sum_{i,j}^{1\ldots n} \lambda_i \overline{\mu_j} < lb_i, lb_j > = \sum_{i,j}^{1\ldots n} \lambda_i \overline{\mu_j} =$$
$\sum_{i,j}^{1\ldots n} \lambda_i \overline{\mu_j} < b_i, b_j > = < x, y >$, und somit ist l unitär (bzw. orthogonal). Die Umkehrung ist klar wegen der Isometrieeigenschaft von l.

(ii) l ist genau dann ein unitärer (bzw. orthogonaler) Automorphismus, wenn $M_B(l)$ bezüglich jeder ON-Basis B von V eine unitäre (bzw. orthogonale) Matrix ist.
Denn: Für jede ON-Basis B sind die Spalten von $M_B(l)$ die Koordinatenvektoren der Bilder von B, und die Spalten von $M_B(l)$ sind genau dann eine ON-Basis bezüglich der Standardform, wenn $M_B(l)\overline{M_B(l)}^t = E$ ist. Die Behauptung folgt nun mit (i).

11.15 Satz: Es sei V ein endlich-dimensionaler komplexer (Prä-)Hilbertraum, und l sei ein unitärer Endomorphismus von V. Dann besitzt V eine ON-Basis aus Eigenvektoren von l, und V ist orthogonale Summe der Eigenräume von l.
Genauer: Zu $A \in U_n(\mathbb{C}, f)$ existiert $T \in U_n(\mathbb{C}, f)$ mit $T^{-1}AT = \overline{T}^t AT = \text{Diag}[\lambda_1, \ldots, \lambda_n]$, wobei $\{\lambda_1, \ldots, \lambda_n\} \subset \text{Spektrum } l$ und $|\lambda_j| = 1\ \forall j = 1, \ldots, n$ gilt.
Beweis: I Wir zeigen die Existenz einer ON-Basis mittels vollständiger Induktion nach $n = \text{Dim } V$.
Der Induktionsanfang für $n = 0$ gilt trivialerweise. Sei also $n \geq 1$. Nach 11.6 gilt für das charakteristische Polynom von l: $f_l(\xi) = \prod_{i=1}^n (\xi - \lambda_i)$. Sei v_1 ein Eigenvektor zu λ_1.

Ohne Einschränkung können wir annehmen, dass $||v_1|| = 1$ ist. $||v_1|| = ||lv_1||$ impliziert $|\lambda_1|| = 1$.

Betrachte $V = \mathbb{C}v_1 \perp (\mathbb{C}v_1)^\perp$. Für $x \in (\mathbb{C}v_1)^\perp$ gilt $0 = <x, v_1> = <lx, lv_1> = <lx, \lambda_1 v_1> = \overline{\lambda_1} <lx, v_1>$, also ist $l|_{(\mathbb{C}v_1)^\perp}$ ein unitärer Endomorphismus des Raumes $(\mathbb{C}v_1)^\perp$ der Dimension $n-1$. Die Existenz der ON-Basis für V folgt aus der Induktionsvoraussetzung.

II Die Diagonalgestalt Diag$[\lambda_1, \ldots, \lambda_n]$ folgt nach 11.9(i).

III Die Spalten der Transformationsmatrix T bestehen aus den Koordinatenvektoren der konstruierten ON-Basis $v_1, \ldots, v_n$. Also ist T nach 11.14 unitär. □

11.16 Satz : Zu $A \in O_n(\mathbb{R}, f)$ existiert $T \in O_n(\mathbb{R}, f)$ mit $T^{-1}AT =$ Diag$[R_1, \ldots, R_r, 1, \ldots, 1, -1, \ldots, -1]$, wobei die R_j-Blöcke vom Typ $\begin{bmatrix} \cos\varphi_j & -\sin\varphi_j \\ \sin\varphi_j & \cos\varphi_j \end{bmatrix}$ sind.

Beweis: Die Schlussweise verläuft wie in den Beweisen von 11.12(iii),(iv).

11.17 Definitionen : Ein Endomorphismus l eines Prä-Hilbertraumes V heißt **selbstadjungiert**, wenn $\langle lx, y \rangle = \langle x, ly \rangle$ $\forall x, y \in V$ gilt.

11.18 Bemerkungen :

(i) Seien V ein Prä-Hilbertraum endlicher Dimension, $l \in \text{End}_\mathbb{K} V$, B eine ON-Basis von V. Dann gilt:
l ist genau dann selbstadjungiert, wenn $M_B(l)$ hermitesch (bzw. symmetrisch) ist.
Denn: Es ist $<lx, y> = <x, ly>$ $\forall x, y \in V$ äquivalent mit
$x^t M_B(l)^t E\overline{y} = x^t E \overline{M_B(l)} y$ $\forall x, y \in V$,
und letzteres ist äquivalent mit $M_B(l)^t = \overline{M_B(l)}$.

(ii) Wenn $A \in M_{n,n}(\mathbb{C})$ hermitesch ist, so sind die Eigenwerte von A reell.
Denn: Sei λ ein Eigenwert von A mit zugehörigem Eigenvektor x.
Wegen $\overline{\overline{x}^t A x} = x^t \overline{A} \overline{x} = (x^t \overline{A} \overline{x})^t = \overline{x}^t \overline{A}^t x = \overline{x}^t A x$ ist $\lambda \overline{x}^t x = \overline{x}^t A x \in \mathbb{R}$, also $\lambda = \frac{\overline{x}^t A x}{\overline{x}^t x} \in \mathbb{R}$.

(iii) Seien V ein Prä-Hilbertraum, $l \in \text{End } V$ selbstadjungiert, $U < V$ und $lU \subset U$. Dann gilt $l(U^\perp) \subset U^\perp$.
Denn: Es gilt $V = U \perp U^\perp$. Wenn $u \in U, v \in U^\perp$ sind, so gilt $0 = <v, lu> = <lv, u>$, also $lv \in U^\perp$.

(iv) In der Quantenmechanik werden die **Zustände** ψ eines Quantensystems nach J. v. Neumann durch die Vektoren eines komplexen Hilbertraumes $\mathcal{H}$ beschrieben, welcher von den Eigenvektoren des Hamilton-Operators $\hat{H}$ aufgespannt wird. Die Repräsentanten der möglichen Zustände des Systems, die sog. **Zustandsvektoren**, sind die Vektoren der Norm 1 in $\mathcal{H}$. Als zeitunabhängige **Schrödinger-Gleichung** wird $\hat{H}\psi = \lambda \psi$ bezeichnet, wobei λ den Energiewert des Systems $\hat{H}$ im Zustand ψ bedeutet. Die **Observablen** (physikalische Größen wie Ortsvektor, Impuls, Drehimpuls) werden mit selbstadjungierten Operatoren $\hat{A}$ im Hilbertraum identifiziert. $\hat{A}\psi = \lambda \psi$ bedeutet: Die Observable $\hat{A}$ hat im Zustand ψ den (reellen!) Wert λ.

Eigenwerte, Normalformen von Matrizen 171

11.19 Satz : Es gelten die folgenden Aussagen (i), (ii), (iii) (sie sind äquivalente Formulierungen des gleichen Sachverhalts):

(i) **Spektrums-Satz:** Sei V ein endlich-dimensionaler (Prä-)Hilbertraum und l ein selbstadjungierter Endomorphismus von V. Dann sind die Eigenwerte von l reell, und es existiert für V eine ON-Basis aus Eigenvektoren von l.

(ii) **Diagonalisierung symmetrischer oder hermitescher Matrizen:** Sei $A \in M_{n,n}(\mathbb{K})$ reell symmetrisch oder komplex hermitesch. Dann ist $\mathcal{S}_A \subset \mathbb{R}$, und es existiert eine orthogonale bzw. unitäre Matrix T so, dass $T^{-1}AT = \text{Diag}[\lambda_1, \lambda_2, \ldots, \lambda_n]$ mit $\lambda_i \in \mathcal{S}_A \quad \forall i$ gilt.

(iii) **Hauptachsentransformation:** Seien $q(x) = \sum_{i,j}^{1\ldots n} \alpha_{ij} \xi_i \xi_j$ bzw. $q(x) = \sum_{i,j}^{1\ldots n} \alpha_{ij} \overline{\xi_i} \xi_j$ eine reelle **quadratische Form** bzw. eine komplexe **hermitesche Form** mit symmetrischer bzw. hermitescher Koeffizientenmatrix. Dann gibt es eine Koordinatentransformation $x = Tx'$ mit $T \in O$ bzw. $T \in U$ derart, dass sich q auf Diagonalgestalt $\sum \lambda_i \xi_i^2$ bzw. $\sum \lambda_i \xi_i \overline{\xi_i}$ transformiert. Dabei sind die λ_i reell und sind die Eigenwerte von $A = (\alpha_{ij})$.

Beweis: (i): Nach 11.18(ii) sind die Eigenwerte $\lambda_1, \ldots, \lambda_n$ von l reell. Sei v_1 Eigenvektor zu λ_1. Ohne Einschränkung kann v_1 als normiert angenommen werden. Es ist $l(\mathbb{K}v_1) \subset \mathbb{K}v_1$, also nach 11.18(iii) $l(\mathbb{K}v_1)^\perp \subset (\mathbb{K}v_1)^\perp$. Mithin ist $l|_{(\mathbb{K}v_1)^\perp} \in \text{End}(\mathbb{K}v_1)^\perp$ selbstadjungiert. Induktion nach $n := \text{Dim } V$. Die Induktionsvoraussetzung für den Raum $(\mathbb{K}v_1)^\perp$ der Dimension $n-1$ liefert eine Orthonormalbasis $v_2, \ldots, v_n$ aus Eigenvektoren. Also ist $v_1, v_2, \ldots, v_n$ die gesuchte ON-Basis von V.

(i) $\longleftrightarrow$ (ii) : Sei die Gültigkeit von (i) vorausgesetzt. Sei nun $A \in M_{n,n}(\mathbb{K})$ hermitesch (bzw. reell, symmetrisch) und sei $l_A(x) := Ax$ für $x \in \mathbb{K}^n$. Nach 11.18(i) ist l_A ein selbstadjungierter Endomorphismus des Prä-Hilbertraumes $\mathbb{K}^n$ mit Standardform. Also existiert nach (i) eine ON-Basis $B = \{b_1, \ldots, b_n\}$ aus Eigenvektoren von l_A (mit reellen Eigenwerten $\lambda_1, \ldots, \lambda_n$). Die Übergangsmatrix T für den Basiswechsel von der Standardbasis zu B ist gegeben durch $b_i = Te_i$, also sind $b_1, \ldots, b_n$ die Spalten von T. Mithin liefert die Orthonormalität von B die Relation $T\overline{T}^t = E$ (bzw. $TT^t = E$). Und schließlich ist $T^{-1}AT = \text{Diag}[\lambda_1, \ldots, \lambda_n]$.
Entsprechend lässt sich die Umkehrung (ii) $\longrightarrow$ (i) folgern.

(ii) $\longleftrightarrow$ (iii) : Sei die Gültigkeit von (ii) vorausgesetzt, und sei $A = (\alpha_{i,j})$. Nach Voraussetzung von (iii) ist A hermitesch (bzw. symmetrisch). Wähle die Übergangsmatrix T wie im vorigen Beweisabschnitt. Unter $x = Tx'$ ändert sich also die Matrix A von q in $A' = \overline{T}^t A T$ (bzw. $A' = T^t A T$). Da $\overline{T}^t = T^{-1}$ ist, gilt also (iii).

Entsprechend lässt sich die Umkehrung (iii) $\longrightarrow$ (ii) zeigen. □

Außer der Diagonalisierung hermitescher und symmetrischer Matrizen ist auch die Diagonalisierung hermitescher und symmetrischer Formen möglich. Die Sachverhalte seien ohne Beweis angegeben.

11.20 Satz (Sylvester) : Sei V ein $\mathbb{K}$-Vektorraum mit für $\mathbb{K} = \mathbb{C}$ hermitescher (bzw. für $\mathbb{K} = \mathbb{R}$ symmetrischer) Sesquilinearform f. Dann ist die Matrix von f diagonalisierbar in die Gestalt
$\mathrm{Diag}[\underbrace{1,\ldots,1}_{n_+ \text{ Stück}}, \underbrace{-1,\ldots,-1}_{n_- \text{ Stück}}, \underbrace{0,\ldots,0}_{n_0 \text{ Stück}}]$, wobei
$n_+ := \max\{\mathrm{Dim}\, U : U < V \text{ mit } f|_U \text{ positiv definit}\}$,
$n_- := \max\{\mathrm{Dim}\, U : U < V \text{ mit } f|_U \text{ negativ definit }\}$ und
$n_0 := \mathrm{Dim}\, V^\perp$ sind .
$n_+ - n_-$ heißt der **Trägheitsindex** von f. Die **Signatur** (n_+, n_-, n_0) [bzw. das Tripel (Dimension, Rang, Trägheitsindex)] bestimmt die Form f bis auf Äquivalenz eindeutig: (V, f) ist genau dann metrisch isomorph zu (V, f'), wenn $(n_+, n_-, n_0) = (n'_+, n'_-, n'_0)$ [bzw. $\mathrm{Dim}\, V = \mathrm{Dim}\, V'$, $\mathrm{Rg}\, V = \mathrm{Rg}\, V'$ und $n_+ - n_- = n'_+ - n'_-$] ist.

11.21 Bemerkungen :

(i) Sei $A \in M_{n,n}(\mathbb{R})$ symmetrisch. A lässt sich als Matrix einer linearen Abbildung l_A wie auch einer Bilinearform $f_A(x,y)$ auffassen. Es gilt
grad $f_A(x,x) = (\frac{\partial f_A(x,x)}{\partial \xi_1}, \ldots, \frac{\partial f_A(x,x)}{\partial \xi_n})^t = 2(\sum_{j=1}^{n} \alpha_{1j}\xi_j, \ldots, \sum_{j=1}^{n} \alpha_{nj}\xi_j)^t = 2Ax = 2l_A(x)$.
$l_A(x)$ steht also senkrecht auf der Hyperfläche $f_A(x,x) = $ const.
Für konstantes $\gamma \in \mathbb{R}$ heißt $f_A(x,x) = \gamma$ eine **Quadrik** $Q(A, \gamma)$ im $\mathbb{R}^n$.

(ii) Die Quadriken $Q(A, \gamma)$ im $\mathbb{R}^3$ lassen sich nach der Signatur klassifizieren.

11.22 Satz : Zwei alternierende Formen sind genau dann äquivalent, wenn sie in Dimension und Rang übereinstimmen.

Zum Abschluss noch einige Resultate über die Größe von Eigenwerten.

11.23 Definition : Sei V ein $\mathbb{K}$-Prä-Hilbert-Raum, und sei $l \in \mathrm{End}_\mathbb{K} V$.
$R(x) := \frac{<lx,x>}{<x,x>}$ $(x \in V \setminus \{0\})$ heißt der **Rayleigh-Quotient** von x.

11.24 Satz (Rayleigh-Ritz) : Seien V ein endlich-dimensionaler $\mathbb{K}$-Prä-Hilbert-Raum, $l \in \mathrm{End}_\mathbb{K} V$ selbstadjungiert und $\lambda_{\max}$ [bzw. $\lambda_{\min}$] der maximale [bzw. minimale] Eigenwert von l. Dann gelten:
$R(V \setminus \{0\}) \subset \mathbb{R}$, $\lambda_{\max} = \max_{x \in V \setminus \{0\}} \{R(x)\}$ sowie $\lambda_{\min} = \min_{x \in V \setminus \{0\}} \{R(x)\}$.

Slogan: Der maximale Eigenwert ist das Maximum der Rayleigh-Quotienten.

Beweis: Wegen $<lx,x> = <x,lx> = \overline{<lx,x>}$ gilt $R(x) \in \mathbb{R}$ für $x \neq 0$. Wähle eine (nach dem Spektrums-Satz existierende) ON-Basis $\{b_1, \ldots, b_n\}$ aus Eigenvektoren von l. Die zugehörigen Eigenwerte seien $\lambda_1, \ldots, \lambda_n$. $x \in V \setminus \{0\}$ ist darstellbar als $x = \sum_{i=1}^{n} \lambda_i b_i$.

Eigenwerte, Normalformen von Matrizen 173

Also gilt $R(x) = \frac{<\sum \lambda_i \xi_i b_i, \sum \xi_i b_i>}{<\sum \xi_i b_i, \sum \xi_i b_i>} = \frac{\sum \lambda_i |\xi_i|^2}{\sum |\xi_i|^2}$ und mithin $\lambda_{\min} \leq R(x) \leq \lambda_{\max}$.
Somit gilt $\lambda_{\min} \leq \inf_{x \in V \setminus \{0\}} \{R(x)\}$. Nach 11.25(i) gilt für einen Eigenvektor x_1 zu $\lambda_{\min} := \min\{\lambda_1, \ldots, \lambda_n\}$ die Beziehung $R(x_1) = \lambda_{\min}$, also $\lambda_{\min} = \min_{x \in V \setminus \{0\}} \{R(x)\}$. □

11.25 Bemerkungen :

(i) $x \in E(l; \lambda) \longrightarrow R(x) = \lambda$
   Denn: Das ist klar nach Definition 11.23.

> **Slogan:** Der Rayleigh-Quotient eines Eigenvektors ist sein Eigenwert.

(ii) Das Einsetzen eines Testvektors x_0 in $R(x)$ liefert eine untere Schranke für $\lambda_{\max}$ und eine obere Schranke für $\lambda_{\min}$.

(iii) Wenn $A \in M_{n,n}(\mathbb{K})$ hermitesch ist, so ist $\lambda_{\max} \geq \max_{i=1,\ldots,n}\{\alpha_{ii}\}$, $\lambda_{\min} \leq \min_{i=1,\ldots,n}\{\alpha_{ii}\}$.
   Denn: Sei $\mathbb{K}^n$ mit der Standardform $<,>$ versehen, und sei $\{e_1, \ldots, e_n\}$ die Standardbasis. Nach Voraussetzung ist A selbstadjungiert, also gilt nach 11.24 $\lambda_{\max} = \max_{x \in \mathbb{K}^n \setminus \{0\}} \{R(x)\} \geq \max_{i=1,\ldots,n}\{R(e_i)\} = \max_{i=1,\ldots,n}\{<Ae_i, e_i>\} = \max_{i=1,\ldots,n}\{\alpha_{ii}\}$.

(iv) Das Rayleigh-Prinzip lässt sich auch auf unendlich-dimensionale Hilberträume ausdehnen (Courants Variationsprinzip, Min-Max-Prinzip für Operatoren in Hilberträumen).

11.26 Definitionen : Sei $A = (\alpha_{ij}) \in M_{n,n}(\mathbb{C})$.
$\overline{K_i} := \{z \in \mathbb{C} : |z - \alpha_{ii}| \leq \sum_{j \neq i} |\alpha_{ij}|\}$ heißt der i-te **Gerschgorin-Kreis** von A.
A heißt **streng diagonal dominant**, wenn $|\alpha_{ii}| > \sum_{\substack{j=1 \\ j \neq i}}^{n} |\alpha_{ii}|$ für alle $i = 1, 2, \ldots, n$ gilt.

> **Slogan:** Jedes Diagonalelement dominiert seine Zeile.

11.27 Bemerkungen :

(i) Beispiel: Sei $A = \begin{pmatrix} 8 & 5 \\ -3 & 0 \end{pmatrix}$. Es ist $f_A(\xi) = \xi^2 - 8\xi + 15$, also das Spektrum von A ist $\{3, 5\}$.
Es ist $\lambda_1 = 3 \in \overline{K_1} \cup \overline{K_2}$, $\lambda_2 = 5 \in \overline{K_1}$.
Ein Eigenwert kann in mehreren Gerschgorin-Kreisen liegen.
Nicht jeder Gerschgorin-Kreis enthält einen Eigenwert.
(Konstruiere ein Beispiel für diese Aussage.)

(ii) Wenn A streng diagonal dominant ist, so ist $\operatorname{Det} A \neq 0$.
Beweis: Sei B die Matrix, die durch Pivotieren mit dem $(1,1)$-Eintrag von A entsteht, also $\beta_{ij} = \alpha_{ij} - \frac{\alpha_{i1}}{\alpha_{11}} \alpha_{1j}$ $\forall j \; \forall i = 2, \ldots, n$.
Mithin ist für $i > 1$: $\sum_{\substack{j=1 \\ j \neq i}}^{n} |\beta_{ij}| \leq \sum_{\substack{j=2 \\ j \neq i}}^{n} |\alpha_{ij}| + \underbrace{\sum_{\substack{j=2 \\ j \neq i}}^{n} \frac{|\alpha_{i1}|}{|\alpha_{11}|} |\alpha_{1j}| + \frac{|\alpha_{i1}|}{|\alpha_{11}|} |\alpha_{1i}|}_{< \frac{|\alpha_{i1}|}{|\alpha_{11}|} |\alpha_{11}|} - \frac{|\alpha_{i1}|}{|\alpha_{11}|} |\alpha_{1i}| <$

$\sum_{\substack{j=1 \\ j \neq i}}^{n} |\alpha_{ij}| - \frac{|\alpha_{i1}|}{|\alpha_{11}|} |\alpha_{1i}| < |\alpha_{ii}| - \frac{|\alpha_{i1}|}{|\alpha_{11}|} |\alpha_{1i}| \leq |\beta_{ii}|$.

B ist also streng diagonal dominant. Durch sukzessives Pivotieren mit den weiteren Diagonalelementen von B erhalten wir eine Diagonalmatrix, die streng diagonal dominant ist, deren Diagonalelemente also $\neq 0$ sind. Somit ist $\operatorname{Det} \neq 0$. $\square$

(iii) Nun erreicht man durch hinreichend großes λ für eine fest vorgegebene Matrix A, dass $A - \lambda E$ streng diagonal dominant ist, dass also λ nicht Eigenwert von A sein kann, da nach (i) $\operatorname{Det}(A - \lambda) \neq 0$ ist.
Wie groß dürfen Eigenwerte also allenfalls sein? Eine gewisse Antwort gibt der folgende Satz.

11.28 Satz (Gerschgorin) : Sei $A \in M_{n,n}(\mathbb{C})$ und $\lambda \in$ Spektrum von A. Dann existiert $i \in \{1, \ldots, n\}$ mit $\lambda \in \overline{K_i}$.

Slogan: Jeder Eigenwert muss in mindestens einem Gerschgorin-Kreis liegen.

Beweis: Wenn kein i mit $\lambda \in \overline{K_i}$ existiert, so ist $\lambda E - A$ streng diagonal dominant, also ist $\operatorname{Det}(\lambda E - A) \neq 0$. Also ist λ kein Eigenwert, und das ist ein Widerspruch. $\square$

Literatur

(In die nachstehende Liste ist auch weiterführende Literatur aufgenommen worden.)

Logik

U. Blau: Zur dreiwertigen Logik der natürlichen Sprache. Papiere zur Linguistik 4 (1973).
H. A. DeLong: A Profile of Mathematical Logic. Addison-Wesley, Reading Mass.1970.
K. Gründer, J. Ritter, G. Gabriel (Hrsg.): Historisches Wörterbuch der Philosophie, 12 Bände. Schwabe & Co, Basel 1971 - 2001.
M. A. Kaaz: Elemente der mathematischen Logik. Oldenbourg, München 1977.
G. T. Kneebone: Mathematical Logic and the Foundations of Mathematics. Van Nostrand, London 1963.
E. J. Lemmon: Beginning Logic. Hacket, Indianapolis 1978.
C. I. Lewis, C. H. Langford: Symbolic Logic. Dover, New York 1932.
A. H. Lightstone: The Axiomatic Method. Prentice Hall, Englewood Cliffs N. J. 1964
P. Mittelstaedt: Philosophische Probleme der modernen Physik. BI-Wiss.-Verl., Mannheim 1989.
N. Rescher: Many Valued Logics. McGraw-Hill, New York 1969.
J. B. Rosser, A. R. Turquette: Many Valued Logics. Amsterdam 1952.
J. Slupecki, Borkowski: Elements of Mathematical Logic and Set Theory. Pergamon Press, Oxford 1967.
P. Suppes: Introduction to Logic. Van Nostrand, New York 1957.
A. Tarski: Einführung in die mathematische Logik. Vandenhoeck & Ruprecht, Göttingen 1966.

Mengenlehre

P. S. Alexandroff: Einführung in die Mengenlehre und die Theorie der reellen Funktionen. Verlag d. Wissensch., Berlin 1956.
P. Bernays: Axiomatic Set Theory. North-Holland, Amsterdam 1968.
A. A. Fraenkel: Abstract Set Theory. North-Holland, Amsterdam 1976.

A. A. Fraenkel, Y. Bar-Hillel: Foundations of Set Theory. North-Holland, Amsterdam 1973.
C. C. Pinter: Set Theory. Addison-Wesley, Reading Mass. 1971.
P. Suppes: Axiomatic Set Theory. Van Nostrand, Princeton N.J. 1967.

Kombinatorik

M. Aigner: Combinatorial Theory. Springer, New York 1979.
K. Jacobs: Einführung in die Kombinatorik. De Gruyter, Berlin 1983.
H. I. Ryser: Combinatorial Methods. Wiley, New York 1963.

Grundlagen der Analysis, Zahlbegriffe

E. Landau: Grundlagen der Analysis. 3rd ed. Chelsea, New York 1960.
E. Mendelson: Number Systems. Academic Press, New York 1973.

Gruppen, Ringe, Körper

J. H. Conway, R. T. Curtis et al.: Atlas of Finite Groups. Clarendon Press, Oxford 1985.
H. S. M. Coxeter, W. O. J. Moser: Generators and Relations for Discrete Groups. 2nd ed. Springer, Berlin 1965.
Th. W. Hungerford: Algebra. Holt, Rinehart and Winston 1974.
S. MacLane, G. Birkhoff: Algebra. 2nd ed. Macmillan, New York 1979.
H. N. Shapiro: Introduction to the Theory of Numbers. Wiley, New York 1983.
B. L. van der Waerden: Algebra. 2 Bände, ab 4. Aufl. Springer, Berlin 1955ff.

Lineare Algebra

E. Brieskorn: Lineare Algebra und Analytische Geometrie. 2 Bände. Vieweg, Braunschweig 1983.
M. P. Curie: Sur les répétitions et la symmétrie. Compt. rend. 100 (1885), 1393-1396.
P. Dembowski: Finite Geometries. Springer, New York 1968.
G. Fischer: Lineare Algebra. 5. Aufl. Vieweg, Braunschweig 1978.
D. H. Griffel: Linear Algebra and its Applications. 2 vol. Ellis Horwood, Chichester 1989.
I. N. Herstein, D. J. Winter: Matrix Theory and Linear Algebra. Macmillan, New York 1988.
W. Klingenberg: Lineare Algebra und Geometrie. Springer, Berlin 1992.
H. J. Kowalski: Lineare Algebra. 9. Aufl. De Gruyter, Berlin 1979.

F. J. MacWilliams, N. J. A. Sloane: The Theory of Error-Correcting Codes. North Holland, Amsterdam 1977.
R. A. Usmani: Applied Linear Algebra. Dekker, New York 1987.
F. D. Veldkamp: Classical Groups. Yale Univ., New Haven 1965.

Analysis

T. M. Apostol: Mathematical Analysis. Addison-Wesley, Reading Mass. 1974.
A. Avez: Differential Calculus. Wiley, Chichester 1986.
G. Bachman, L. Narici: Functional Analysis. Academic Press, New York 1966.
W. Blum, G. Törner: Didaktik der Analysis. Vandenhoeck & Ruprecht, Göttingen 1983.
E. Brieskorn, H. Knörrer: Ebene algebraische Kurven. Birkhäuser, Basel 1981.
J. Dieudonné: Grundzüge der modernen Analysis. 9 Bände. Deutscher Verl. d. Wissensch., Berlin 1972ff.
A. Duschek: Vorlesungen über Höhere Mathematik. 4 Bände. Springer, Wien 1956.
G. M. Fichtenholz: Differential- und Integralrechnung. 3 Bände. Deutscher Verl. d. Wissensch., Berlin 1964.
O. Forster: Analysis. 3 Bände. Vieweg, Braunschweig 1977ff.
J. R. Giles: Introduction to the Analysis of Metric Spaces. Cambridge University Press, Cambridge 1987.
H. Grauert, I. Lieb, W. Fischer: Differential- und Integralrechnung. 3 Bände. Springer, Berlin 1967.
N. B. Haaser, J. A. Sullivan: Real Analysis. Van Nostrand Reinhold, New York 1971.
E. Hewitt, K. Stromberg: Real and Abstract Analysis. Springer, Berlin 1969.
K. Königsberger: Analysis. 2 Bände. Springer, Berlin 1990.
S. Lang: Real Analysis. Addison-Wesley, Reading Mass. 1969.
L. H. Loomis, S. Sternberg: Advanced Calculus. Addison-Wesley, Reading Mass. 1968.
K. Meyberg, P. Vachenauer: Höhere Mathematik. 2 Bände. Springer, Berlin 1991.
M. E. Munroe: Introductory Real Analysis. Addison-Wesley, Reading Mass. 1965.
M. Rosenlicht: Introduction to Analysis. Scott-Foreman, Glenview 1968.
G. F. Simmons: Introduction to Topology and Modern Analysis. McGraw-Hill, Auckland 1963.
M. Spivak: Calculus on Manifolds. Benjamin, New York 1965.
U. Storch, H. Wiebe: Lehrbuch der Mathematik. 3 Bände. BI Wissenschaftsverlag, Mannheim 1989ff.
G. Szegö: Orthogonal Polynomials. AMS, Providence RI 1959.

Geschichte der Mathematik

N. Bourbaki: Eléments d'Histoire des Mathématiques. Hermann, Paris 1969.
R. Bourgne, J. P. Azra: Écrits et Mémoires Mathématiques d'Évariste Galois. Gauthiers-Villars, Paris 1962.

P. J. Davis, R. Hersh: Erfahrung Mathematik. Birkhäuser, Basel 1985.
J. Dieudonné: Abrégé d'Histoire des Mathématiques. 2 Bände. Hermann, Paris 1978.
C. H. Edwards: The Historical Development of Calculus. Springer, New York 1982.
L. Infeld: Wen die Götter lieben. Schönbrunn, Wien 1954.
M. Kline: Mathematical Thought from Ancient to Modern Times. 3 volumes. Oxford Univ. Press, New York 1972.
H. Michling: Carl Friedrich Gauss. Göttinger Tageblatt, Göttingen 1976.
T. Petsinis: Der französische Mathematiker. Goldmann, München 2000.
H. Wussing, W. Arnold: Biographien bedeutender Mathematiker. Volk und Wissen, Berlin 1975.

Maple, Matlab

M. Kofler: Maple V. Addison-Wesley, Bonn 1996.
M. B. Monagan et al.: Programmieren mit Maple V. Springer, Berlin 1996.
D. Redfern: The MATLAB5 Handbook. Springer, New York 1998.

Tafelwerke, Formelsammlungen

H. Bateman: Higher Transcendental Functions. 3 volumes. McGraw-Hill, New York 1953.
I. N. Bronstein, K. A. Semendjajew et al.: Taschenbuch der Mathematik. Harri Deutsch, Frankfurt 2000.
E. Jahnke, F. Emde: Funktionentafeln. Stechert, Stuttgart 1941.
D. Zwillinger (ed.): Standard Mathematical Tables ans Formulae. CRC Press, Bota Raton 1996.

Notationen

$A \times B$, 16
A_n, 144
$\mathrm{Aut}_K V$, 73
$C^{(q)}$, 115
D_3, 37
$D_i f(a)$, 114
E^3, 66
$GL(n, K)$, 144
K^*, 44
$M^\perp$, 152
O_n, 164
$O_n(V, f)$, 164
$R[x]$, 38
$SO(n)$, 164
$SU(n)$, 164
S_3, 37
S_n, 32
$Sp_n(V, f)$, 164
U_n, 164
$U_n(V, f)$, 164
$[n]_k$, 25
$\mathrm{End}_K V$, 73
$\mathrm{Hom}_K(V, V')$, 73
Li, 138
$\mathbb{R}^+$, 83
Si, 137
$\aleph_0$, 26
arcosh, 114
arcoth, 114
arcsin, 100
arsinh, 114
artanh, 114
$\bigoplus_{i=1}^m (U_i)$, 151
$\perp_{i=1}^m (U_i)$, 152
$\cap$, 16

cosh, 114
coth, 114
$\cup$, 16
δ_{ij}, 146
δ_{kl}, 152
$\bigcap$, 16
$\bigcup$, 16
$\bigvee$, 9
$\bigwedge$, 9
$\lim_{x \to x_0} f(x)$, 88
$\sum_{\nu=0}^\infty a_\nu$, 57
div, 121
$\equiv$, 20
$\exists$, 9
$\forall$, 9
$\frac{\partial f}{\partial \xi_i}(a)$, 114
$O(g(x))$, 111
$\in$, 14
inf, 51
$\int_a^b f$, 127
$o(g(x))$, 111
$\langle x, y \rangle$, 150
$\emptyset$, 16
$\leftrightarrow$, 5
li, 138
$\mathbb{C}$, 44
$\mathbb{F}_{p^n}$, 45
$\mathbb{K}$, 84
$\mathbb{N}$, 17
$\mathbb{Q}$, 21
$\mathbb{R}$, 44, 52
$\mathbb{Z}$, 20

$\mathbb{Z}_n$, 38
$\mathbb{Z}_n^*$, 41
$\mathcal{P}(A)$, 17
$|$, 8
$|A|$, 22
$|G:U|$, 35
$|S_n|$, 22
∇, 120
$\neg$, 5
$\|\ \|$, 83
∂D, 90
$\to$, 5
rot, 121
$\setminus$, 16
$\sim$, 20
$\simeq$, 36
sinc, 137
sinh, 114
$\sqcup$, 5
$\subset$, 15
$\Subset$, 86
sup, 51
tanh, 114
$\varphi(n)$, 41
$\vee$, 5
$\wedge$, 5
$\{x : P(x)\}$, 15
a^x, 98
$a_n \to b$, 52
$b = \lim_{n\to\infty} a_n$, 52
$f_{\xi_i}|_{x=a}$, 114
id_A, 18
$\sum_{k=0}^{n} c_k$, 22
$\binom{n}{k}$, 23
$\mathcal{C}_A B$, 16

arccos, 100
arccot, 100
arctan, 100

cos, 98
cot, 100

exp, 59, 98

ln, 98

sin, 98

tan, 100

Personenregister

Abel, 31
Adleman, 43
Apéry, 55
Archimedes, 1, 47, 57, 124

Babylonier, 147
Balbus, 76
Banach, 85
Bellavitis, 65
Bernays, 10
Bernoulli, Joh., 58
Birkhoff, 153
Bolzano, 52, 57
Boole, 1, 8
Borel, 87
Bruno, 76
Bunjakowski, 85

Cauchy, 29, 52, 57, 85
Cavalieri, 124
Cayley, 65
Cohen, 28
Courant, 173
Cramer, 147
Curie, 165

d'Alembert, 162
Darboux, 127
Descartes, 76
Diffie, 42
Dirichlet, 57

Empedokles, 166
Eudoxos, 124
Euklid, 41, 166
Euler, 56, 162

Fermat, 4
Fourier, 29, 57
Fraenkel, 10
Frege, 1
Friedrich II, 166
Frobenius, 147

Galilei, 76
Galois, 29
Gauß, 65, 147, 158, 162
Gegenbauer, 153
Gödel, 1, 28, 49
Goldbach, 4
Gram, 152
Grassmann, 64
Gregory, 52

Haeckel, 166
Hamilton, 65
Hamming, 80
Heine, 87
Hellmann, 42
Hermite, 149, 153
Heron, 56
Hilbert, 1, 65
Hölder, 85

Jacobi, 153

Kepler, 124, 168
Kuratowski, 49

l'Hospital, 147
Lagrange, 162
Laguerre, 153
Landau, 111
Legendre, 153

Leibniz, 52, 62, 109, 124, 147
Liouville, 64
Liu Hui, 147
Lorentz, 151
Lukasiewicz, 4

Mac Laurin, 147
Mc Cune, 13
Mersenne, 2, 76
Miller, 42
Minkowski, 86, 151
Möbius, 65
Moivre, 98
Moore, 159
Müller, 166

Neumann, von, 170
Newton, 109, 124, 162

Olbers, 158
Oresme, 57

Pascal, 23, 24
Pauli, 165
Peano, 21
Penrose, 159
Piazzi, 158
Plato, 166, 168
Poisson, 29
Proklus, 168
Pythagoras, 156
Pythagoreer, 168

Rabin, 42
Rayleigh, 172
Reichenbach, 4
Rhodan, 112
Riemann, 127
Ritz, 172
Rivest, 43
Rolle, 116
Russell, 1, 14

Scheffer, 8
Schmidt, 152
Schrödinger, 171

Schwarz, 85, 118
Seki, 147
Shamir, 43
Shor, 43
Steinitz, 69
Sylvester, 172

Tarski, 14
Theaetet, 166
Timaios, 166, 168
Tschebyscheff, 84, 153

Vandermonde, 147
Vanini, 76
Vieta, 57
von Koelliker, 166
von Laue, 168
von Neumann, 153

Wallis, 52
Weierstrass, 93
Wiles, 4

Zermelo, 10, 49
Zorn, 49

Sachregister

Abbildung, 17
    beschränkte, 95
    bijektive, 18
    differenzierbare, 110
    identische, 18
    injektive, 17
    inverse, 19
    lineare, 73
    monoton wachsende, 54
    offene, 97
    orthogonale, 164
    stetige, 97
    streng monoton wachsende, 54
    surjektive, 18
    symplektische, 164
    unitäre, 164
Abbildungsmatrix, 77
Abbrechen absteigender Ketten, 48
abgeschlossen, 86
Ableitung
    einer Funktion, 110
    partielle, 114
    Richtungs-, 122
    totale, 110
Ableitungsregel, 10
Abschluss
    einer Menge, 88
Absolutbetrag, 46, 83
Absolute Konvergenz
    einer Reihe, 57
Abszisse, 76
abzählbar, 26
Achse
    imaginäre, 44
    reelle, 44
Additionstheoreme, 99

Adjunkte, 144
Äquivalenz
    logische, 5
    von Normen, 94
Äquivalenz
    logische, 5
Äquivalenzklasse, 20
Äquivalenzrelation, 20
Aleph Null, 26
Algebra
    Boolesche, 13
    K-Algebra, 78
Algorithmus
    Divisionsalgorithmus, 40
    euklidischer, 41
    Fang-cheng, 147
    Gaußscher, 142
    Invertieren einer Matrix, 143
    Methode der kleinsten Quadrate, 156
    Orthogonalisierungsverfahren, 152
    quicksort, 111
    schneller, 111
    Shor-, 43
    Sortier-, 111
    Verschlüsselung nach RSA, 42
    zur Bestimmung des Ranges, 141
All-Operator, 9
alternierende Form, 149
alternierende Gruppe, 144
alternierende Multilinearform, 145
angeordneter Körper, 45
Anordnung, 45
Antinomie
    Russellsche, 14
antisymmetrische Relation, 45
archimedisch, 47

Arcusfunktionen, 100
Arcussinus, 100
Areafunktionen, 114
Areasinus, 114
Argument
    einer komplexen Zahl, 100
ASCII-Code, 25
Assoziativgesetz, 29
    bei Abbildungen, 18
    bei Halbgruppen, 31
Aufleitung, 124
Ausdehnungslehre
    von Grassmann, 64, 69
Ausdruck, 4
Ausgleichsproblem
    lineares, 156
Ausgleichsrechnung, 159
Aussage, 3
Aussageform, 9
Aussagefunktion, 9
Aussagenkalkül, 4
Aussagenvariable, 4
Aussagenverbindung, 4
Auswahlaxiom, 17, 48, 49
Automorphismus
    einer Gruppe, 36
    eines Körpers, 149
Axiom, 10
    Auswahlaxiom, 17
    der Intervallschachtelung, 61
    der leeren Menge, 16
    der Paarung, 16
    der Potenzmenge, 17
    der Teilmenge, 17
    der Vereinigung, 17
    des Archimedes, 47
    Induktionsaxiom, 21
    Unendlichkeitsaxiom, 17
Axiomatik, 1, 2, 10
axiomatische Methode, 30

b-adische Entwicklung
    reeller Zahlen, 61
b-al-Entwicklung, 61
Bahn, 33

Banachraum, 85
Basis
    Orthonormal-, 152
    eines Vektorraumes, 67
    kanonische, 68
    Orthogonal-, 152
Basiswechsel, 79
Behauptung, 10
Bernoullische Ungleichung, 48
Berührpunkt, 88
beschränkt, 52
Betrag
    einer komplexen Zahl, 45
Beweis
    direkter, 10
    durch vollständige Induktion, 21
    formaler, 11
    indirekter, 10
    mittels Computer, 13
Bijektion, 18
bijektiv, 18
Bild, 17
Bildbereich, 17
Binärarithmetik, 62
Binomialkoeffizient, 23
Binomischer Satz, 22
Bisektionsverfahren, 97
Boolesche Algebra, 13
Boolesche Theorie, 8

Cantorsches Diagonalverfahren, 27
Cartesisches Produkt, 16
Castel del Monte, 166
Cauchy-Folge, 52
    in einem normierten Raum, 85
Cauchy-Kriterium
    für Reihen, 58
Cauchy-Produkt
    zweier Reihen, 60
Cauchy-Schwarz-Bunjakowskische Ungleichung, 85
Cauchy-Vollständigkeit, 53
charakteristisches Polynom eines lin. Endomorphismus, 162
circogonia icosahedra, 166

Code
    fehlerkorrigierender, 80
    linearer, 80
    systematischer, 80
Codewort, 80
Codierungstheorie, 45, 80
Computerbeweis, 13
Corvus albus, 13
Cosinus, 98
Courant-Prinzip, 173
Cramersche Regel, 146
CSB-Ungleichung, 152

Darstellung der Null
    nichttriviale, 67
    triviale, 67
De Morgansche Gesetze, 7
Dedekindsches Kriterium, 26
Definiendum, 8
Definiens, 8
Definieren, 2, 3
Definitionsbereich, 17
Determinante, 144
    Leibnizsche Definition, 146
Diagonalisierbarkeit
    einer Matrix, 163
Diagonalmatrix, 163
Diagonalverfahren
    Cantorsches, 27
Diedergruppe, 37, 165
Differential
    totales, 110
Differentialrechnung, 109
Differenz von Klassen, 16
differenzierbar, 110
Differenzieren
    implizites, 119
Dimension
    eines Vektorraumes, 70
    unendlich-dimensional, 70
direkte Summe, 151
Disjunktheit, 16
Disjunktion, 5
Distributivgesetz
    Großes, 60

Distributivgesetze
    für Mengen, 16
Divergenz, 121
    einer Folge, 52
    einer Reihe, 57
Division mit Rest, 40
Divisionsalgorithmus, 40, 61
Dodekaeder, 144
Drehgruppe, 33, 48
Dreiblatt, 105
Dreiecksmatrix, 163
Dreiecksungleichung, 46
Duns-Scotus-Regel, 7
Durchschnitt, 16

e, 56
Ebene
    euklidische, 16
    Gaußsche, 44
Eigenraum, 161
Eigenvektor, 161
Eigenwert
    eines lin. Endomorphismus, 161
Eindeutigkeit des Bildes bei Abbildungen, 17
Einheit
    eines Ringes, 38
Einheitswurzel, 101
Einselement, 31
Einteilung, 124
Eintrag
    einer Matrix, 39
Element, 14
    eines Ringes
        algebraisches, 39
        irreduzibles, 40
        transzendentes, 39
    maximales, 51
    minimales, 51
    neutrales, 31
elementare Umformungen einer Matrix, 139
Elementbeziehung, 14
endliche Menge, 26
Endomorphismus

eines Vektorraumes, 73
metrischer, 164
selbstadjungierter, 170
Entwicklung
nach der i-ten Zeile, 144
Epimorphismus
von Ringen, 38
Epsilontik, 54
Ergänzung
stetige, 91
Erzeugendensystem
eines Vektorraumes, 66
minimales, 68
Erzeugnis
lineares, 66
euklidischer Vektorraum, 150
Eulersche φ-Funktion, 41
Eulersche Zahl, 56
Evolution und Mathematik, 2
Ex falso quodlibet, 7
Existenz des Bildes bei Abbildungen, 17
Existenzoperator, 9
Exponentialfunktion, 59, 98
Extensionalitätsaxiom, 15
Extremum
relatives, 115

Fakultät, 22
Falltür-Krypto-Systeme, 42
Faser, 17
fast überall, 126
Fehler
relativer, 56
Fehlerabschätzung, 56
Fehlerfortpflanzung, 119
Fehlerintegral, 138
Fehlerschranke, 120
feinere Einteilung, 124
Feld
elektrisches, 122
skalares, 114
Fermatscher Satz
großer, 4
kleiner, 42
Fixpunktproblem, 55

Fläche, 112
Folge, 52
beschränkte, 52
Cauchy-Folge, 52
divergente, 52
konvergente, 52
monoton fallende, 54
monoton wachsende, 54
Nullfolge, 53
streng monoton wachsende, 54
Form
α-Sesquilinear-, 149
alternierende, 149
hermitesche, 149, 171
indefinite, 149
Linearform, 125
Lorentz-, 151
Minkowski-, 151
multilineare, 145
negativ definite, 149
nichtausgeartete, 149
positiv definite, 149
positiv semidefinite, 149
quadratische, 171
reflexive, 149, 153
schiefsymmetrische, 149
Standardbilinearform, 120
symmetrische Bilinear-, 149
Formale mathematische Theorie, 10
Formel, 4
einschlägige, 10
Moivresche, 98
Fortsetzung
lineare, 74
Fourierkoeffizienten
verallgemeinerte, 155
Fundamentalsatz der Algebra, 162
Funktion, 17
$C^{(q)}$, 115
Arcus-, 100
Area-, 114
differenzierbare, 110
Eulersche φ-Funktion, 41
gerade, 99
hyperbolische, 114

monoton wachsende, 54
nicht Riemann-integrierbare, 128
rationale, 135
Riemann-integrierbare, 127
Sinushyperbolicus, 114
Stammfunktion, 131
stetige, 88
streng monoton wachsende, 54
Tangenshyperbolicus, 114
ungerade, 99
Funktional
lineares, 125
Funktionalmatrix, 118
Fuzzy-Logik, 4

Galoisfeld, 44
Gatter, 8
Gaußsches Mormalsystem, 157
Generalisator, 9
Geometrie
analytische, 76
nichteuklidische, 2
Geometrische Reihe, 57
Geometrische Summe, 55
gerade Permutation, 144
Gerschgorin-Kreis, 173
Glättung, 129
Gleichheit
im Restklassenring, 44
im Sinne universeller Vertretbarkeit, 10
von Abbildungen, 18
von Mengen, 15
gleichmächtig, 26
Gleichungssystem
homogenes, 142
inhomogenes, 142
lineares, 141
Goldbachsche Vermutung, 4
Grad
einer Permutation, 32
eines Polynoms, 40
Gradient, 121
Graph einer Abbildung, Funktion, 88
Grenze

obere, 51
untere, 51
Grenzwert
einer Folge, 52
einer Funktion, 88
Grenzwertmethode
bei der Partialbruchzerlegung, 135
Groß-O, 111
Grundintegrale, 132
Gruppe, 29, 31
abelsche, 31
allgemeine lineare, 144
alternierende, 144
der primen Restklassen, 41
Dieder-, 37, 165
endliche, 31
Ikosaeder-, 33, 165
kommutative, 31
Oktaeder-, 33, 165
orthogonale, 164
spezielle orthogonale, 164
spezielle unitäre, 164
symmetrische, 32, 37
symplektische, 164
Tetraeder-, 33, 165
unitäre, 164
Untergruppe, 34
von $\hat{a}$ erzeugte, 42
zyklische, 42, 165
Gruppenhomomorphismus, 36
Gruppenisomorphismus, 36
Gruppenmorphismus, 36
Automorphismus, 36
Endomorphismus, 36
Epimorphismus, 36
Isomorphismus, 36
Monomorphismus, 36
Gruppenmultiplikation, 31
Gruppentafel, 33
Gruppentheorie, 2

Halbgruppe, 31
Hamming-Abstand, 80
Hamming-Gewicht, 80
Harmonices Mundi, 168

Harmonische Reihe, 57
Hauptachsentransformation, 171
Hauptdiagonale
 einer Matrix, 144
Hauptsatz der Differential- und Integral-
 rechnung, 132
hermitesche Form, 149, 171
hermitesche Matrix, 151
Heronisches Verfahren, 56
Hilbert-Raum, 150
Höldersche Ungleichung, 85
homogen, 142
Homogenität, 83
Homomorphismus
 von Gruppen, 36
 von Ringen, 38
 von Vektorräumen, 73
Horner-Schema, 61
Hülle
 abgeschlossene, 88
 lineare, 66
Hyperfläche, 112
Hypozykloide, 105

I Ging, 62
identische Abbildung, 18
Ikosaedergruppe, 33, 165
Imaginärteil, 44
Implikation, 5, 6
indefinite Form, 149
Index
 einer Untergruppe, 35
Individualvariable, 9
Induktion
 vollständige, 21
Induktionsanfang, 21
Induktionsaxiom, 21
Induktionsbedingung, 49
Induktionsschluss, 21
Infimum, 51
inhomogen, 142
Injektion, 17
 natürliche, 39
injektiv, 17
Inklusion, 15

Integral, 125
 komplexwertiger Funktionen, 150
 Riemannsches, 127
 unbestimmtes, 131
Integrallogarithmus, 138
Integralsinus, 137
Integration
 durch Substitution, 133
 partielle, 134
Integritätsbereich, 40
Intervall
 abgeschlossenes, 60, 124
 halboffenes, 60, 124
 offenes, 60, 124
Intervallschachtelung, 61, 87
Inverse
 einer Abbildung, 19
 einer Matrix, 143
Inverses, 29
 in einem Monoid, 31
 in einer Gruppe, 31
 multiplikatives
  in einem Ring, 38
irreduzibel, 40
ISBN, 43
Isometrie, 164
Isomorhismus
 von Vektorräumen, 73
isomorph, 36
Isomorphie
 zwischen Gruppen, 36
 zwischen Körpern, 52
 zwischen Vektorräumen, 74
Isomorphismus
 von Gruppen, 36
 von Körpern, 44
 von Ringen, 38
isotroper Vektor, 152
Iteration, 56

Jacobi-Matrix, 118
Jordanblock, 164
Jordansche Normalform, 164
Junktor, 5
 Rangfolge, 7

k-Auswahl, 25
k-Kombination, 25
k-Permutation, 25
k-Stichprobe, 25
Kappakurve, 103
Kardinalzahl, 26
    einer Basis, 70
Kardioide, 102
Kern
    eines Morphismus, 36, 73
    iterierter, 163
Kette, 45
Kettenregel, 113
    für partielle Ableitungen, 118
Kissoide, 103
Klasse, 14
    echte, 15
    eigentliche, 15
    Kongruenzklasse, 38
    leere, 16
    Rechtsnebenklasse, 35
Klassifikation
    der endl. Ugr. von $SO(3)$, 165
    der hermiteschen Sesqlinearf., 172
    der Quadriken in $\mathbb{R}^3$, 172
    der reflexiven Sesquilinearformen, 153
    der Vektorräume, 74
Klein-o, 111
Knotentheorie, 2
Koeffizient
    einer Matrix, 39, 64
Koeffizientenmatrix, 142
Koeffizientenvergleich, 135
Körper, 44
    angeordneter, 45
    archimedisch angeordneter, 47
    Cauchy-vollständiger, 53, 54
    der komplexen Zahlen, 44
    der rationalen Funktionen, 135
    der rationalen Zahlen, 44
    der reellen Zahlen, 44, 52, 61
    endlicher, 2, 44, 45
    Platonische, 165
Körperautomorphismus, 149
Körperisomorphismus, 44

Kombination, 25
    mit Wiederholung, 25
    ohne Wiederholung, 25
Kombinatorik, 21–25
kommutativ, 30
Kommutativität
    eines Diagramms, 36
kompakt, 86
Komplement, 16
    direktes, 156
    orthogonales, 156
Komplexität
    eines Algorithmus, 111
    exponentielle, 111
    konstante, 111
    linear-logarithmische, 111
    lineare, 111
    logarithmische, 111
    polynomiale, 111
    quadratische, 111
    superexponentielle, 111
Komplexprodukt, 35
Komposition, 18
Komprehensionsaxiom, 15
Konchoide, 102
kongruent, 20
Kongruenzrelation, 20, 44
Konguenzklasse, 38
Konjugierte
    einer komplexen Zahl, 44
Konjugiertes, 162
Konjunktion, 5
konsistentes Gleichungssystem, 157
Konsistenz
    eines lin. Gleichungssystems, 157
Kontinuumshypothese, 28, 49
Kontradiktion, 7
Kontraposition, 7
Konvergenz
    absolute, 57
    einer Folge, 52
    einer Reihe, 57
Konvergenzkriterium
    von Cauchy, 58
    Leibnizsches, 58

Quotientenkriterium, 58
Koordinaten, 76
Koordinatenabbildung, 76
Koordinatenfunktion, 113
Koordinatensystem, 76
    Cartesisches, 44
Koordinatentransformation, 79
    der partiellen Ableitung, 119
Kriterium
    Majorantenkriterium, 58
Kronecker-Delta, 146, 152
Kryptologie, 2, 42
Kugel
    abgeschlossene, 83
    offene, 83
Kugelpolynome, 153
Kurve, 112

Landausche Symbole, 111
LDBL_EPSILON, 53
Lebesguesche Nullmenge, 125
Legendre-Polynome, 153
Leibnizkriterium, 58
Lemniskate, 104
lichtartige Vektoren, 152
Limes
    einer Folge, 52
    einer Funktion, 88
linear
    abhängig, 67
    unabhängig, 67
lineare Abbildung, 73
lineare Fortsetzung, 74
linearer Teilraum, 63
lineares Ausgleichsproblem, 156
lineares Erzeugnis, 66
lineares Gleichungssystem, 141
Linearform, 125
Linearkombination
    einer Menge (von Vektoren), 66
    von Vektoren, 66
Linksinverses, 19
Logarithmus
    natürlicher, 98
Logik
    mathematische, 3–10
    mehrwertige, 4
    zweiwertige, 3
Logische Schaltkreise, 8
Lorentz-Form, 151

Mächtigkeit, 22
MAPLE, 106
Maschenweite der Einteilung, 127
Maschinengenauigkeit, 54
Mathematik
    platonische Auffassung, 2
    Resultat der Evolution, 2
Matrix, 33, 39, 64
    Addition, 39
    darstellende, 77
    Diagonal-, 163
    einer Form, 149
    Eintrag, 64
    erweiterte, 142
    hermitesche, 151
    inverse, 80
    Jacobi-, 118
    Koeffizient, 64
    Multiplikation, 39
    obere Dreiecks-, 163
    orthogonale, 164
    schiefhermitesche, 151
    schiefsymmetrische, 151
    symmetrische, 151
    transponierte, 144
    unitäre, 164
    untere Dreiecks-, 163
maximales Element
    einer geordneten Menge, 51
Maximum
    einer Funktion, 93
    lokales, 115
    relatives, 115
Menge, 15
    abgeschlossene, 86
    abzählbare, 26
    der ganzrationalen Zahlen, 21
    der natürlichen Zahlen, 17, 21
    der rationalen Zahlen, 21

    der reellen Zahlen, 44
    endliche, 26
    kompakte, 86
    leere, 16
    offene, 86
    Orthogonal-, 152
    Orthonormal-, 152
    relativ offene, 90
    vom Lebesgue-Maß Null, 125
    wohlgeordnete, 48
    zusammenhängende, 96
Mengenlehre, 14–21
Messfehler, 119
Methode
    axiomatische, 10–14
Methode der kleinsten Quadrate, 156
metrischer Endomorphismus, 164
Minimalbedingung, 48
minimales Element
    einer geordneten Menge, 51
Minimalprinzip
    der Orthogonalprojektion, 156
Minimum
    einer Funktion, 93
    lokales, 115
    relatives, 115
Minkowski-Form, 151
Minkowski-Raum, 152
Minkowskische Ungleichung, 86
Minor, 144
Mittelwertsatz
    für reellwertige Funktionen, 116
Mittelwertsätze
    der Differentialrechnung, 116
    der Integralrechnung, 128, 130
Modul
    R-Modul, 79
modulo, 20
Modus Barbara, 7
Modus ponendo ponens, 7
Moivresche Formel, 98
Monoid, 31
Monotonie
    von Folgen, 54
    von Funktionen, 54

Morphismus
    metrischer Endo-, 164
    selbstadjungierter Endo-, 170
    von Gruppen, 36
        Automorphismus, 36
        Endomorphismus, 36
        Epimorphismus, 36
        Isomorphismus, 36
        Monomorphismus, 36
    von Ringen, 38
    von Vektorräumen, 73
        Endomorphismus, 73
        Isomorphismus, 73
Multilinearform, 145
    alternierende, 145
Multimenge, 25

Nabla-Operator, 120
Nachfolger, 17
Nachfolger-Menge, 17
Nachricht, 80
NAND-Gatter, 8
Negation, 5
    doppelte, 7, 11
negativ definite Form, 149
nichtalgebraisch, 39
nichtausgeartete Form, 149
Nomenklatur, 1
Nominalismus, 2
Norm
    l_p-Norm, 84
    Betrags-Summen-Norm, 84
    euklidische, 84
    in einem Vektorraum, 83
    Manhattan-Norm, 84
    Maximums-Norm, 84
    Supremums-Norm, 84, 130
    Tschebyscheff-Norm, 84
Normalform
    Jordansche, 164
Normalsystem
    Gaußsches, 157
Nullfolge, 53
Nullmenge
    Lebesguesche, 125

nullteilerfrei, 40

Oberintegral, 126
Obersumme, 123, 126
Observablen, 171
Oder
    schwaches, einschließendes, 5
    strenges, ausschließendes, 5
offen, 86
    relativ, 90
OG-Basis, 152
OG-Menge, 152
Oktaedergruppe, 33, 165
ON-Basis, 152
ON-Menge, 152
OpenGL, 107
Operationen
    lineare, 63
Operatoren
    in C/C++, 5
    mod-Operator, 20
    Nabla, 120
Orbit, 33
Ordinate, 76
Ordnung
    einer Ableitung, 114
    einer Gruppe, 31
    eines Körpers, 44
    lineare, 45
    natürliche, 45
    Wohlordnung, 48
Ordnungsrelation, 45
orthogonal, 120
Orthogonalbasis, 152
orthogonale Abbildung, 164
orthogonale direkte Summe, 152
Orthogonale Gruppe, 164
orthogonale Matrix, 164
orthogonaler Raum, 152
orthogonales Komplement, 156
Orthogonalisierungsverfahren, 152
Orthogonalität
    von Formen, 149
    von Vektoren, 150
Orthogonalmenge, 152

Orthogonalprojektion, 152
Orthonormalbasis, 152
Orthonormalmenge, 152
Ovaloid, 104

Paar
    geordnetes, 16
Parameter
    freier, 143
Partialbruchzerlegung, 134
Partialsumme, 57
partielle Ableitung, 114
Partielle Integration, 134
Partikularisator, 9
Partition, 20
Pascalsches Dreieck, 23
Pauli-Matrix, 165
Perihelbewegung des Merkur, 106
Permutation, 22, 32
    gerade, 144
    mit Wiederholungen, 22
    ungerade, 144
Permutationsgruppe, 32
Pivotelement, 140
Platonismus, 2
Pol
    einer Drehung, 166
Polarkoordinaten, 100
Polyeder
    reguläre, 166
Polynom
    charakteristisches, 162
    Gegenbauer-, 153
    Hermite-, 153
    hypergeometrisches, 153
    Jacobi-, 153
    Laguerre, 153
    Tschebyscheff-, 153
    ultrasphärisches, 153
Polynomdivision, 40
Polynome
    Kugel-, 153
    orthogonale, 153
polynomiale Komplexität, 111
Polynomring, 38

positiv definite Form, 149
positiv semidefinite Form, 149
Positivitätsbereich
    eines angeordneten Körpers, 45
Potentialfunktion, 121
Potenzmenge, 17
Prä-Hilbert-Raum, 150
Prädikatenkalkül, 9
Prädikatsvariable, 9
Prämisse, 10
prim, 41
Primkörper, 45
Primzahl
    größte bekannte, 2
    Mersennesche, 2
Primzahltest, 42
Primzahltheorie, 2
Produkt
    Cartesisches, 16
    inneres, 120, 150
Produktregel, 114
Projektion
    auf die i-te Koordinate, 92
Projektionssatz, 156
Proximum, 156
Prüfziffernverfahren, 43
Pseudoinverse, 159

Q-Bit-Gatter, 165
quadratische Form, 171
Quadrik, 172
Quanten-Computer, 43
Quanten-Gatter, 165
Quantentheorie, 4
Quantor, 9
Quotientenkriterium
    für die Konvergenz von Reihen, 58
Quotientenregel, 114

Radiolarien, 166
Radius
    einer Kugel, 83
Rand, 90
Randpunkt
    einer Menge, 90

Rang
    einer lin. Abbildung, 139
    einer Matrix, 141
Raum
    euklidischer, 65
    Hilbert-, 150
    linearer, 63
    Minkowski-, 151
    orthogonaler, 152
    Prä-Hilbert-, 150
Raum-Zeit-Kontinuum, 151
Rayleigh-Quotient, 172
Realteil, 44
Rechtsinverses, 19
Rechtsnebenklasse, 35
Reductio ad absurdum, 7
reflexive Form, 149, 153
reflexive Relation, 19, 45
Reflexivität, 15
Regel
    Ableitungsregel, 10
reguläre Polyeder, 166
Reihe
    geometrische, 57
    harmonische, 57
    unendliche, 57
Relation, 19
    Ähnlichkeitsrelation, 20
    Äquivalenzrelation, 20
    antisymmetrische, 45
    Gleichheit, 20
    Kongruenzrelation, 20
    Ordnungsrelation, 45
    reflexive, 19
    symmetrische, 20
    Teilbarkeitsrelation, 20
    transitive, 20
Relationstreue, 36
Relativitätstheorie
    spezielle, 151
Repräsentantensystem
    Rechts-, 35
Restglied, 99
Restklasse, 20
    prime, 41

Restklassenring, 38
Richtungsableitung, 122
Richtungscosinus, 155
Riemannsches Integral, 127
Ring, 37
- euklidischer, 40
- Gaußscher, 40
- kommutativer, 38
- mit Eins, 38
- nullteilerfreier, 40
- Polynomring, 38
- Restklassenring, 38

Ringepimorphismus, 38
Ringhomomorphismus, 38
Ringisomorphismus, 38
Ringschluß, 68
Robbins-Äquivalenz, 13
Rodrigues-Formel, 153
Rotation, 121
RSA-Verfahren, 42
Russelsche Antinomie, 14

Sattelpunkt, 115
Satz
- Austauschsatz, 69
- Banachscher Fixpunktsatz, 56
- Binomischer, 22
- Diagonalisierung symmetrischer oder hermitescher Matrizen, 171
- Fermat-Wiles, 4
- Fundamentalsatz der Algebra, 162
- Hauptachsentransformation, 171
- Hauptsatz der Differential- und Integralrechnung, 132
- Heine-Borel, 87
- Jordansche Normalform, 164
- Kleiner Fermat, 42
- Kuratowski-Zorn, 49
- Lagrange, 35
- Mittelwertsatz der Differentialrechnung, 116
- Mittelwertsatz der Integralrechnung zweiter, 130
- Mittelwertsatz der Integralrechnung erster, 128
- Pythagoras, 156
- Rayleigh-Ritz, 172
- Rolle, 116
- Schwarz, 118
- Spektrums-, 171
- Sylvester, 172
- Unmordnungssatz, 60
- vom größten gemeinsamen Teiler, 41
- von der gleichmäßigen Stetigkeit, 93
- von der Partialbruchzerlegung, 134
- Weierstrass, 93
- Zermelo, 49
- Zwischenwertsatz, 96

Schaltkreise
- binäre, 8
- logische, 8

Scheffer-Zeichen, 8
schiefhermitesche Matrix, 151
schiefsymmetrische Form, 149
schiefsymmetrische Matrix, 151
Schluss von n auf $n+1$, 21
Schmetterlingskurve, 106
schneller Algorithmus, 111
Schnitt, 35
Schranke
- obere, 51
- untere, 51

Schrödinger-Gleichung, 170
selbstadjungierter Endomorphismus, 170
Sesquilinearform, 149
Signatur
- einer Form, 172

Signum
- einer Permutation, 144

Sinus, 98
Skalar, 63
Skalarfeld, 114
Skalarprodukt, 150
Skarabäus, 106
Spaltenrang, 139
Spektrum, 163
Spirale
- Archimedische, 101
- Hyperbolische, 102
- Logarithmische, 101

Stabilisator, 166
Stammfunktion, 131
Standardbasis, 68
Standardbasisvektor, 68
Standardbilinearform, 120
Standardskalarprodukt, 120, 150
stetig, 88
    gleichmäßig, 93
    global, 88
    lokal, 88
streng diagonal dominant, 173
Struktur
    algebraische, 31
Subadditivität, 83
Substitution
    in der Integralrechnung, 133
    in der mathematischen Logik, 11
Summe
    direkte, 151
    geometrische, 55
    orthogonale direkte, 152
    von Unterräumen, 67
Summierbarkeit
    einer Folge, 60
superexponentielle Komplexität, 111
Supremum, 51
Supremumsnorm, 130
Surjektion, 18
surjektiv, 18
Syllogismus, 7
Symmetrie, 15
symmetrische Bilinearform, 149
Symmetrische Gruppe, 37
symmetrische Matrix, 151
symmetrische Relation, 20
symplektische Abbildung, 164
Symplektische Gruppe, 164

Tangens, 100
Tangente
    an eine Kurve, 112
Tangentenvektor, 121
Tangentialebene
    an eine Fläche, 112
Tangentialhyperebene
    an eine Hyperfläche, 112
Tautologie, 7
Teiler
    größter gemeinsamer, 40
    in Ringen, 40
teilerfremd, 41
Teilklasse, 15
Teilkörper
    kleinster, 45
Teilraum
    affiner, 142
Tensorkalkül, 2
Tertium non datur, 7, 11
Tetraedergruppe, 33, 165
Theorem, 10
Theorie
    Boolesche, 8
    formale, 10
totale Ableitung, 110
totales Differential, 110
Transformation, 22, 32
    Hauptachsen-, 171
transitive Relation, 20, 45
Transitivität, 15
transzendent, 39
Treppenfunktion, 125
Trigonalisierbarkeit
    einer Matrix, 163
Trägheitsindex, 172

überbestimmtes System, 157
Überdeckung
    durch offene Mengen, 86
Überschieben des Index, 23
Umformung
    elementare, 139
Umkehrabbildung, 19, 29
Umordnung einer Reihe, 59
Umordnungssatz, 60
Unbekannte, 142
Unbestimmte, 39
unbestimmtes Integral, 131
Unendlichkeitsaxiom, 17
ungerade Permutation, 144
Ungleichung

Bernoullische, 48
Cauchy-Schwarz-Bunjakowskische, 85
Höldersche, 85
Minkowskische, 86
unitäre Abbildung, 164
Unitäre Gruppe, 164
unitäre Matrix, 164
unitärer Vektorraum, 150
Untergruppe, 34
    triviale, 34
Unterintegral, 126
Untersumme, 123, 126
Urbild, 17

Variable
    freie, 10
    gebundene, 10
    Individualvariable, 9
    Prädikatsvariable, 9
Variation, 25
    mit Wiederholung, 25
    ohne Wiederholung, 25
Vektor, 63
    freier, 66
    im E^3, 66
    isotroper, 152
    linienflüchtiger, 66
    Normalen-, 122
    Nullvektor, 63
Vektoren
    lichtartige, 152
Vektorraum, 63
    Basis, 67
    Dimension, 70
    euklidischer, 66, 150
    linearer Teilraum, 63
    normierter, 83
    unitärer, 150
    Untervektorraum, 63
Vektorraum(homo)morphismus, 73
Vektorraummorphismus, 73
    Automorphismus, 73
    Endomorphismus, 73
    Isomorphismus, 73
Verdoppelungszeit, 117

Vereinigung, 16
Verfahren
    Bisektions-, 97
    Heronisches, 56
Verknüpfung
    assoziative, 18, 31
    binäre, 30
    kommutative, 30
Vierblatt, 105
vollständig
    Cauchy-vollständig, 53
    supremumsvollständig, 51
Volumen, 124
Voraussetzung, 10
Vorwärtselimination, 142

Wachstumsprozesse, 117
Wachstumsrate, 117
Wahrheitstafel, 5
Wahrheitswert, 3
Wertevorrat, 17
Widerspruch, 10
Winkel, 120
Wohlordnung, 48
Wohlordnungssatz, 49

Yin und Yang, 62

Zähltheorie, 26
Zahl
    Eulersche, 56
    ganzrationale, 21
    komplexe, 44
    konjugiert-komplexe, 44
    natürliche, 21
    rationale, 21
    reelle, 44, 52
    transfinite, 28
Zeilenrang, 139
Zeilenstufenform, 142
Zeitkomplexität, 111
Ziffer
    einer Permutation, 32
Zornsches Lemma, 49
zueinander fremd, 16
zusammenhängend, 96

Zustandsvektoren, 170
Zustände
    eines Quantensystems, 170
Zuwuchsformel, 121
Zweiblatt, 104
Zyklenschreibweise
    für Permutationen, 33
Zyklus, 33

www.ingramcontent.com/pod-product-compliance
Lightning Source LLC
Chambersburg PA
CBHW081117240526
45470CB00019B/2423